유비쿼터스 시대의
정보통신

| 김석태 · 윤종락 · 정신일 · 정연호 지음 |

Ubiquitous

INFORMATION AND COMMUNICATION

GS인터비전

머 리 말

컴퓨터의 발명을 계기로 시작된 정보화의 조류는 그 후 반도체기술과 통신기술의 발달에 따라 어디가 끝인지를 모를 정도로 발전을 거듭하고 있다. 오늘날에는 '언제, 어디서나, 어떤' 정보라도 서비스되는 뜻을 가진 유비쿼터스(ubiquitous)란 용어를 신문이나 TV 등에서 흔히 접하고 있을 정도이다. 그렇다면 유비쿼터스의 시대가 가능하도록 받혀주는 핵심기술은 무엇일까? 당연히 정보통신' 혹은 IT (Information Technology)일 것이다.

정보통신산업은 특히 국내 경제가 IMF 라는 어려운 시기에 있었을 때도 우리의 경제를 지탱해 주었고 앞으로도 선진국 진입을 위한 주요 전략 산업이라는 사실에 이견이 없을 것이다. 더욱이 정보통신과 IT기술은 경제활동에서는 물론 우리의 생활 전반에까지 밀접하게 관련이 되어 있는 것이 사실이다.

그런데 놀라운 것은 이와 같은 중요한 정보통신과 IT 기술에 대해 의외로 일반인들의 이해와 기초 지식이 부족하며 정보통신 기술을 "누가 어떻게 구축해, 어떻게 이용되고 있는가?" 하는 점에 대해서도 잘 알지 못하고 있다.

21세기 유비쿼터스 사회를 살아가려면 누구나 자기가 맡은 업무에 대한 지식에 정통하여야 함은 물론, 컴퓨터를 중심으로 한 '정보처리 기술'과 인터넷이나 통신시스템 등의 '정보통신기술' 의 지식을 갖추고 미래 사회의 흐름에 유연히 대처할 수 있는 사람이 되지 않으면 않된다.

본서는 저자들이 대학에서 '정보통신과 뉴미디어' 교과목을 다년간 강의한 결과를 묶어 새롭게 정리한 내용이다. 유비쿼터스 시대에 정보통신에 관한 일반적인 지식을 필요한 사람의 교양서로 혹은 정보통신 관련 학과 학생들의 기초 기술을 배우는 교재로 적합하도록 하였다. 뿐만 아니라 정보통신 관련 분야에서 종사하고 있는 엔지니어들의 참고도서로서도 유익할 것이다.

본서는 총 6장으로 구성되었으며 제 1장은 서론으로 유비쿼터스사회에 대해 논하고 제 2장은 정보통신의 개요로 정보 및 신호해석과 정보통신시스템의 구성을 설명하였다. 제 3장은 정보전송시스템으로 광통신, 이동통신, 위성통신시스템에 대해 설명하고 이어 제 4장에서는 네트워크 기술의 개요와 인터넷 기술에 대해 논하였다. 제 5장은 멀티미디어 통신으로 멀티미디어의 전반적인 내용과 응용 서비스에 대해 설명하고, 제6장은 사이버 범죄 및 정보윤리에 대해 설명하고 있다.

끝으로 본서의 집필에 있어 본인들의 강의경험을 토대로 자료 정리에 밤늦게까지 수고한 박지현박사, 유태경박사, 이석기박사, 양준영강사, 장종칠강사, 최은희강사에게 감사를 드립니다.

2009년 8월 15일

저자 일동

Contents

Chapter 03 정보 전송 시스템

Contents

Chapter 05 멀티미디어 통신

Contents

CHAPTER

01 서론

CHAPTER 01 서론

1.1 정보사회

20세기를 이제 막 마무리하고 21세기에 들어선 현재 인류사회를 바라보는 시각은 다양하지만 한가지 공통된 것이 하나 있다. 그것은 바로 정보사회라는 것이다. 정보사회는 컴퓨터의 보급, 기간 정보통신시설의 구축, 그리고 최근 가히 폭발적으로 팽창한 정보 관련 산업에 기인한 것이다.

인류 사회의 미래를 꿰뚫어 보고 있는 많은 석학들은 지금을 극적인 변혁, 극적인 변화 시대라고 규정한다. 그 변화는 이제 막 시작했고 또 아직 진행 중이므로 그 성격을 완전히 단정지어버리는 것은 어려움이 있다. 하지만, 그 변화가 누구에게나 가시적일 정도로 급격한 변화라는 사실에는 모두가 같은 의견이다. W. 로본은 오늘날과 같은 변혁을 정보혁명이라 하였고, 이를 농업혁명과 산업혁명에 이은 제3의 혁명이라 부르고 있다.

[표 1-1] 사회의 변천

구분	농경사회	산업사회	정보사회
계기	도구혁명(가래)	에너지혁명(증기기관)	정보혁명 (컴퓨터와 정보통신)
자원자	자연력 (원재료, 물질)	인공적/기계적 에너지 (금융자본, 에너지)	정보(지식, 정보)
기술	수공업	기계기술	지식/지적 기술
생산방식	채취 및 재배	제조	처리 및 창작
방법론	상식, 경험, 시행착오	경험주의, 실험	시스템 분석
시간특징	과거지향	임기응변	미래지향 예측
사회구조	계층구조	집중화	분산화
직종	농림, 수산업, 광업	소재, 기계가공 및 제작, 건설	소프트웨어, 금융, 광고, 방송, 의료, 서비스업

지금까지의 혁명이 이전 단계의 패러다임으로는 한계에 도달하게 되자 이를 타개하기 위해 나온 것이라면 정보혁명은 주로 기술 발전으로 뒷받침된 변화가 사회 모든 영역에서 너무도 급격하게 일어난 패러다임의 변화인 것이다.

지난 21세기에 컴퓨터가 도입되고 이를 중심으로 산업의 정보화가 추진되어 온 시기를 제 1차 정보혁명이라고 한다면, 제 2차 정보혁명은 정보화가 본격적으로 산업의 정보화에서 사회 및 가정의 정보화로까지 확대되어 질적, 양적으로 고도화된 것을 말한다. 컴퓨터기술과 통신기술의 비약적인 발전으로 다양한 부문에서 자동화가 급속도로 진행되고, VLSI, 디지털 기술, 광섬유, 위성통신기술 등이 이용되고, 다양한 형태의 정보 매체들이 출현하게 된다.

오늘날과 같은 역동적인 변화 속에서 정보 관련 산업이 고도로 발달되어 교육, 통신매체, 정보기기, 정보서비스, 증권, 금융 등을 포함한 지식집약형 산업이 중추적 핵심을 이루고 있을 때 우리는 그 사회를 '고도 정보사회' 라고 부른다. 고도 정보사회는 첨단 컴퓨터와 정보처리기술, 통신과 네트워크기술을 토대 위에 인간의 지적활동으로 다양한 정보가 창조되고, 이를 토대로 새로운 부가가치가 창출되며, 정보의 가치가 물질이나 에너지 못지않게 중요해지는 사회이다.

이러한 고도 정보사회의 모습은 지금까지의 사회모습과는 매우 다른 모습을 가지게 된다. 정보사회에서는 각종 업무의 효율성과 편리성이 제공되고 더욱 높은 고도의 전문성과 창의성이 요구된다. 좁게는 개인과 가정생활로부터 넓게는 국가의 정치, 경제, 행정등에 이르기까지 모든 생활양식이 크게 변화된다.

개인과 가정에서는 개성화가 진전되고, 가치관의 변화가 나타난다. 이러한 변화에 대응해 필요할 때 필요한 정보를 수집하고 발신할 수 있는 정보통신서비스가 제공되고 풍부한 여가, 취미활동이나 평생학습 환경이 제공된다. 또한 개성을 존중하는 삶의 환경으로 바뀌게 된다.

기업과 산업에서는 글로벌화, 소프트화, 서비스화가 나타난다. 이러한 변화에 대응해 기업과 산업의 정보화가 진전되고 쾌적한 사무환경의 제공을 위한 각종 DB, 정보네트워크, 위성사무실, 정보기기가 도입된다. 또한 SIS, EDI, POS, VAN, CIM 등에 의한 정보의 전략적 이용과 정보의 고부가가치화가 시도되고 마케팅의 혁신이 나타난다.

지역과 사회에서는 도시화의 진전, 심각한 환경문제, 심각한 고령화문제가 나타난다. 이러한 지역과 사회의 변화에 대응해 정보화를 통한 행정서비스의 제공, 지역사회의 안정성의 확보, 환경의 보호, 고령자의 지원, 자원의 절약이 시도된다. 정보통신 서비스의 기능은 이러한 사회문제의 해결에 공헌하게 될 것이다.

한편 이러한 고도 정보사회에 예상되는 역기능으로는 사생활의 침해, 컴퓨터범죄의 만연, 정보의 불균질 사회의 출현, 거품 정보사회의 출현, 새로운 스트레스의 가중 등을 들 수가 있다.

고도 정보사회에서 정보통신에 대한 기대와 과제로는 첫째, 우리의 사고와 행동양식의 일대 전환이 필요하다. 둘째, 미래에는 정보에 관련된 산업이 중요산업이 되므로 그에 따른 대비와 문제를 정보화로 해결하겠다는 의지가 필요하다. 셋째, 정보의 생산자 역할을 지향하고 서비스 개발에 동참하며 발표되는 각종 정보화 시책에 주목해야 한다는 것을 들 수 있다.

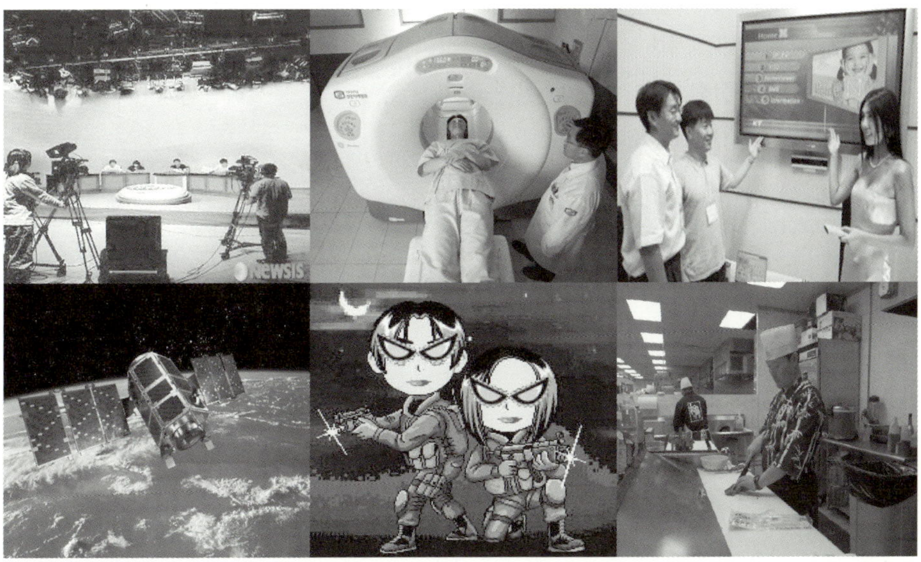

[그림 1-1] 정보사회의 모습

1.2 정보통신의 변천

1.2.1 생명체의 기본적 사항으로서의 통신

통신은 인간뿐만이 아니라 모든 생명체의 기본적인 기능이라고 할 수 있다. 동물과 곤충들은 생존과 번식 등을 위해 소리나 몸짓, 분비물, 냄새 등으로 서로 의사소통을 수행한다. 심지어는 식물들 조차도 의사소통을 수행한다는 증거들이 보고되고 있다. 이것은 통신이 모든 생명체의 원활한 생존을 위해서는 절대적으로 필요한 기능이라는 것을 의미한다.

1.2.2 가청 및 가시거리 통신

통신을 정보의 교류라고 정의한다면 통신은 인류의 발생과 함께 시작되었고 말 할 수 있다. 인간이 사회를 형성하고 생활해 나가기 위해서는 서로간에 의사를 통하여야 할 필요가 절대적인 요건이 된다. 인류가 최초로 행한 통신은 아마 손짓이나 말, 외침, 또는 북을 이용한 의사전달 정도였을 것이다. 그러나 공동 사회가 점점 커지고 영토가 넓어지면서 원거리 통신을 하는 방법이 절실했을 것이다. 원거리 통신 방법으로 등장하는 것이 바로 봉화, 파발마, 비둘기 등의 통신매체를 이용한 통신방법이었다.

정보의 전달을 위한 문자의 발명은 시간과 공간의 차이를 초월하는데 도움을 주었다.

[그림 1-2]와 같은 문자의 기록을 통하여 수백년 전의 조상들과도 통신이 가능하게 된 것이다.

인쇄기술의 발달은 통신이 대중매체의 기능을 가지도록 하여 여러 사람들에게 정보를 나누어 줄 수 있게 하였다. 통신에서 이러한 통신은 모두가 가청 및 가시거리통신의 범주라 할 수 있다.

[그림 1-2] 한자 서체, 은대의 갑골문자, 훈민 정음

(고려 의종 3년 1149년에 서북 병마사 조진약(曺晉若)이 왜적의 침입을 막기 위하여 세운 봉화대 자리에 설치된 것.)

[그림 1-3] 강원도 어달산 봉수대

1.2.3 전기통신 : 원거리통신

"Hello, Mr. Watson,

Come here, I want to see you"

1876년 3월 10일, 그날 인류는 전화를 갖게 되었다.

과거의 통신과 현대 통신을 구분하는 것은 바로 전기를 이용한 통신이다. 1844년 모르스는 유선으로 연결된 40마일 떨어진 볼티모어와 오하이오 철도역 간에 최초의 전보를 타전하면서 비로소 인류는 전기통신 시대를 열었다. 그리고 30년 후인 1876년 미국 벨이 오늘날 가장 대중적인 전기통신 수단으로 자리잡은 전화기를 발명하였다. 무선통신은 얼마 후 1901년 마르코니가 모르스 부호 무선 송출기를 발명하면서 시작되었다. 제1차 세계 대전 때 전장에서 무선 전신과 전화기가 사용되면서 비약적인 발전을 이루었다. 제2차 세계 대전 때에는 지상의 무선통신이 더욱 발전되어 지상과 항공기를 이용한 통신도 가능하게 되었다.

공간을 향해 전달되는 전파를 이용한 무선전신의 발명은 곧 지구를 동시에 순간적으로 연결하는 지구촌 통신을 가능하게 해 주었을 뿐만 아니라, 곧이어 라디오 텔레비전을 비롯한 매스컴의 출현으로 이어졌고, 20세기 후반의 획기적인 발명품인 휴대용 무선전화의 가능성도 열어 놓았던 것이다.

FIRST BELL TELEPHONES, PHOTOGRAPHED FROM THE ORIGINAL INSTRUMENTS IN THE PATENT OFFICE AT WASHINGTON

[그림 1-4] 벨이 발명한 전화기

[만화 1-1] 휴대폰이 없다면?

1.2.4 정보통신 : 네트워크+컴퓨터

전기통신의 활용범위를 확장하기 위한 하나의 방법이 네트워크의 확장이다. 현재는 네트워크에는 빛, 마이크로파, 광케이블 등의 매체가 사용되고 있는데 거의 전세계가 이들 통신 매체에 의해 연결되고 있다. 전기통신에서 이러한 네트워크의 기술혁신과 함께 큰 변혁을 가져온 것이 컴퓨터의 발달이다. 특히 네트워크 속에 컴퓨터가 들어감으로써 정보전달의 시간적, 지역적, 개인적 격차를 해소하는 방향으로 발달되고 있다는 것이다. 정보통신시스템은 정보시스템과 통신시스템을 합한 것으로 생각할 수 있다.

데이터 통신 시스템은 미국에서 1958년 군사 목적으로 개발한 반자동 지상관제 SAGE 시스템이다. 이 시스템은 센터에 있는 컴퓨터와 항공 레이더망을 연결하고 항공기로부터 전달된 정보를 컴퓨터로 분석한 다음 다시 임무 수행중인 전투기에 명령을 하달하는 시스템 [그림 1-5]이다. 이 기술은 1961년 상업용 비행기 좌석 예약 시스템 SABRE 개발의 계기가 되었다.

그리고 온라인 정보시스템의 이용과 동시에 통신기능을 이용한 정보 전달이 활발하게 진행되었다. 그 대표적인 예가 1974년 IBM이 발표한 SNA(System Network Architecture)이다. 이것은 컴퓨터간의 접속을 용이하게 하고, 다양하고 복잡해진 사용자의 이용형태에 대처하기 위한 체계화된 네트워크 방식이다.

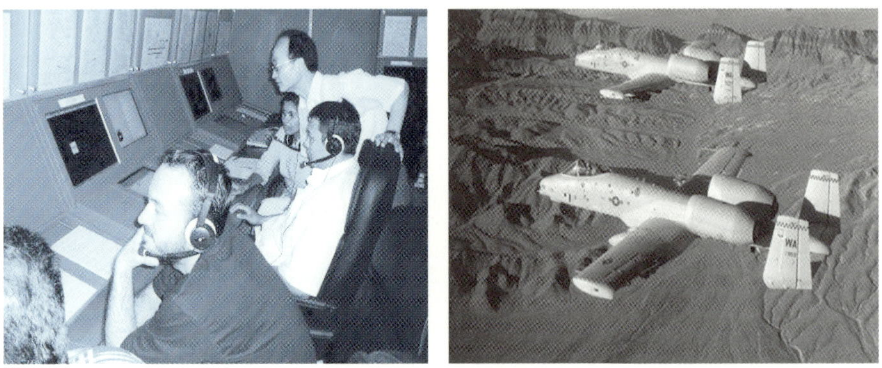

[그림 1-5] 항공기 관재시스템

그 후 정보통신은 급격한 발전을 거듭하여 새로운 매체들이 대거 출현하였고 지금 이 시각에도 새로운 매체들이 만들어지고 있다. 종전의 정보통신은 전신, 전화, 데이터 통신이 각기 별개의 통신망을 형성하고 있었으나 오늘날에는 마이크로파 및 광통신 기술을 사용하여 여러 형태의 정보를 종합하여 전송하는 초고속 디지털 종합정보통신망으로 발전하고 있다. 또한 최근에는 TCP/IP(Transmission Control Protocol/Internet Protocol) 라는 통신규약이 개발되었으며, [그림 1-6]와 같이 전세계를 하나로 연결하는 오늘날의 인터넷으로 발전하고 있다.

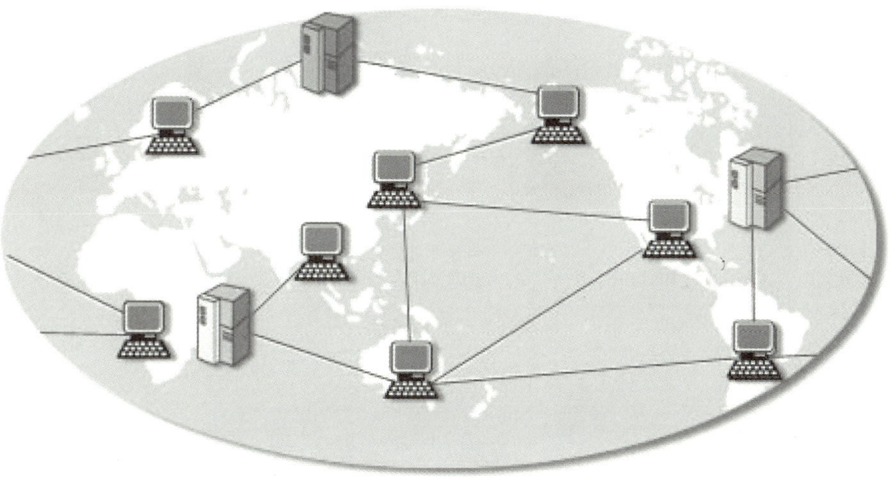

[그림 1-6] 인터넷의 연결

이제는 정보통신기술이 과거 산업사회에서의 에너지, 교통, 상하수도와 함께 사회기반 시설이 되어, 정보통신기술이 없이는 산업활동은 물론 전반적인 사회 생활이 불가능하게 되는 고도화된 정보시대에 깊숙히 들어왔다. 또한 미래 사회의 핵심 분야로 거론되고 있는 BT(Bio technology ; 생명기술), NT(Nano technology ; 초미세기술), ET(Environment technology ; 환경기술) 등과 같은 기술의 등장과 발전도 IT(Information technology ; 정보기술)이 없이는 불가능하다는 것도 자명하게 되었다. 정보통신에서 중요한 시스템을 위주로 하여 발전되어온 역사를 요약 정리하면 [그림 1-7]와 같다.

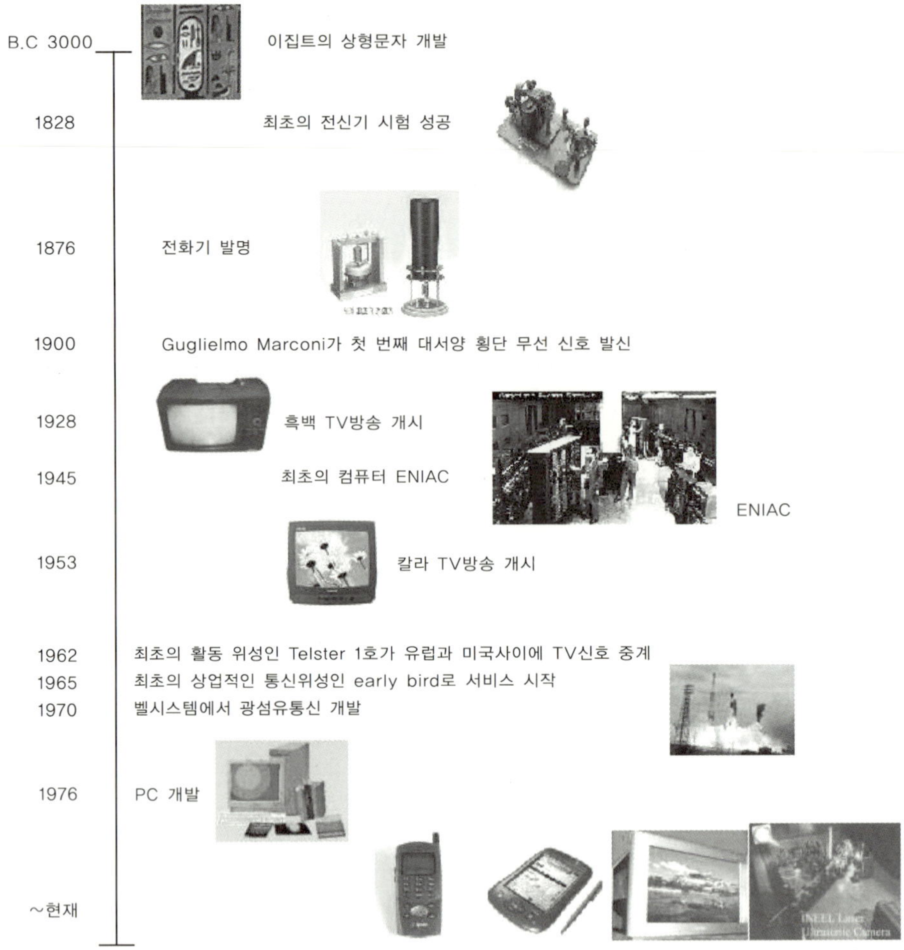

[그림 1-7] 정보통신의 역사

1.3 유비쿼터스 시대

유비쿼터스(ubiquitous)는 신학적인 용어로 신은 '언제나 어디에나 있는' 존재한다는 뜻을 가지고 있다. 이 말이 정보시대의 화두로 재탄생되게 것은 마크 와이저(Mark Weiser, 1952~1999) 덕분이다. 마크 와이저는 1988년에 메인프레임, PC에 이어 제3의 컴퓨팅 환경인 '유비쿼터스 컴퓨팅' 환경이 도래할 것이라고 예언했다. 수 백 명의 사람이 한대의 메인프레임 컴퓨터를 사용하는 메인프레임 시대, 한 명이 한 대의 컴퓨터를 사용하는 PC시대를 거쳐 수 백 대의 컴퓨터가 한 명의 사람을 위해 존재하는 유비쿼터스 시대가 될 것이라고 말했다. 그의 예언처럼 오늘날은 수 백 대의 컴퓨터가 인간을 위해 봉사하는 시대로 넘어가고 있다. 휴대폰, MP3, 디지털카메라, PMP, 노트북, 시계, 냉장고, VTR, TV, 전기밥통 등이 인간을 위해서 봉사하고 있고, 자동차 안이나 비행기, 엘리베이터, 사무실, 할인점, 슈퍼마켓 안에서도 수 많은 컴퓨터가 인간을 위해 존재하는 '컴퓨터 편재'의 시대가 도래한 것이다. 눈에 보이는 사무실의 컴퓨터 외에도 보이지 않는 곳에서 컴퓨터로 각종 장비를 조정하고 있으니 사람이 가는 곳마다 컴퓨터가 존재한다는 말이 실감나게 들린다.

유비쿼터스 시대의 개념도를 [그림 1-8]에 나타낸다. 즉 각종 사물에 컴퓨팅 및 네트워크 기능이 탑재되고 지적 정보망을 형성해서, 언제, 어디서나 다양한 서비스가 고객의 요구(Needs)에 맞게 제공되는 환경을 갖는 것을 나타낸다. 또 개인에게 제공되는 유비쿼터스의 서비스의 개념도를 [그림 1-9]에 나타낸다.

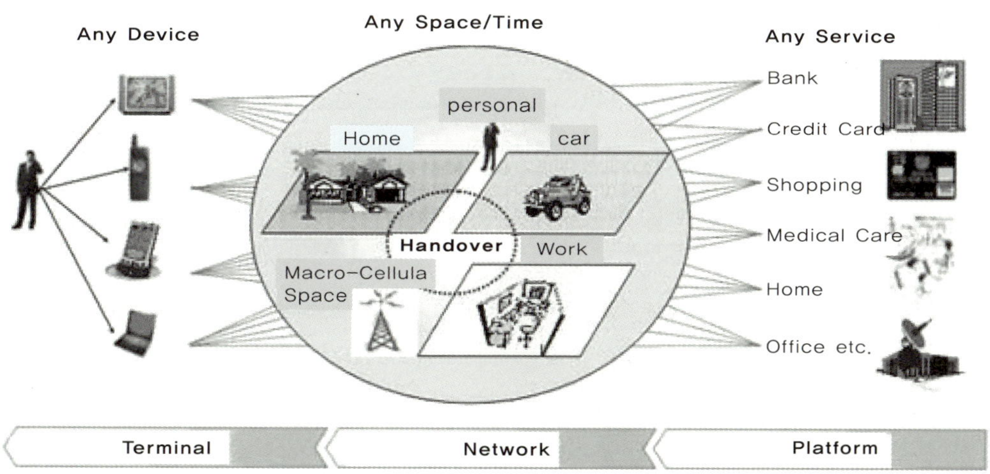

[그림 1-8] 유비쿼터스 환경의 개념도

[그림 1-9] 유비쿼터스 환경에서의 서비스 개념도 [참 조 : 동아일보 홈페이지 (유비쿼터스 컴퓨팅)]

최근에는 이러한 시대의 흐름에 맞추어 많은 도시들이 도시개발의 컨셉으로 유비쿼터스란 용어를 붙여 유비쿼터스-시티(U-시티)를 지향하고 있다. U-시티란 도시 안 어느 곳에서나 인터넷 접속을 보장받을 수 있고, IT 기반의 첨단 유무선 서비스를 제공받을 수 있는 미래형 도시를 말한다[그림 1-10 참조]. 또 그곳에서 제공되는 각종 서비스에 유비쿼터스란 개념을 접목하므로서 다양한 형태의 새로운 이름의 서비스를 제공하도록 하고 있다. 즉 시민이 알지 못하는 사이에 시민을 지원하고 편리하게 생활할 수 있도록 도와주는 도시가 탄생되고 있는 것이다.

한편 이와 같은 급격한 기술, 사회, 문화, 제도 등의 변화에 따라 유비쿼터스 개념의 재정립, 기술에 대한 사회적 수용도 확산 등을 통해 미래사회에 대한 사회적 공감대 형성이 필요하다. 또 새로운 사회의 저해요인에 대한 사전연구를 강화하여 향후 미래사회 대비책을 조기에 마련해야 할 것이다.

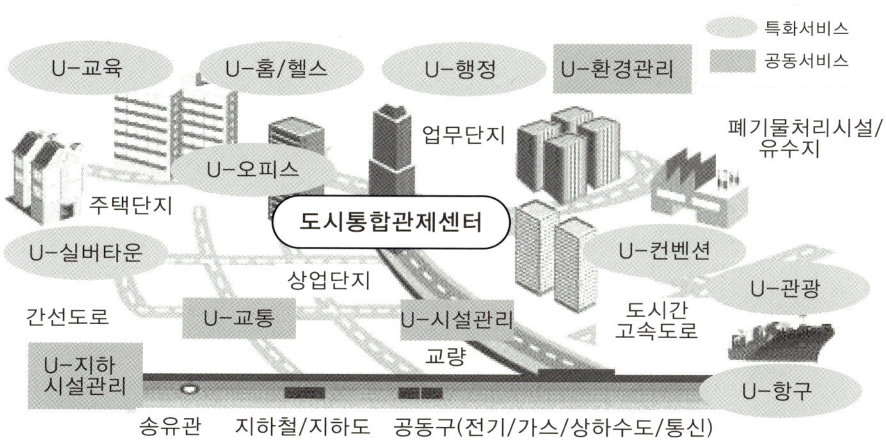

[그림 1-10] U-사회 개념도 [참 조 : 정보통신부]

1.4 유비쿼터스 사회의 비전

1. 헬렌(Hellen)은 파리에 있는 자신의 회사 사무실에서 뉴욕에 있는 랄프(Ralph)의 집에 전화를 걸었다. 랄프의 엔비로21(E21)은 헬렌의 전화번호란 걸 알아차리고 "랄프가 휴가로 부재중이다"라고 헬렌의 전화에 그녀의 모국어인 프랑스어로 대답하고, 급한 전화인지를 묻는다.
2. 엔비로21은 헬렌과 같은 사람들로부터의 긴급한 전화를 즉시 처리하고, 헬렌의 대답을 "decisif"를 인식하고, 그의 집에서 전화를 랄프의 핸디21(H21)으로 연결시킨다.
3. 랄프와 헬렌의 대화에서 그들은 런던에 있는 그의 친구 죠지(George)를 참가시키기로 한다.
4. 셋 모두 다음 주에 파리에서 만나기로 합니다.
5. 각자의 엔비로21과 이야기하면서, 자동 달력에 그들의 스케줄을 비교할 것을 부탁하고, 뉴욕 및 런던으로부터 파리까지 비행시간을 점검합니다.

6. 엔비로21이 "다음 주 화요일 오전 11시가 좋다"고 알려줍니다. 셋 모두가 "OK"하고 그들의 엔비로21에 필요한 예약을 부탁합니다.
7. 랄프와 죠지가 파리에 도착합니다. 프런트 데스크에서 만난 그들은 핸디21를 켭니다. 핸디21은 얼굴을 인식하고, 각자 뉴욕과 런던의 집에 있는 엔비로21에 접속합니다.
8. 랄프는 헬렌이 어디에 있는지 그의 핸디21에 묻습니다.
9. 랄프의 핸디21은 "그녀가 길 건너편에 있어요"라고 답을 하고, 실내/실외 네비게이션 시스템을 작동해 길을 안내해 줍니다.
10. 죠지는 그의 핸디21에 지난주에 부탁했던 기술도면을 찾아줄 것을 급하게 부탁합니다. 왜냐면 그는 그것을 가지고 오는 것을 잊었기 때문입니다.
11. 랄프와 죠지는 헬렌을 만나고, 죠지의 핸디21은 기술도면을 찾아줍니다.

위의 내용은 옥시전 사용자의 어느 하루의 짤막한 시나리오이다. 옥시전 사용자는 정보나 사람을 찾고 연결해주는 기능 덕택으로 신속한 의사 결정을 할 수 있게 되었다.

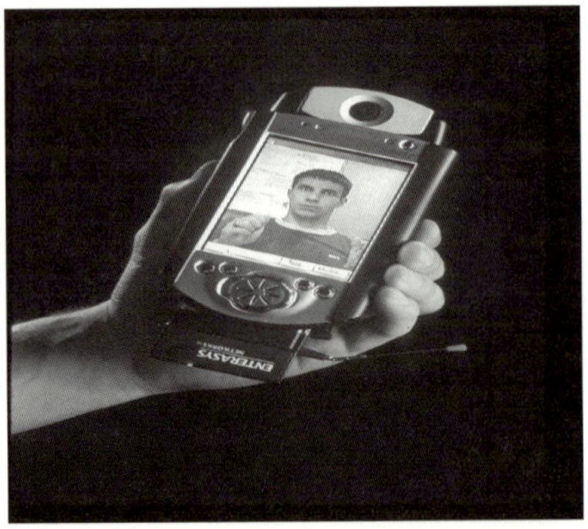

[그림 1-11] 가상의 핸디 21 단말기. MIT 전산학 연구소에서 개발 중인 핸디21은 텔레비전, 무선 호출기, AM/FM 라디오, 셀룰러 폰, 무선 인터넷 접속 등 각종 통신 기능을 내장한 핸드 컴퓨터이다. 핸디에는 내장된 범용 마이크로프로세서가 장착되어 있어 단순한 통신기능 뿐만 아니라 복잡한 신호 처리도 가능하여 다양한 응용 프로그램을 수행할 수 있다. (The Oxygen Project)

위 시나리오는 미국 MIT에서 수행 중인 옥시전(Oxygen) 과제에서 개발 목표를 구체적으로 설명하기 위하여 설정한 시나리오이다. MIT의 옥시전(Oxygen)은 여덟 가지의 새로운 기술을 통합한 시스템이다. 그 여덟 가지란 핸드헬드 장치, 벽과 기간 컴퓨터, 새로운 망, 내장형 음성 이해 시스템, 지식 처리, 협동 작업, 자동화 및 개인화 기능으로써 세계적으로 연구 개발이 치열하게 진행되고 있는 분야를 다 망라한다. 옥시전의 성능은 어느 하나에서 나오는 것이 아니라 위와 같은 인간 중심의 기술의 총체에서 나오는 것으로 주장하고 있다. 옥시전은 90년대 말과 현재 기술을 대변하는 데스크톱 컴퓨팅 개념에서 완전히 다른 새로운 컴퓨팅 패러다임으로 바뀌는 대전환의 계기를 마련할 것으로 보인다.

인터넷은 거대한 정보의 바다로 인식되어 왔다. 그러나 이제는 정보의 정글로 바뀌었다. 너무나 많은 것들에 묻혀 내가 원하는 것을 찾기가 힘들게 되어버린 것이다. 유비쿼터스시대의 정보통신 기술은 바로 이와 같은 문제를 해결하는 것이어야 한다. 단순히 기계적으로 뭔가를 제공하는 것이 아니라 인간을 위해 인간 중심의 서비스를 제공하는 것이어야 한다. 따

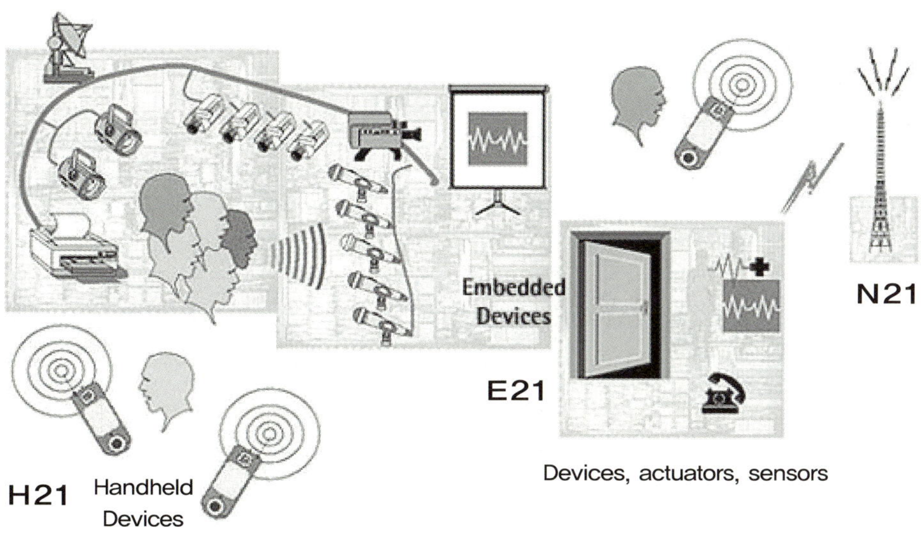

[그림 1-12] The Oxygen Project

(참 고 : http://www.oxygen.lcs.mit.edu)

라서 미래에는 한 개의 정보를 얻기 위해 수많은 정보를 볼 필요가 없고 또 인간 중심의 서비스를 제공하는 서버의 존재를 의식하기 어려운 산소 같은 존재가 되어야 할 것이다.

- 컴퓨터의 역사는 사실 아주 단순하다.
- 처음에, 컴퓨터는 없었다.
- 그러자 컴퓨터가 생겼다.
- 그리고 다시 컴퓨터는 없어졌다.

둘째와 셋째 단계 사이에 컴퓨터는 그냥 사라져 버렸다. 그러나 완전히 없어진 것은 아니었다. 우선 컴퓨터는 전면에서 사라져 배경 속으로 들어갔다. 그리고는 실제로 배경 속에 묻혀 버렸다.

현재와 미래의 가정의 모습을 보이고 [그림 1-13]에 있다. 현재의 각종 제어기기(컴퓨터)가 배경속으로 사라져버린 것을 볼 수 있다.

[그림 1-13] 가정의 현재와 미래

[표 1-2] 유비쿼터스 관련 신조어 (출처: 한국전산원 자료)

신조어	신조어 의미
유비노마드 (ubi-Nomad)	시간과 장소에 구애받지 않고 최첨단 장비를 이용한 자신의 업무를 처리하는 정보화 사회의 새로운 인간형
디지털노마드	디지털 장비를 몸에 갖추고 다니는 21세기형 인간
Transumer	이동하면서 물건이나 서비스를 구매하는 사람
디지털 코쿠닝	최첨단 디지털 기술을 활용해 집안에서 모든 소비활동을 해결하는 사람들
유비티즌	언제, 어디서나 PC뿐만 아니라 휴대전화 · 게임기 등 모든 단말기들이 네트워크화된 유비쿼터스 환경에서 생활하는 사람 엄지족 문자메세지를 많이 사용하는 신세대
m세대	무선 인터넷을 이용하여 컴퓨터 없이도 뉴스검색, 쇼핑 등을 하는세대
펌킨족	[펌]+KIN+族의 합성어로 인터넷 사이트에서 컨텐츠를 퍼오는 것에 즐거움을 느끼는 사람들
디지털 네이티브	디지털 언어와 장비를 특정 언어의 원어민처럼 자연스럽게 사용하는 20대 후반까지의 사람들
moblog	모바일 인터넷 환경에서 블로그나 미니홈피를 사용할 수 있도록 해주는 서비스

CHAPTER

02 정보통신 개요

2.1 정보

2.2 신호

2.3 주파수 스펙트럼

2.4 정보통신 시스템 모형과 구성 요소

2.5 정보통신 시스템의 기능과 제약사항

2.6 신호의 변조 및 복조

2.7 다중화 방식

CHAPTER 02 정보통신 개요

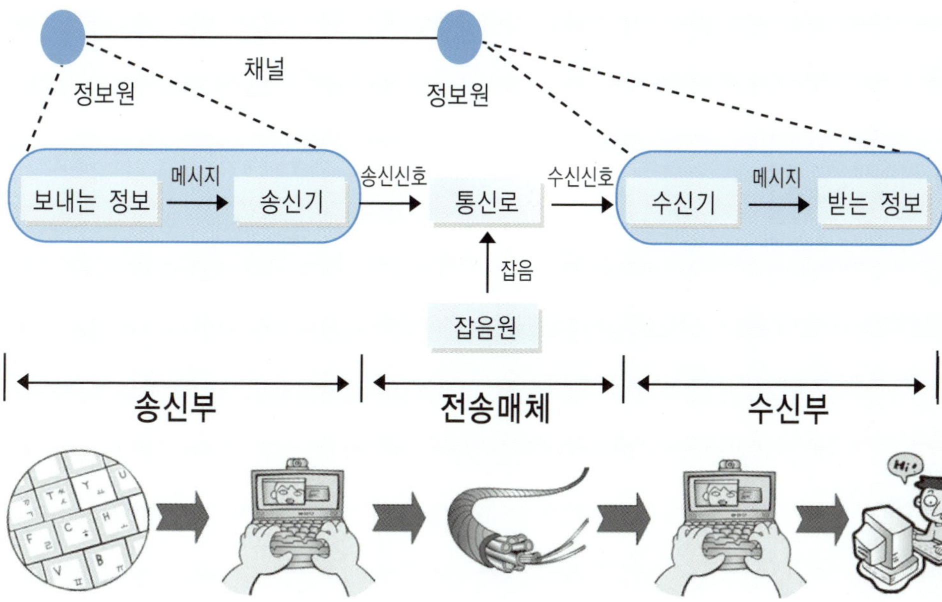

2.1 정보

2.1.1 정보의 의미

정보라는 말은 사전적으로 "관찰이나 측정을 통해 수집된 데이터를 실제 문제에 도움이 될 수 있도록 해석하고 정리한 지식"으로 정의된다. 즉, 현실 세계로부터 발생되는 여러 데이터들을 가공 처리하여 특정 목적에 부합되는 의미 있는 내용을 정보라고 할 수 있다. 우리가 일상생활에서 자주 만나는 정보는 주관적이고 추상적인 개념으로서 정보 수요자의 필요와 목적에 따라 여러 가지로 나타난다. 예를 들어 경제정보, 기상정보, 군사정보, 문헌정보, 생활정보, 입시정보, 과학정보, 교통정보 등이다.

데이터

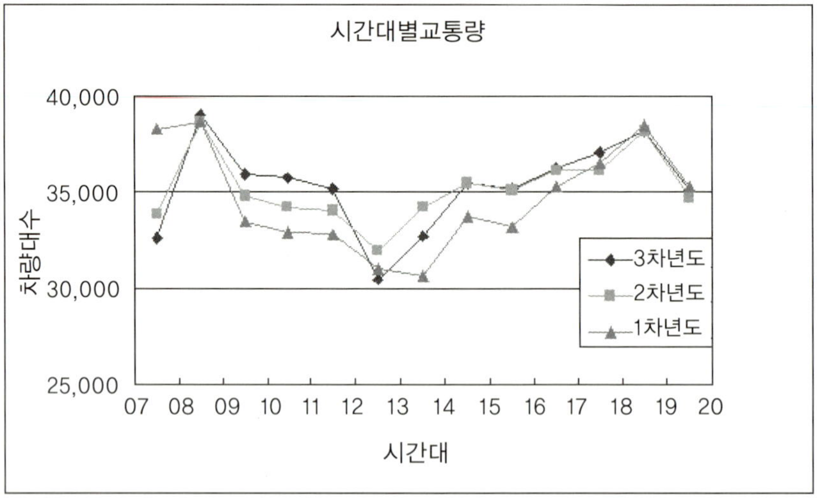

정 보

최근 3년간의 시간대별 교통량을 볼 때 12시에서 1시 사이의 시내 교통량이 가장 적다. 따라서 이 시간에 도심으로 진입하는 것이 유리하다.

[그림 2-1] 데이터와 정보

어느 대도시 시내의 시간대별 교통량을 조사한 결과를 [그림 2-1]에서 나타낸다. 이러한 조사 결과는 가공 처리되기 전의 상태로서 "데이터"에 해당된다. 이 데이터로부터 시내운전이 편리한 시간대는 12시에서 1시 사이라는 사실을 발견할 수 있는데, 이것은 가공되지 않은 데이터로부터 얻어낸 하나의 "정보"에 해당된다.

정보의 종류는 그 정보 내용의 변화 형태에 따라 크게 아날로그 정보와 디지털 정보로 나눌 수 있다. "아날로그(analog)"라는 말은 "analogous(비슷하다)"라는 말에서 파생된 것으로서 실제 물리적 현상과 비슷한 "연속적(continuous)"이라는 의미를 갖는다. 반면에 "디지털(digital)"이라는 말은 "digit(손가락)"라는 말에서 유래된 것으로 "이산적(discrete)"이라는 의미를 갖는다. 즉, 아날로그 정보는 정보 내용의 변화가 연속적인 것을 말하고, 디지털 정보는 정보 내용의 변화가 이산적인 것을 말한다.

아날로그 정보의 예로는 일상생활에서의 음성, 카메라의 필름에 기록되는 영상, 레코드 음반이나 카세트 테입에 저장되는 음악 등이 해당된다. 디지털 정보의 예로는 컴퓨터에 키보드로 입력되는 문자, 디지털 카메라에 저장되는 영상, CD(Compact Disk)에 저장된 정보 등이 해당된다. 디지털 정보는 흔히 비트(bit)라는 단위를 사용하여 나타낸다. 비트는 0 혹은 1의 이진 값의 자리수를 뜻하는 단위로서, n개의 비트는 2^n 가지의 정보를 표현할 수 있다. 문자 정보가 그 예로서 컴퓨터에서 하나의 문자는 7비트로 표현된다. 실제로는 오류 검출을 위한 1비트가 추가되어 8비트로 사용된다.

자연계 및 일상생활에서의 대부분의 정보는 아날로그 형태이다. 초기의 정보통신에서는 정보를 아날로그 형태로 저장하거나 전송하였다. 그러나 최근에는 반도체와 컴퓨터 기술의 발전으로 아날로그 형태의 정보들을 대부분 디지털 형태로 바꾸어서 저장하거나 전송한다.

보충학습 : 정보이론에서의 정보

정보이론에서는 정보의 개념을 "놀라움(surprise)" 혹은 "불확실성(uncertainty)"과 연관시켜 정의하고 있다. 즉, 정보량은 불확실성이 높을수록(혹은 확률이 낮을수록) 증가하게 된다.

2.1.2 정보의 표현 형태

정보는 정보 수요자의 필요에 따라 여러 가지 형태로 분류할 수 있다. 우선 수요자가 사람인 경우에 대한 정보의 분류는 사람이 정보를 받아들이는 감각(촉각, 청각, 시각, 후각, 미각)에 근거하여 이루어진다, 특히 사람은 주로 청각 및 시각에 의해 많은 정보를 교류하는데 그 종류는 [그림 2-2]와 같다.

청각 정보에는 음성(voice), 음악(music), 음향(sound) 등이 있으며, 사람이 귀로 들을 수 있는 가청 주파수(약 20~20,000 Hz)의 범위에서 음파 형태로 시간적으로 변화하는 정보이다. 이를 통칭하여 오디오 정보라 한다.

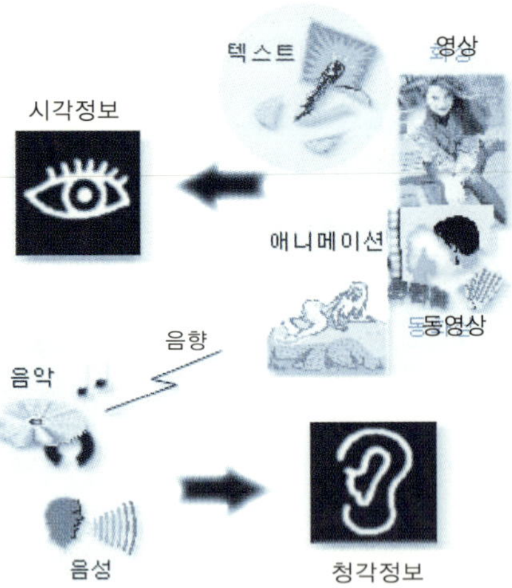

[그림 2-2] 정보의 종류

시각 정보에는 문자(text), 기호와 같은 텍스트 정보, 영상(image) 및 그래픽(graphic)과 같은 정지영상, 영화, 비디오 및 애니메이션(animation)과 같은 동영상 등이 있다. 여기서 오디오 및 시각 정보에 대해 구체적으로 살펴보자.

〉〉 오디오 정보

오디오 정보는 앞서 설명한 바와 같이 사람의 음성이나 음악, 음향 등을 말한다. 일상생활에서 음성을 통한 정보의 전달은 사람이 말할 때 성대의 진동이 주위 공기를 진동시키고 이를 귀의 고막이 감지함으로써 이루어진다.

일반적으로 소리는 여러 주파수와 진폭을 갖는 사인 함수(sine function)들로 이루어지는데, 소리의 크고 작음은 사인 함수의 진폭의 크기에 비례한다. 그리고 소리의 높낮이(고음과 저음)는 사인 함수의 주파수에 비례한다. 예를 들어, 주파수가 높을수록 고음으로 들리고 진폭이 클수록 큰 소리로 들리게 된다. 인간의 청각은 대략 20 Hz에서 20,000 Hz까지의 주파수 범위를 들을 수 있으며, 일상적인 대화에서 사용되는 주파수 범위는 이보다 훨씬 낮다. 전화 통화에서 사용되는 음성 주파수 대역은 300~3,400 Hz이며, 고품질의 오디오 정보가 저장되어 있는 CD는 주파수 대역이 훨씬 더 넓어 16~15,000 Hz의 범위를 갖는다.

〉〉 텍스트 정보

텍스트 정보는 문자 및 기호를 포함하는 문서를 가리키며 완전한 디지털 정보이다. 다시 말해 영문자 A, B, C 등과 같이 문자들 사이에 연속적으로 변하는 인자가 전혀 없이 이산적으로 정보 내용이 표현된다. 텍스트 정보는 일상생활에서는 독특한 형태의 시각적 기호로써 표현되지만, 정보통신에서는 2진 부호로써 표현되고 전달된다. 텍스트를 2진 부호로 표현하는 대표적인 부호화 방식으로는 미국의 표준화 기구인 ANSI(American National Standards Institute)에서 제시한 ASCII(American Standard Code for Information Interchange) 코드가 있다. 이 방식은 0과 1로 표현되는 이진 데이터 7비트의 조합으로 텍스트 정보를 표현하는데, 영문자와 특수 기호 및 정보통신용 제어문자들을 포함하여 $2^7 = 128$개의 문자를 정의하고 있다. ASCII 코드는 [표 2-1]과 같다.

[표 2-1] ASCII 코드 표

$b_7b_6b_5$		000	001	010	011	100	101	110	111
$b_4b_3b_2b_1$		0	1	2	3	4	5	6	7
0000	0	NUL	DEL	SP	0	@	P	‘	p
0001	1	SOH	DC1	!	1	A	Q	a	q
0010	2	STX	DC2	“	2	B	R	b	r
0011	3	ETX	DC3	#	3	C	S	c	s
0100	4	EOT	DC4	$	4	D	T	d	t
0101	5	NQ	NAK	%	5	E	U	e	u
0110	6	ACK	SYN	&	6	F	V	f	v
0111	7	BEL	ETB	‘	7	G	W	g	w
1000	8	BS	CAN	(	8	H	X	h	x
1001	9	HT	EM	)	9	I	Y	i	y
1010	A	LF	SUB	*	:	J	Z	j	z
1011	B	VT	ESC	+	;	K	[	k	{
1100	C	FF	FS	,	〈	L	₩	l	|
1101	D	CR	GS	−	=	M	}	m	]
1110	E	SO	RS	.	〉	N	^	n	~
1111	F	SI	US	/	?	O	_	o	DEL

〉〉 정지영상 정보

정지영상 정보는 시간에 따라 변하지 않는 영상정보로서, 그림, 사진, 그래픽 등의 형태로 제공된다. 일반적으로 2차원 형태인 정지영상은 다양한 색깔로 표시되는 수많은 화소(pixel)들의 2차원 배열로 이루어져 있다. 이러한 정지영상 정보는 화소의 수가 많고, 각 화소에서 표시될 수 있는 색의 가지 수가 많을수록 정보를 섬세하게 표현할 수 있으며, 정보통신의 관점에서 볼 때 정보량이 많아진다. 정보통신에서의 정지영상 정보는 팩스 서비스나 인터넷 웹 브라우저에서 볼 수 있는 이미지 파일 전송, X-ray 사진과 같은 의료용 사진의 전송 등이 해당된다. 정지영상 정보에 대한 자세한 설명은 6장 멀티미디어 통신에서 다루기로 한다.

〉〉 동영상 정보

동영상 정보는 시간에 따라 그 내용이 변하는 영상정보로서, TV방송이나 영상전화, CCTV 화면과 같은 정보를 말한다. TV화면은 하나의 정지된 화면인 프레임(frame)들이 연속적으로 화면에 나타나면서 동영상이 이루어진다. 보통 1초에 30프레임이 화면에 보여진다. 즉, 동영상은 단위시간당 연속되는 화면들의 그룹이라 할 수 있다. 따라서 영화, 애니메이션 등도 이에 해당한다. 또한 동영상은 연속된 프레임들로 구성되어 있기 때문에 방대한 양의 데이터를 가지고 있다. 따라서 동영상에서 가장 큰 문제점은 이렇게 방대한 양의 데이터를 어떻게 처리하느냐 하는 것이다. 그 이유는 동영상은 데이터의 양이 훨씬 크기 때문에 디스크에 저장되어 있거나 네트워크를 통하여 받아들이는 동영상 데이터를 이용하여 실시간으로 상영하기가 쉽지 않기 때문이다.

〉〉 멀티미디어 정보

미디어(media)란 “매체” 또는 “수단”을 의미하는 말로써, 정보 전달을 위한 미디어로는 앞서 설명한 오디오, 텍스트, 정지영상 및 동영상 등이 있다. 멀티미디어는 다수를 의미하는 “멀티(multi)”와 정보 전달의 매체를 의미하는 “미디어(media)”의 합성어이다. 멀티미디어는 정보 표현을 위한 문자, 영상, 음성 등과 같은 미디어(표현 매체)와 정보 전달을 위한 채널 등의 미디어(전달 매체)를 총칭한다. 그러므로 멀티미디어를 문자 그대로 해석하면 “정보를 표현하고 전달하는 다중 매개체”라는 의미이다. 즉 멀티미디어란 동시에 2가지 이상의 표현 매체로 표현된 정보이며, 2가지 이상의 전달 매체를 통해 제공되는 정보인 것이다. 기존의 아날로그 TV는 화면이라는 영상 정보와 소리라는 음성 정보를 동시에 제공하지만, 하나의 수신 채널만을 통해 정보를 제공하므로 멀티미디어라고 말할 수 없다.

멀티미디어 정보는 이해하기 쉽도록 다양한 표현 형태로 제공되며 다수의 채널을 통한 이용자와의 상호작용성을 갖고 있으므로 정보 전달력이 뛰어난 장점이 있다. 그러나 방대한 데이터를 전송하기 위해서는 그 만큼 많은 통신자원이 소모된다는 것이 단점이다. 따라서 정보의 효율적 전달 및 이해를 위해서는 정보 수요자에게 가장 적합한 형태의 미디어로 전달하는 것이 중요하다.

현재 제공되는 영상정보들은 해상도와 화면재생률에 제한이 있고 2차원 평면 정보만을 제공하고 있으므로 사실감이 떨어진다. 그러나 앞으로는 보는 각도에 따라 다르게 보이는 3차원 입체영상 정보도 제공될 것이다. 또한 정보통신에서는 지금까지 시각 정보와 청각 정보만을 제공해 왔지만, 최근에는 기존에 제공되지 못했던 후각 정보나 촉각 정보와 같은 새로운 형태의 정보도 제공하려는 시도가 이루어지고 있다. 현재 촉각 정보는 원격수술과 같은 실험적인 분야에서 아주 제한적으로 이용되고 있으며, 향기 정보와 같은 후각 정보 서비스도 외국에서 시범적으로 제공되고 있을 뿐이지만, 앞으로는 더욱 다양한 분야에서 일반적으로 제공될 것이며, 이를 통해 더욱 사실감 있고 다양한 정보가 제공될 수 있을 것이다.

2.2 신호

정보통신에서 자주 접하게 되는 용어 중의 하나가 바로 신호(signal)이다. 간단하게 말하면, 신호는 "정보의 물리적 표현"이다. 추상적인 정보가 수요자에게 전달되기 위해서는 물리적으로 적절하게 표현되어 실재로 전달되어야 하는데, 그렇게 정보가 물리적으로 표현된 것이 신호이며 이러한 신호가 직접 이동하여 수요자에게 전달됨으로써 통신이 이루어지는 것이다. 예를 들면 도로에 있는 신호등의 빨간 불빛은 정지해야 한다는 정보를 표현하는 신호이고, 초인종의 벨 소리는 누군가 왔다는 정보를 표현하는 신호이다. 이러한 불빛이나 소리가 공간을 가로질러 전파되어 수요자에게 전달되고, 수요자의 감각기관이 이 신호를 감지하고 인지함으로써 통신이 이루어진다. 정보를 표현할 수 있고 상대방에게 직접 전달될 수 있는 신호에는 어떤 종류들이 있을까?

정보의 내용이 다양하듯이 그 물리적 표현 또한 여러 형태가 될 수 있다. 먼저 일상생활에서 인간이 접하는 신호는 감각기관별로 분류해 볼 수 있다. 인간의 눈이 감지할 수 있는 빛과 귀가 감지할 수 있는 소리는 빛의 색깔이나 밝기, 소리의 높낮이나 크기로 정보를 표현할 수 있고, 자체적으로 직접 전파되는 성질이 있으므로 각각 하나의 신호가 될 수 있다. 또한 인간의 혀와 코가 감지할 수 있는 분자나 원자와 같은 물질 자체도 맛이나 냄새의 형태로 정보를 표현할 수 있고, 자체적으로 이동하지는 않지만 퍼뜨려지거나 분사되어서 이동할 수 있으므로 신호가 될 수 있다. 그리고 인간의 피부가 감지할 수 있는 거시적인 물체나 힘도 물체의 표면 형태나 힘의 강약으로 정보를 표현할 수 있고 인위적으로 접촉시키는 방식으로 이동될 수 있으므로 신호가 될 수 있다. 맹인들을 위한 점자나 고속도로의 과속방지 요철이 그 대표적인 예이다.

정보통신에서 주로 이용하는 신호는 전자기파 신호이다. 전자기파는 전기와 같은 에너지를 전달하는 데에도 이용되지만, 정보통신에서 정보를 전송하는 물리적 매개체인 신호로도 사용된다. 전자기파는 전기장과 자기장이 서로를 유도하며 자체적으로 공간을 가로질러 진행할 수 있고 전압이나 전류의 시간적 변화 형태로 정보를 표현할 수 있으므로 신호로 이용될 수 있는 것이다. 사실은 인간의 눈이 감지할 수 있는 빛도 전자기파에 포함된다. 인간의 눈은 전자기파의 아주 작은 부분만을 감지할 수 있는 것이다. 이러한 전자기파는 파동의 일종이며, 파동의 시간적인 변화 모습은 삼각함수 형태로 표현될 수 있다. 이 절에서는 간단한 시간 함수인 삼각함수파(trigonometric wave)를 예로 들어 그 특징, 신호의 분석 방법, 신호의 스펙트럼 개념을 설명한다.

2.2.1 삼각함수파

함수의 값이 시간에 따라 주기적으로 변화하는 간단한 시간 영역의 삼각함수파를 [그림 2-3]에서 나타내고 있다. 이 파형을 수식으로 표현하면

$$v(t) = A\cos(wt + \phi) \\ = A\cos(2\pi ft + \phi) \tag{2-1}$$

와 같다. 여기서 A는 신호의 진폭(amplitude)이라고 하며, 코사인파의 최대값(peak value)이다. ω는 각속도 또는 각주파수(angular frequency)라고 하는데, 1초에 각도가 증가하는 비율로 정의되고 단위는 [radian/s]이다. ϕ는 초기 위상각이라고 한다. 식 (2-1)의 괄호 속 전체는 임의의 시간 t에서의 각도로서 각주파수와 초기위상각에 의해 정해진다. 식 (2-1)의 코사인 함수는 시간적으로 반복되는 주기함수로서 주기는 주파수의 역으로 정의된다. 즉,

$$T = \frac{1}{f} = \frac{2\pi}{w} \tag{2-2}$$

이다. 여기서 f는 1초에 반복되는 사이클 수로 정의되는 주파수이며, 단위는 [cycle/s] 또는 간단히 헤르츠[Hz]로 나타낸다.

임의의 시점에서의 삼각함수파의 값은 진폭, 주파수, 초기위상각의 3가지 매개변수만 알면 완전히 알 수 있다. [그림 2-4]에 점선으로 그려진 파형은 진폭이 A이고, 주파수가 $1\,Hz$, 초기위상각이 0라디안인 삼각함수파이고, 실선으로 그려진 파형들은 점선 파형과 비교하기 위해 3가지 매개변수 중 1가지만 다르게 그려진 파형들로서, 맨 위의 파형은 진폭이 $A/2$로 감소된 파형, 두 번째는 초기위상각이 -0.5π라디안인 파형, 3번째는 주파수가 $2\,Hz$인 파형이다. 그림을 통해, 진폭은 신호의 최대값을 결정하고, 초기위상각은 신호가 상대적으로 얼마나 앞서거나 뒤쳐졌는지를 나타내며, 주파수는 신호가 얼마나 빠르게 변하는지를 [그림 2-4] 삼각함수파의 매개변수 변화에 따른 변화 결정한다는 것을 알 수 있다.

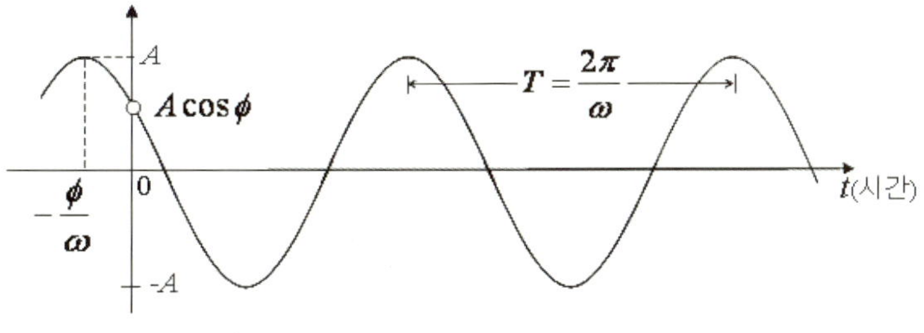

[그림 2-3] 코사인파

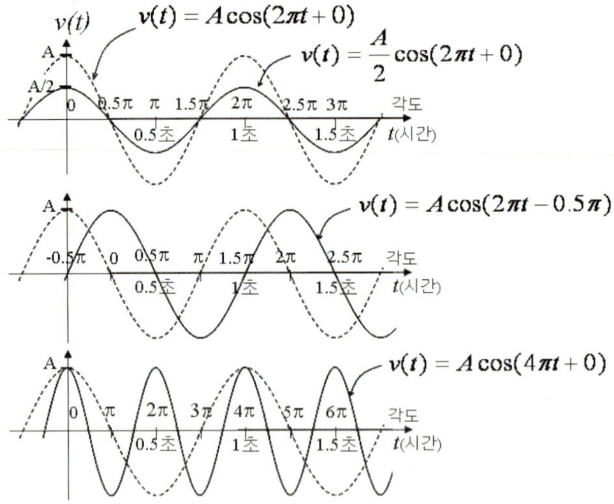

[그림 2-4] 삼각함수파의 매개변수 변화에 따른 변화

2.2.2 푸리에 정리와 신호의 합성과 분석

2.2.1절에서 설명한 삼각함수파는 통신 및 신호 처리 분야에서 중요하게 다루어지고 있는데, 그 이유는 다음과 같은 중요한 특징을 가지고 있기 때문이다. 19세기의 프랑스 수학자인 푸리에(Jean-Baptiste Fourier)는 어떠한 형태의 주기적인 신호도 삼각함수파들의 합으로 표현할 수 있다는 이론을 제시했다. 이는 매우 중요한 특징으로써 푸리에 급수(Fourier series)로 알려져 있다.

예를 들어 설명해 보자. [그림 2-5]은 주기가 4초인 주기적인 네모파형이다. 이 네모파형은 [그림 2-6]에 있는 것처럼 주파수와 진폭 및 초기위상각이 다른 여러 개의 삼각함수파들의 합으로 근사화하여 표현할 수 있다. [그림 2-7]의 왼쪽 그림은 [그림 2-6]에 있는 4가지의 서로 다른 삼각함수파들의 합으로 구현된 근사화된 네모파형이다. [그림 2-7]의 오른쪽에 있는 그림은 삼각함수파 32가지를 조합하여 구현한 것이다. 이론적으로 무한대 개수의 삼각함수파 조합을 이용하면 [그림 2-5]에서와 같은 네모파형을 얻을 수 있다. 이러한 원리가 푸리에 급수이다. 따라서 역으로 설명하면, 어떠한 주기적인 시간 영역의 신호가 삼각함수파의 조합으로 표현될 수 있다는 것은, 그 시간 영역의 신호는 사용된 삼각함수파의 주파수 성분들을 지니고 있다고 말할 수 있다. 이러한 특성은 비주기적인 신호에 대해서도 마찬가지로 적용될 수 있으며, 따라서 모든 신호는 다양한 주파수의 삼각함수파들의 합으로 이루어져 있으며 이를 푸리에 정리라고 한다.

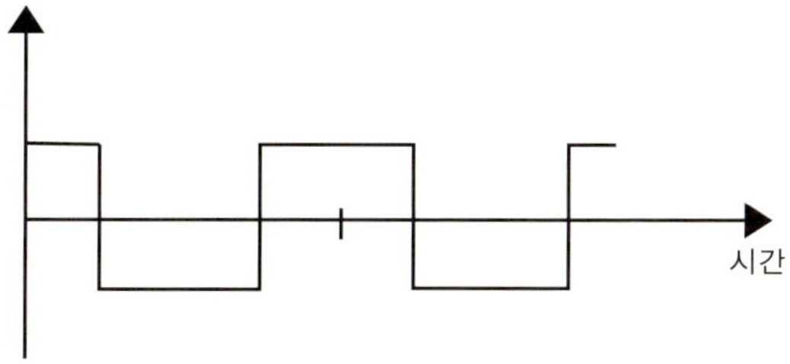

[그림 2-5] 시간 영역의 네모파형

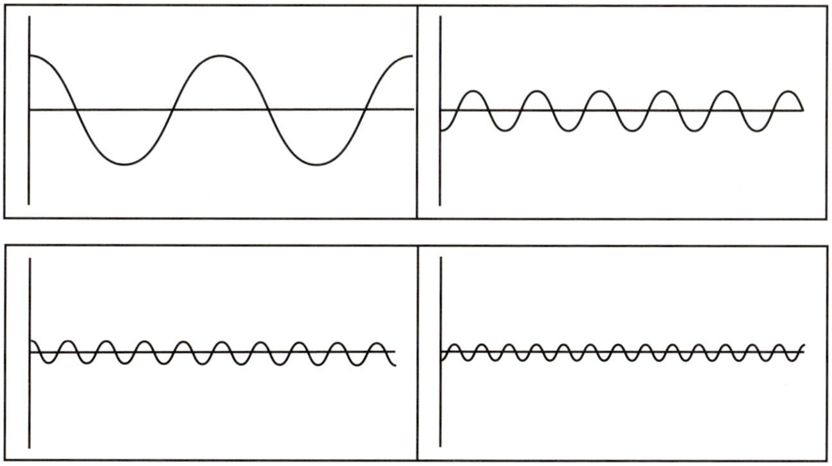

[그림 2-6] 다양한 주파수의 삼각함수파들

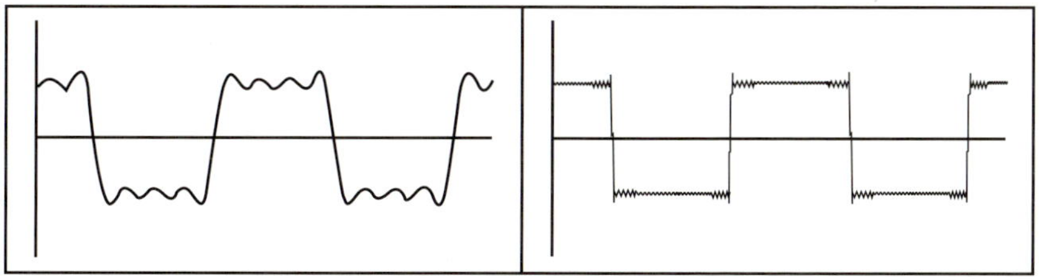

[그림 2-7] 4가지 및 32가지의 삼각함수파 조합으로 합성된 네모파형

여기서 신호 처리에 많이 사용되고 있는 용어인 "합성"과 "분석"에 대해 알아보자. 시간 영역의 신호를 주파수 영역의 신호로 변환하는 작업을 분석(analysis)이라고 한다. 다시 말해 시간 영역의 신호가 어떤 주파수 성분들을 포함하고 있는지를 분석한다는 의미이다. 반대로 주파수 영역의 신호를 시간 영역의 신호로 변환하는 것을 합성(synthesis)이라고 한다. 즉, 다양한 주파수의 삼각함수파들을 조합하여 시간에 따라 특정한 형태로 변하는 신호를 합성하는 것이다. 분석과 합성은 수학적으로 푸리에변환(Fourier transform)과 푸리에역변환(Inverse Fourier transform)을 이용하면 가능하다

보충학습

1. 주파수 영역과 시간 영역의 신호 변환은 왜 필요한가?
   - 시간 영역의 신호는 실제 관찰할 수 있으며 이해하기 쉬운 장점이 있지만 신호 전송 측면에서는 시간적인 신호 형태보다는 주파수 영역의 신호 형태가 더 중요하다. 이는 신호를 전송하기 위해 전송매체를 사용해야 하는데 주파수와 밀접한 관련이 있는 전송매체 특성 혹은 손상을 고려해야 하기 때문이다.
2. 주파수가 높다/낮다.
   - 주파수가 높다는 말은 신호의 주기가 짧다는 의미로서 시간 영역에서 신호를 관찰했을 때 첨두치 사이의 간격이 좁아서 신호가 상대적으로 조밀하게 보인다. 주파수가 낮다는 말은 그 반대 현상이다.

2.3 주파수 스펙트럼

2.3.1 주파수 스펙트럼의 정의

앞 절에서 설명한 바와 같이 시간적으로 표현된 신호에 대해 푸리에 분석을 수행하면, 그 신호가 어떤 주파수의 삼각함수파들로 이루어졌는지를 알 수 있으며, 그 주파수 성분들의 분포도를 그릴 수 있다. 이러한 주파수 성분에 따른 분포도를 주파수 스펙트럼(frequency

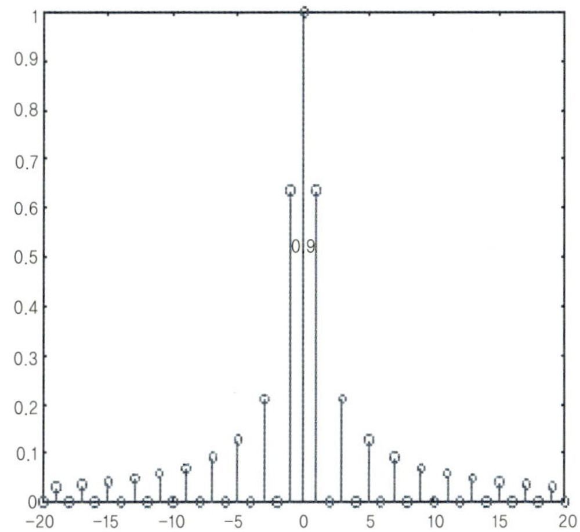

[그림 2-8] 이산형 스펙트럼

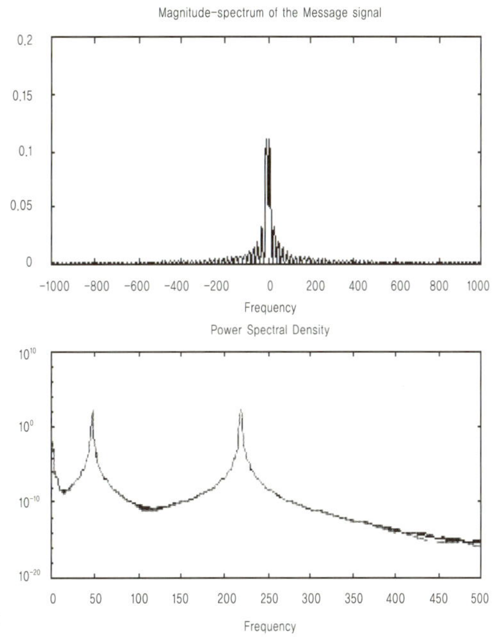

[그림 2-9] 연속형 스펙트럼, (a) 진폭 스펙트럼), (b) 전력밀도 스펙트럼

spectrum), 혹은 간단히 스펙트럼이라고 부른다. 스펙트럼은 분포도의 매개변수에 따라 진폭, 위상뿐만 아니라 에너지 혹은 전력 분포도도 그릴 수 있으며, 진폭 스펙트럼, 위상 스펙트럼, 에너지 스펙트럼 혹은 전력 스펙트럼이라고 부른다. 스펙트럼의 형태는 시간 영역의 신호 형태에 따라 이산형(discrete) 스펙트럼과 연속형(continuous) 스펙트럼으로 나눌 수 있다. 이산형 스펙트럼은 시간 영역의 신호가 주기적일 때 얻을 수 있는 형태이며, 연속형 스펙트럼은 시간 영역의 신호가 비주기적일 때 얻을 수 있는 형태이다.

2.3.2 오디오 신호

오디오 신호는 인간이 귀로 들을 수 있는 가청음의 신호로서, 음파이지만 역시 삼각함수파로 표현될 수 있으며, 푸리에 정리와 스펙트럼의 관점에서 이해될 수 있다. 오디오 신호의 3

가지 중요한 요소는 음의 높이(pitch 또는 frequency), 음의 세기(intensity), 그리고 음의 맵시(timbre)이다.

〉〉 음의 높이

음의 높이는 음파의 진동수로 정해지고, 진동수가 많은 소리를 높은 소리라고 한다. 음악에서의 음계를 예로 든다면, 으뜸음 "도"의 주파수는 262 Hz이고 한 옥타브 높은 "도"는 2배의 주파수가 되는 524 Hz이다. 일반적으로 남자의 목소리가 여자의 목소리에 비해 한 옥타브 정도 낮다고 한다. 일반적으로 자연스런 "도"의 음을 낸다면 여자는 262 Hz, 남자는 131 Hz의 소리를 내게 된다고 할 수 있다.

〉〉 음의 세기

음의 세기는 식 (2-1)과 같은 신호 v(t)를 예를 든다면 $|v(t)|^2$이 되고, 결국 신호의 진폭의 제곱에 비례하게 된다. 여기서 말하는 음의 세기는 물리학적인 세기를 말하는데 실제 귀로 들리는 세기와는 다르다.

〉〉 음의 맵시

음의 높이와 세기가 같은 소리일지라도 사람의 귀에 다르게 들리는 경우가 있는데 이를 음의 맵시라고 한다. 예를 들어 오케스트라에서 같은 으뜸음 "도"를 연주하더라도 각 악기마다 나는 소리가 다르게 들리는 경우를 말한다. 이것은 으뜸음 "도"의 주파수인 262 Hz를 f라고 할 때, "도" 소리를 내는 악기에서는 주파수가 f인 기본파뿐만 아니라 $2f$, $3f$, … 등의 배음(고조파 혹은 Harmonic)들도 함께 발생되어 소리가 형성되기 때문이다. 다시 말해서 서로 다른 악기들이 같은 높이의 음을 연주하더라도, 함께 발생되는 $2f$, $3f$, … 등의 고조파 성분들의 크기와 위상이 다르기 때문에 악기별로 나는 소리가 다르게 들리는 것이다.

〉〉 음성신호의 스펙트럼

인간이 낼 수 있는 소리의 주파수 범위는 사람에 따라 다르다. 하지만 일상적인 대화에 사용되는 음성의 경우에는 4,000 Hz 이하의 스펙트럼으로 어느 정도 표현될 수 있다. [그림 2-10]은 "정보통신"이라고 발음된 음성신호를 시간영역에서 표현한 것이고, [그림 2-11]는 이 신호의 전력 스펙트럼을 나타낸 것이다. 대체로 4,000 Hz 이하의 낮은 주파수 성분들만 존재하며, 에너지의 대부분은 주로 낮은 주파수 영역에 몰려있다는 것을 보여준다.

보충학습

1. 자신은 몇 Hz에서 몇 Hz까지의 소리를 들을 수 있는지 확인해보자.

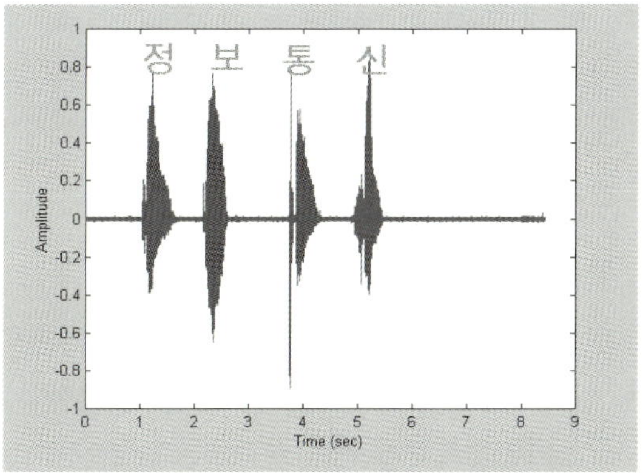

[그림 2-10] 음성신호 ("정보통신")

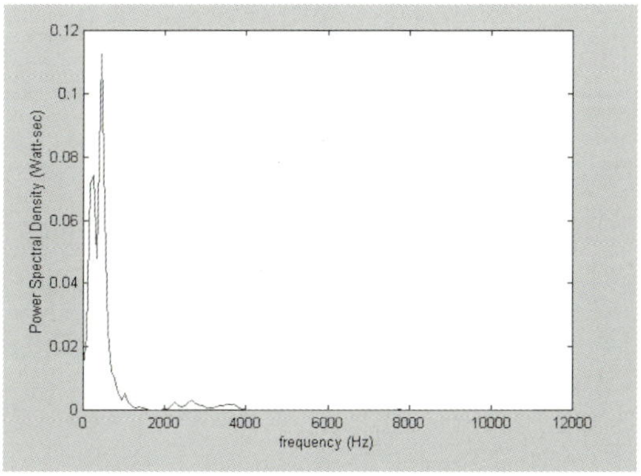

[그림 2-11] 음성신호 스펙트럼 ("정보통신")

2.3.3 대역폭

통신에 있어서 가장 중요한 두 가지 자원은 대역폭(bandwidth)과 전송 전력(transmit power)이다. 결국 통신 분야의 엔지니어는 대역폭과 전송 전력의 두 가지 자원을 가장 효율적으로 사용하여 최적의 성능과 품질을 제공하는 시스템을 설계하여야 한다. 여기서 대역폭에 대한 정의와 의미를 고려해 보자.

대역(band)이란 주파수 요소가 값을 갖는 범위를 말하고, 이 범위의 크기를 대역폭(bandwidth)이라고 한다. 어떤 신호의 대역폭은 그 신호에 들어 있는 가장 높은 주파수와 가장 낮은 주파수의 차이로 계산된다. 예를 들어 최대 주파수 성분이 100 kHz이고 최소 주파수 성분이 90 kHz이면 대역폭은 10 kHz가 된다. 그러나 대부분의 경우 신호는 넓은 혹은 무한대의 대역폭에 걸쳐 분포하고 있다. 따라서 대역폭의 정의는 "신호 대부분의 에너지가 어느 범위에 밀집되어 있는가"라는 기준으로 정한다. 일반적으로 상한 주파수와 하한 주파수는 최대값의 절반으로 줄어드는 주파수로 정의하여 사용한다.

일반적으로 많은 정보가 담긴 신호일수록 신호의 대역폭도 크다. 일반 전화에서 사용되는 음성신호의 주파수 대역은 300 ~ 3,400 Hz이고, 대략 4 kHz 정도의 대역폭을 갖는다. 그러나 고품질의 오디오 신호는 이보다 대역폭이 훨씬 더 넓어, 음반과 같이 정서성을 포함하면 15 kHz 정도가 된다. TV와 같은 동영상 정보에 대한 신호의 스펙트럼은 오디오 정보와는 달리 저주파 신호 성분이 많으면서 대역폭은 대략 4 MHz 정도이다. 여기에 앞으로 현실감, 박진감, 입체감 등과 같이 인간의 정서적 정보까지 포함되는 고품위 TV의 신호는 대역폭이 30 MHz 정도이며, 감각기의 수용 능력 한계까지의 정보를 포함하면 1 GHz 정도의 대역폭을 갖게 될 것이다.

회로나 전송매체의 신호 전송 특성도 스펙트럼으로 표현 가능하며 주파수 대역을 가진다. 이 경우 매체의 대역은 그 매체를 지날 수 있는 신호의 주파수 대역을 의미한다. 대역폭과 통신 시스템의 품질과는 밀접한 관계가 있다. 전송매체의 대역폭이 클 때는 비교적 신호를 잘 전송하지만, [그림 2-12]과 같이 대역폭이 좁을 때는 신호의 높은 주파수 성분들이 전송되지 못하므로 신호에 왜곡 현상이 생기거나 전송오류를 초래하게 된다. 원활한 신호의 전송을 위해서는 신호의 대역과 전송매체의 대역이 맞아야 할 뿐만 아니라, 전송매체의 대역폭이 신호

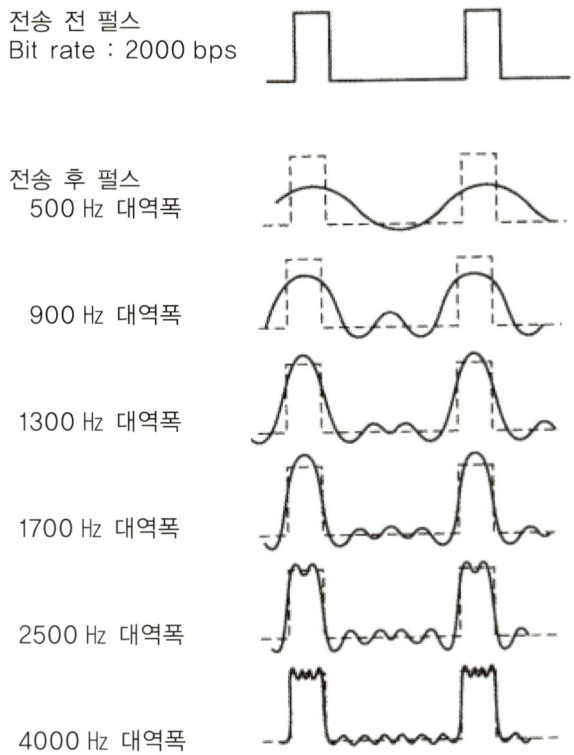

[그림 2-12] 전송매체 대역폭에 따른 왜곡현상

의 대역폭보다 더 커야 한다. 일반적으로 음성의 경우 4 kHz, AM 방송은 10 kHz, FM 방송은 200 kHz, TV방송은 6 MHz 정도의 채널 대역폭을 사용한다.

2.3.4 필터

필터(filter)의 정의는 특정 범위의 주파수만을 선택하거나 배제시키는 장치를 말한다. 통신 시스템에서는 그 시스템마다 사용하는 주파수 대역이 있기 때문에 특정 주파수 대역만을 사용하기 위해, 또는 잡음이 섞인 신호로부터 불필요한 주파수 성분을 제거하고 원하는 정보를 포함한 주파수만 선택하기 위해 필터를 사용한다.

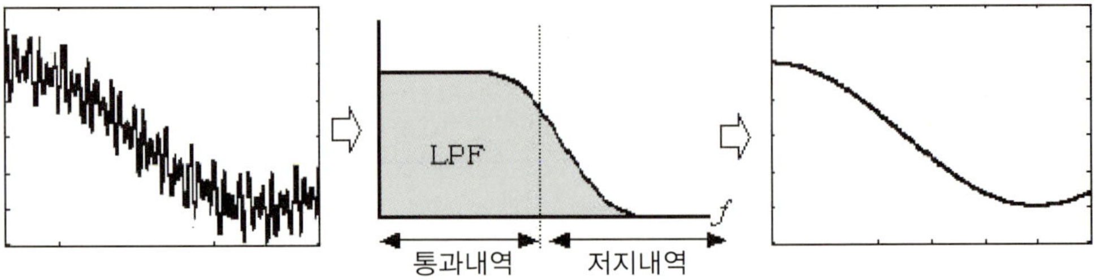

[그림 2-13] LPF를 통한 고주파 잡음의 제거

필터의 종류로는 낮은 주파수만 통과시키는 저역통과필터(low pass filter: LPF), 높은 주파수만 통과시키는 고역통과필터(high pass filter: HPF), 일정 구간의 주파수만 통과시키는 대역통과필터(band pass filter: BPF), 일정 구간의 주파수만 차단시키는 대역저지필터(band rejection filter: BRF) 등이 있다.

[그림 2-13]는 저역통과필터의 활용 예를 보여주고 있다. 필터를 통과하기 전의 신호는 저지대역(stop band)의 신호가 포함되어 있었으나, 저역통과필터 통과 이후의 신호는 통과대역(pass band)의 신호만 나타나게 된다. TV 방송의 경우 여러 방송국의 TV 신호들이 주파수 대역을 달리하여 송출되고 있는데, 우리는 텔레비전 수상기의 채널번호를 선택함으로써 원하는 방송만을 시청하게 된다. 이것은 특정한 대역의 신호만을 통과시키는 대역통과필터의 예라고 할 수 있다.

2.3.5 전송속도

디지털 신호의 전송에 있어서 전송속도는 중요한 의미를 지닌다. 디지털 신호가 발생되어 송신기를 통해 전송매체로 전송되는 데 있어서 두 가지 전송속도가 있다. 하나는 정보 전송속도이며 다른 하나는 변조속도이다. 변조속도는 신호의 관점에서 본 속도이며, 정보전송속도는 정보의 관점에서 본 속도이다.

〉〉 변조속도

변조속도(신호 전송속도)는 1초 동안에 신호를 변조하는 횟수로 정의한다. 전송회선 상에서 어떤 변조상태가 지속되는 시간의 역수로서, 단위는 발명자인 프랑스인 보드(Baudot)의 이름을 따서 보(baud)를 사용하기도 하고 변조율(modulation rate) 혹은 심볼률(symbol rate, symbol per second)이라고도 부른다. 하나의 변조상태가 지속되는 시간을 T라고 하면 변조속도 B는 다음 식과 같다.

$$B = \frac{1}{T}[baud] \tag{2-3}$$

예를 들어 [그림 2-14] (a)와 같이 디지털 정보 "1"에 대해서는 5V의 전압을 20 ms 동안 가하고 "0"에 대해서는 0V의 전압을 가한다고 하면 변조속도는 B=1/0.02 = 50 baud 가 된다. 변조속도는 펄스폭과 밀접한 관계가 있다. 펄스폭이 좁을수록 변조속도는 높아진다. [그림 2-14] (b)와 같이 펄스폭을 20 ㎲로 하면 변조속도 B는 50 kbaud가 된다.

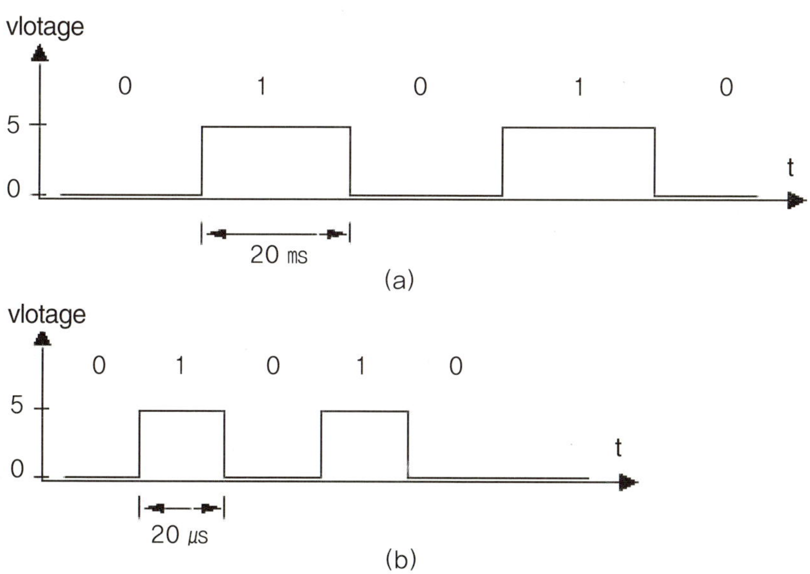

[그림 2-14] 펄스폭에 따른 변조속도: (a) 20 ms 펄스폭, (b) 20 ㎲ 펄스폭.

〉〉 정보 전송속도

정보 전송속도는 비트율(bit rate) 혹은 데이터율(data rate)을 말하며 1초 동안에 전송할 수 있는 비트 수로 정의한다. 단위는 bps(bit per second)를 사용한다. 정보 전송속도는 신호에 실려 전달되는 데이터의 전송 속도를 말한다. 따라서 앞서 설명한 것처럼 하나의 변조 신호가 하나의 비트를 나타내는 경우에는 변조속도와 동일하지만, 하나의 변조상태가 여러 비트를 나타내는 경우에는 변조속도와 정보전송속도는 서로 달라진다. 이를 수식으로 정리하면 전송속도 D는 다음 식과 같이 쓸 수 있다.

$$D = B\log_2 N = \frac{1}{T}log_2 N[bps] \quad (2\text{-}4)$$

여기서 N은 변조상태의 수이며, 하나의 변조상태는 $\log_2 N$개의 비트를 나타낸다. 즉, 동일한 변조속도에서 몇 가지 상태로 변조하느냐에 따라 또는 하나의 변조로 몇 개의 비트를 전송하느냐에 따라 정보전송속도는 달라진다. 예를 들어 [그림 2-15]과 같이 펄스의 전압상태가 0, 1, 2, 3[v]의 4가지이고, 펄스폭이 20㎲ 동안 유지되게 변조한다고 하면 하나의 펄스가 2비트를 나타내므로 전송속도는 D = 50 × 2 = 100 kbps가 된다.

일반적으로 전송속도는 펄스폭을 좁게 할수록, 그리고 변조상태의 수를 크게 할수록 높아진다. 그러나 펄스폭은 대역폭과 관계가 있다. 좁은 펄스폭은 넓은 대역폭을 필요로 한다. 따라서 대역폭이 넓은 전송매체를 통해서 많은 데이터를 보낼 수 있다. 그러나 전송매체의 대역폭에는 한계가 있으므로 펄스의 폭을 무한히 좁게 만들 수는 없다. 또한 동일한 대역폭의

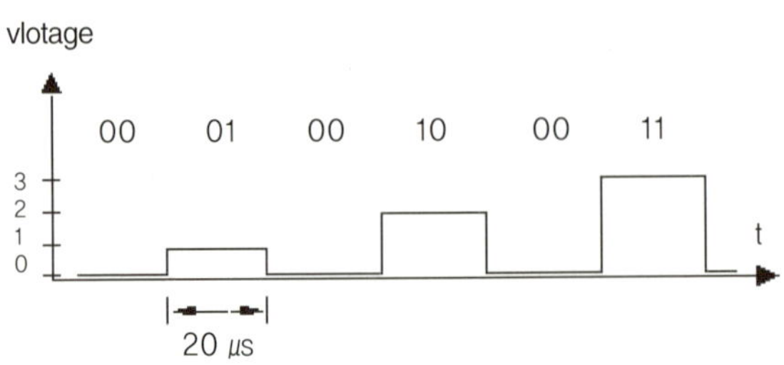

[그림 2-15] 변조상태 수에 따른 전송속도

전송매체를 사용한다 하더라도 변조상태의 수를 많이 하면 전송속도를 높일 수 있다. 그러나 변조상태의 수가 많아지면 일반적으로 신호대잡음비(SNR: Signal-to-Noise Ratio)가 나빠지며 보다 정밀한 수신기가 필요하므로 무한히 변조상태의 수를 많이 할 수도 없다.

보충학습

1. 비트율이 20kbps인 디지털 통신 시스템에서 변조율이 5k baud라고 하면 몇 개의 비트가 하나의 심볼에 해당하는가?
2. 그리고 변조된 심볼의 지속시간은 얼마인가?

2.4 정보통신 시스템 모형과 구성요소

2.4.1 정보통신 시스템

정보통신 시스템은 컴퓨터와 단말기장치 또는 컴퓨터 상호간 회선 연결을 통해 정보를 가공, 처리 ,보관 및 전송하기 위하여 결합되어 있는 시스템을 말한다. 정보통신시스템의 모형은 샤논(Shanon)의 통신모형을 기초로 하며, [그림 2-16]에서 보는 바와 같다. 정보통신시스템의 구성은 [그림 2-17]과 같이 송신부는 정보원, 입력변환기, 송신기로 구성되며, 정보원의 정보를 가공처리하기 위해 컴퓨터나 단말장치 등을 이용하여 송신기를 통해 정보를 회선에 출력하게 된다. 출력된 정보는 통신로 즉 전송매체의 특성에 따라 무선과 유선의 매체 종류에 따라 각기 다른 방식의 전송기법을 통해 수신부의 수신기로 입력되게 되며, 수신부는 전송매체를 통해 입력되는 정보를 받는 수신기를 통해 컴퓨터나 단말장치로 처리하여 그 결과를 받게 된다.

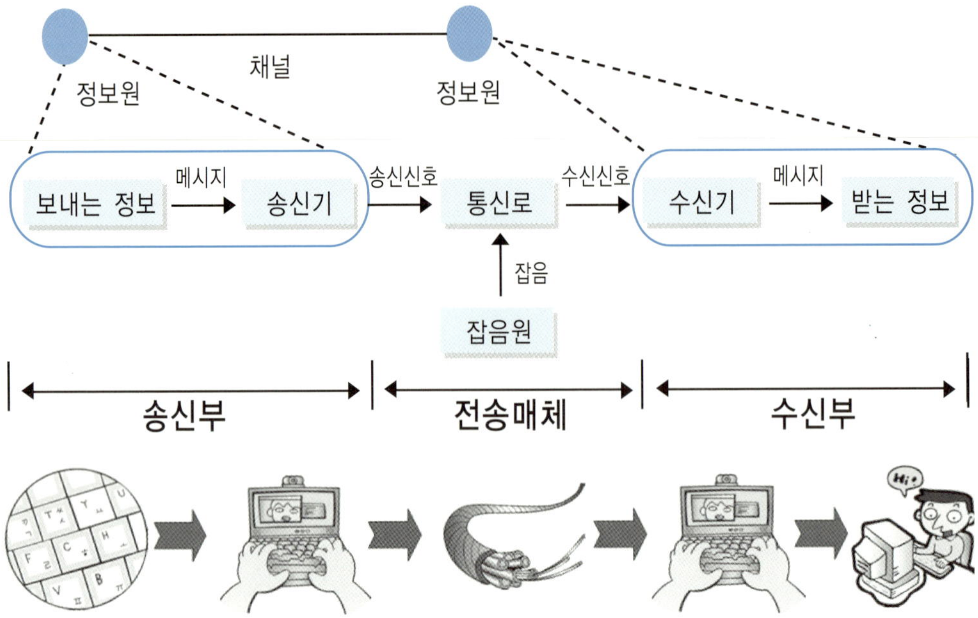

[그림 2-16] 샤논의 통신모형과 응용

[그림 2-17] 정보통신시스템의 구성

2.4.2 정보통신시스템의 구성요소

〉〉 정보원

정보원이란 [그림 2-18]와 같이 전달하고자 하는 정보를 발생하는 인간 혹은 기계 장치를 말한다. 여기서 나오는 정보는 음성, 문서, 영상, 동영상 등으로 분류된다.

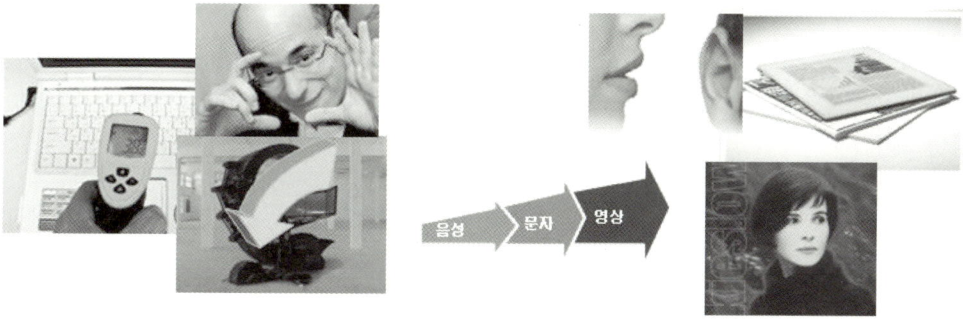

[그림 2-18] 정보원의 종류

〉〉 입/출력 변환기

입력 변환기는 정보원으로부터 발생된 정보를 정보통신 시스템에서 처리할 수 있는 형태로 변환하는 장치이다. [그림 2-19]과 같이 입력 변환기의 단말장치는 키보드, 마이크, 카메라, 센서 등이 입력 변환의 기능을 수행한다. 출력 변환기는 최종 목적지에서 인지할 수 있는 형태로 정보를 복원하는 장치이다.

입력변환기 출력변환기

[그림 2-19] 입 · 출력 변환기

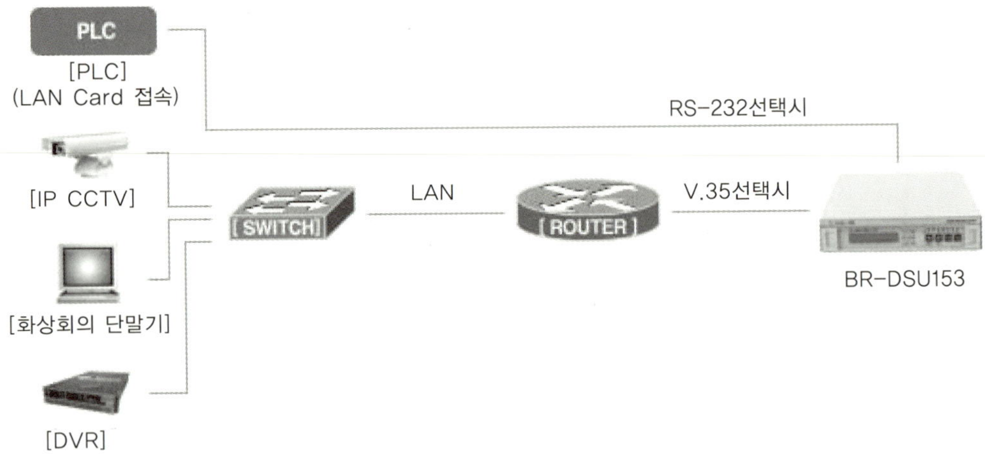

[그림 2-20] 송 · 수신기 (DSU: Digital Subscriber Unit)

〉〉 송 · 수신기

송신기는 정보를 전송하기에 적합한 형태의 신호로 변환하여 전송로에 내보내는 장치이다. [그림 2-20]과 같이 송신측의 모뎀, 디지털 가입자 장치(DSU: Digital Subscriber Unit) 등이 해당된다. 수신기는 전송로를 통해 전송된 신호를 받아 원래의 신호로 복원하는 장치이다, 수신측의 모뎀, 디지털 가입자 장치(DSU) 등이 수신기의 역할을 한다.

2.4.3 전송매체

송신기와 수신기 사이의 물리적인 전송 통로를 전송매체라고 하며, 전송매체의 성질과 이를 통해 전송되는 신호의 성질에 의해 통신 품질과 특성이 결정된다. [그림 2-21]와 같이 전송매체는 유선매체와 무선매체로 분류된다. 무선매체는 공간(전파), 공기(음파)를 이용한 전송매체이며, 유선매체는 트위스트페어, 동축케이블, 광케이블 등의 물리적인 전송선로가 존재하는 매체이다.

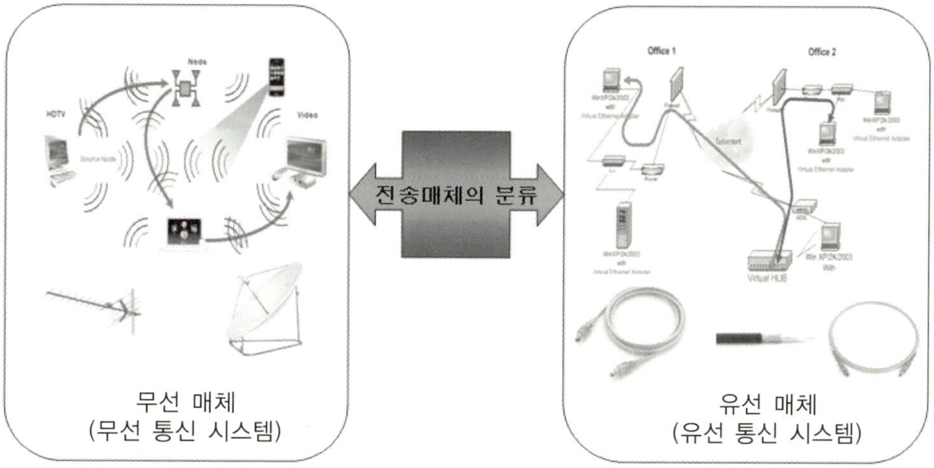

[그림 2-21] 전송매체의 분류

〉〉 무선 매체

무선매체를 이용한 무선통신시스템은 [그림 2-21]와 같이 공간을 전송매체로 하는 통신으로서 송신측에서 정보신호를 전자파에 실어서 전송하고, 수신측에서는 공간을 거쳐 전송되어온 전자파를 수신하여 원래의 신호를 검출하는 방식의 통신이다. 전자기 물리학의 초창기 실험가들은 무선 전신 장치를 만드는 것을 꿈꾸었다. 최초의 무선 전신 송신기들은 20세기 초 사용 가능하게 되었다. 그 후 진폭변조, 즉 AM (amplitude modulation)기술은 무선을 통해 음성이나 음악을 전송하는 것을 가능케 하였으며, 이 매체는 후에 라디오라고 불리게 되었다. 오늘날 무선 장비 사용의 보편적인 [그림 2-22]과 같이 GPS, 이동 통신 시스템, 무선 마우스, 양방향 라디오 등이 포함된다.

무선 전송매체 특성으로 인해 효율적으로 사용 가능한 주파수 범위가 존재하고, 국제전기통신연합(ITU)의 국제전기통신협약 부속 전파규칙(RR)에서 규정하고 있다. 국내는 전파관리국이 주파수대 및 할당 폭, 전파 형식, 최대 송신 전력, 용도 등 주파수 할당 업무를 관장하고 있다. [그림 2-23]는 현재 널리 쓰이고 있는 전송매체의 주파수 범위와 응용분야를 보여주고 있다.

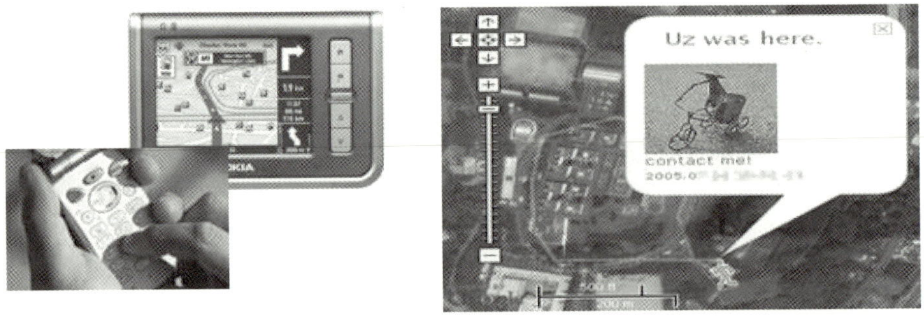

[그림 2-22] 무선 통신 시스템의 응용

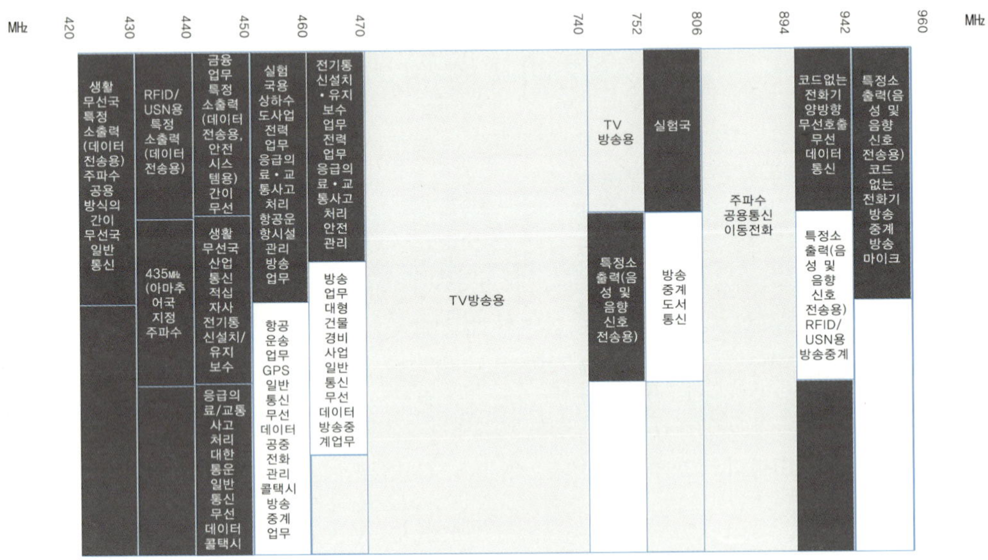

[그림 2-23] 무선 전송매체의 주파수 범위와 응용분야

〉〉 유선 매체

1) 트위스트페어(Twisted Pair Wire)

일반적으로 트위스트페어는 [그림 2-24]와 같이 두 줄의 전선이 서로 꼬아져 있는 형태이며 여러 쌍의 전선이 하나의 다발로 묶여서 케이블을 형성한다. 이렇게 꼬인 이유는 인접한

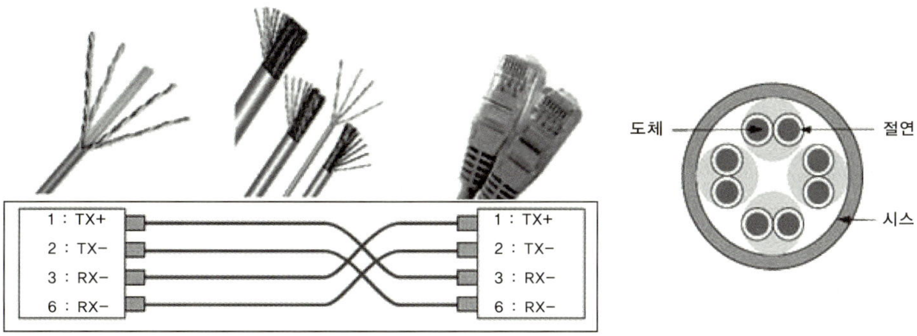

[그림 2-24] 트위스트페어(Twisted Pair Wire)

도체 및 전선, 모터, 릴레이, 변압기와 같은 다른 장치들로부터의 상호간섭을 감소시켜 전기적 잡음을 제거하기 위함이다. 다른 전송매체에 비해 가격이 저렴하고 설치가 간편하지만, 전송거리와 속도에 한계가 있고 전기적 신호의 간섭이나 잡음에 민감하다. 디지털 전송을 위해서는 약 2~3 km 간격으로 중계기가 필요하며 아날로그 전송을 위해서는 약 5~6 km의 간격으로 증폭기가 필요하다. 트위스트페어 케이블의 종류로는 UTP(Unshielded Twisted Pair)와 STP(Shielded Twisted Pair)가 있다. UTP는 하나의 외부 피복에 4쌍의 전선을 엮어 놓은 것으로 이더넷(Etherent)형 LAN이나 전화선에서 많이 사용되며, STP는 하나의 외부 피복에 각 쌍들마다 은박지로 싼 형태로서 간섭 신호의 효과를 감소시킬 수 있으며 토큰링(Token Ring)형의 LAN에 많이 사용된다.

2) 동축케이블

동축 케이블은 [그림 2-25]과 같이 외부의 전류로부터 중앙 전도체를 보호하기 위해 그물 모양의 구리 망이 둘러싸고 있다. 이더넷(ethernet) 표준에는 모두 동축 케이블이 포함되어 있으나 이들은 서로 다른 형식의 케이블을 요구하고 있다. 동축 케이블은 근거리 통신네트워크(LAN), 원거리 전화네트워크, 케이블 TV 등 여러 용도의 전송매체로서 사용된다. 동축 케이블은 구조적 특성으로 인해 외부와의 차폐성이 좋고, 간섭 현상이 적다. 트위스트페어보다 뛰어난 주파수 특성으로 인하여 고속 데이터 전송이 가능하다. 트위스트페어와 비교하여 대용량 매체로서 많은 데이터를 한 번에 전송할 수 있으며, 주파수에 따른 신호의

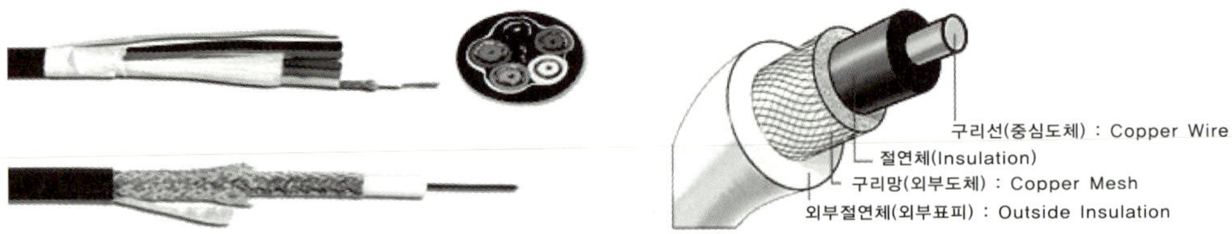

[그림 2-25] 동축 케이블

감쇠나 전송 지연의 변화가 작은 것이 장점이다. 아날로그 전송을 위해서는 수 km마다 증폭기가 필요하며 디지털 전송을 위해서는 약 1 km마다 중계기가 필요하다. 종류로는 직경이 9.5 mm로 초 다중화 방식에 많이 사용되는 표준 동축케이블과 직경이 4.4 mm로 장거리 광대역 전송용으로 많이 사용되며 경제성이 매우 높은 세심 동축케이블이 있다.

3) 광섬유

빛 신호를 전달하는 전송매체인 광섬유는 굴절률이 높은 중심부인 코어(core)를 굴절률이 낮은 클래딩(cladding)이 둘러싸고 있는 구조이다. 코어 속으로 주입된 빛은 코어와 클래딩 사이의 경계면에서 내부전반사를 겪기 때문에 밖으로 새 나가지 않고 광섬유를 따라 계속 진행할 수 있다. 광섬유 케이블은 [그림 2-26]과 같이 빛을 전송하는 광섬유와 광섬유를 보호하기 위한 여러 겹의 코팅과 보강재들로 이루어져 있다. 각 광섬유 심선은 한쪽 방향으로만 신호를 전달하므로 하나의 케이블은 분리된 피복 안에 2개의 심선을 가지고 있다. 광섬유는 수 GHz 이상의 높은 대역폭을 가지므로 고속의 데이터 전송이 가능하고, 전자기 간섭으로부터 자유롭다. 신호의 감쇠가 적기 때문에 빛의 펄스는 힘을 잃지 않고 수 킬로미터를 갈 수 있다. 따라서 데이터를 먼 거리로 보낼 때 다른 전송매체보다 상대적으로 리피터 간격이 넓다. 또한 다른 매체에 비해 부피가 작고 및 가볍다. 사용된 유리의 순도가 높을수록 데이터 손실이 줄어들지만 가격이 비싸며 설치 시 고도의 기술이 요구되는 단점도 있다. 광섬유는 인터넷의 백본(Backbone)을 연결하는데 많이 사용되고 있으며 근거리 및 원거리 통신네트워크를 비롯한 다양한 분야에 이용된다. 광섬유의 종류로는 크게 단일모드 광섬유와 다중모드 광섬유로 나눌 수 있다. 단일모드 광섬유는 광섬유 내부에서 진행

[그림 2-26] 광섬유

할 수 있는 빛의 경로가 1가지만 있는 광섬유로서, 코어의 직경이 매우 좁아 대단히 정밀한 조작이 요구되지만, 대역폭이 매우 넓기 때문에 대부분의 장거리 및 초고속 통신네트워크에 사용된다. 다중모드 광섬유는 광섬유 내부에서 진행할 수 있는 빛의 경로가 여러 가지인 광섬유이다. 여러 모드들 간의 진행속도 차이로 인한 대역폭 제약이 있지만, 코어 직경이 단일모드 광섬유에 비해 크기 때문에 조작이 비교적 용이하고 저렴하다. 주로 단거리 통신 네트워크에 사용된다.

2.5 정보통신 시스템의 기능과 제약사항

정보통신 시스템은 정확하면서도 효과적인 정보의 전송을 위해서 기본적으로 갖추어야 할 기능과 제약사항을 [그림 2-27]에서 나타내고 있다. 일반적으로 필요한 시스템의 기능은 크게 송수신 간의 연결, 통신 자원의 효율적인 활용, 안정적인 정보의 전송 등으로 구분하여 정리할 수 있다. 또한 정보를 전송하기 위해 성능이 우수한 시스템을 사용하더라도 제약사항에 의해 그 성능을 발휘하지 못하는 경우가 있다. 이런 정보통신 시스템의 기본적인 제약사항은 대역폭 제약, 잡음 제약 그리고 기술적 제약을 들 수 있다. 이러한 제약사항들에 대한 해결이 정보를 보다 안정적이고 신속하게 전송할 수 있는 요건이다.

[그림 2-27] 정보통신시스템의 기능과 제약사항

2.5.1 송수신 간의 연결

정보통신 당사자들 간의 연결을 확립하고 유지하는 것은 정보통신에 있어서 가장 기본적으로 수행되어야 할 기능이다. 하나의 송신측과 하나의 수신측으로 연결되는 점대점 통신의 경우 송수신 간에 존재하는 전송매체에 의해 물리적으로 연결이 이루어지지만, 송수신 간의 가능한 전송 경로가 여러 개 존재하는 복잡한 통신네트워크의 경우에는 경로를 설정하는 것을 라우팅(routing) 또는 경로배정을 통해 효율적인 전송을 하는 중요한 기능이다. [그림 2-28]는 송 · 수신간의 연결 및 제약사항에 따른 정보의 손실과 경로선택 문제에 따른 오류를 나타내고 있다.

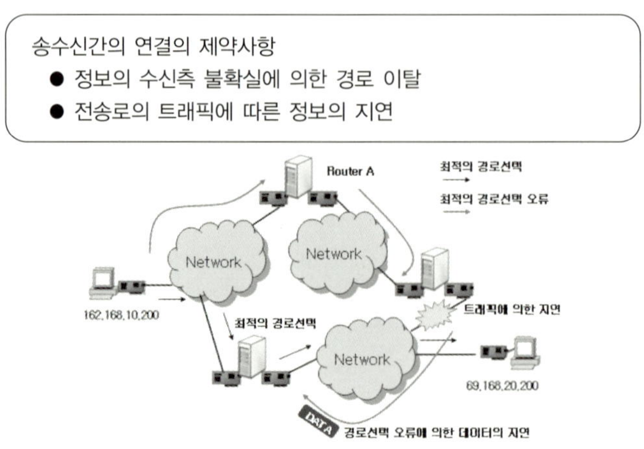

[그림 2-28] 송.수신간의 연결 및 제약사항

2.5.2 통신 자원의 효율적인 활용

신호를 왜곡없이 전송할 수 있는 전송매체의 전송 대역폭은 한정되어 있다. 무선매체와 유선매체 모두 전송 대역의 제한을 해결하기 위해 [그림 2-29]과 같이 다중화 방식을 사용한다. 다중화(multiplexing)란 하나의 전송매체를 여러 사람이 공유하여 사용할 수 있게 하는 기능을 말한다. 즉, 작은 대역폭의 여러 신호를 하나의 큰 대역폭의 전송매체를 통해 전송하는 기술로 2.8절에서 설명한다. 또한 통신자원의 효율적 활용을 위해 아날로그 전송에서 사용되는 주파수 분할 다중화의 경우 각각의 신호들을 지정된 주파수 대역으로 옮겨서 통합하기 위해서는 변조라는 과정이 필요하다. 변조란 정보신호를 높은 주파수의 반송파(carrier)에 싣는 것을 말하는데, 이에 대해서는 2.7절에서 자세히 설명하기로 한다. 수신측에서는 반대로 변조된 반송파로부터 정보 신호를 추출하는 복조 과정을 수행한다. 또한 전송할 정보의 양을 줄이는 부호화(encoding) 과정을 통해 통신 자원을 절약할 수도 있다.

모든 통신 시스템은 신호의 변화속도를 제한하는 유한한 대역폭을 갖기 때문에 사용 가능한 대역폭에서 효과적인 전송을 위해 다중화 방식과 변조방식을 사용하여 대역폭에 대한 제약사항을 해결하고 있다. 기술적인 제약은 장비의 유용성, 현존 시스템과의 상호작용, 경제적 요인 등을 고려해 볼 때 비록 현재는 그 해결책이 실용적이지는 못하지만 이론적으로는 해결 가능한 문제들이다.

통신 자원의 효율적인 활용의 제약사항

- 통신 매체의 대역폭 제한
  해결방법 : 다중화, 변조 등
- 기술적 제약

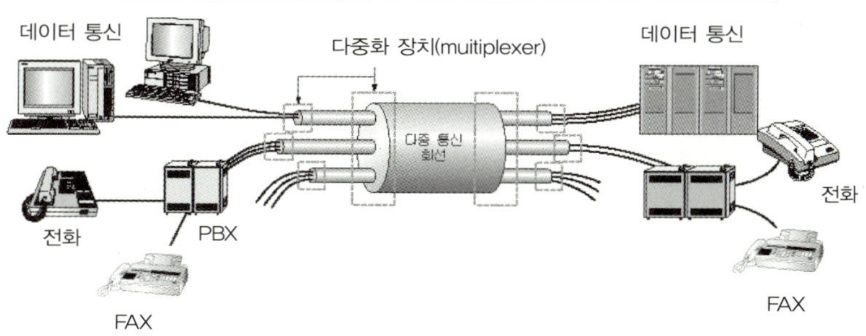

[그림 2-29] 통신자원의 효율적 활용을 위한 다중화 기법

2.5.3 안정적인 정보 전송

정보의 전송 과정에서 [그림 2-30]과 같이 신호는 잡음, 간섭 등에 의해 왜곡과 오류를 겪게 된다. 이러한 왜곡과 오류는 심각한 문제를 초래할 수 있다. 이러한 문제를 해결하기 위해 오류제어 방식에서 오류 검출 또는 오류 수정을 위한 방법으로서 여러 가지 부호화(encoding) 방법을 사용하게 된다. 오류검출 및 수정을 위한 부호화 방법으로는 패리티 검사(parity check), 순환 잉여 검사(CRC: Cyclic Redundancy Check), 해밍 코드(Hamming code) 등이 있다. 송신측의 전송속도가 수신측의 처리속도보다 빠르지 않게 조절하는 흐름제어 기능 역시 중요하다.

최근에는 해킹이나 바이러스 등에 의한 문제도 심각해지고 있다. 전송되는 정보의 가로챔, 정보의 변경, 위조, 시스템 성능 저하 및 파괴 등에 의해 안정적인 정보통신이 위협당하고 있다. 정보 내용의 암호화, 도청방지, 비인가자의 시스템 접근 통제, 패스워드 관리 등 보안을 철저히 하여 정보를 보호하고 항상 원활한 서비스가 제공될 수 있도록 해야 한다.

성공적인 통신은 어떤 신호가 실제로 보내졌는지를 수신기가 얼마나 정확히 결정하는가에 달려 있다. 완전무결한 신호 수신은 잡음이나 다른 오염이 없는 상태이면 가능할지 모른다. 그러나 [그림 2-30]과 같이 잡음은 전자 시스템에 언제나 존재한다. 잡음이 섞이게 되면 신호를 정확히 식별하는 능력을 제한하고 그로 인해 정보 전송을 제한한다.

안정적인 정보전송의 제약사항
- 잡음, 간섭, 왜곡 제약
- 해킹, 바이러스에 의한 정보 왜곡
- 정보처리 지연에 의한 정보의 불일치

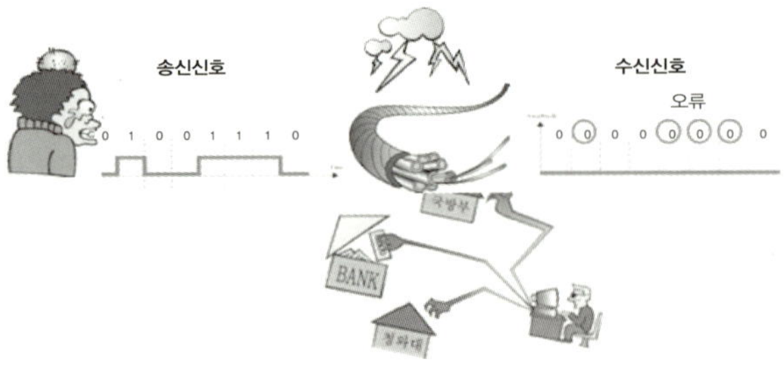

[그림 2-30] 정보의 전송에서 발생되는 왜곡과 오류

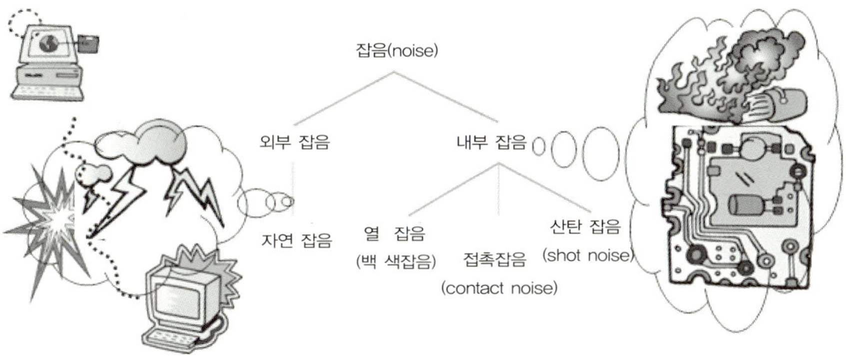

[그림 2-31] 잡음의 종류

불가피한 잡음의 원인은 열잡음이다. 절대온도보다 높은 온도에서 전자는 랜덤운동을 하고 그로 인해 열잡음이 발생한다. 전형적인 잡음의 세기는 마이크로 볼트 정도로 매우 작다. 장거리 혹은 최소 전력 시스템에서는 수신 신호가 잡음과 거의 같거나 더 작을 수 있다. 신호의 세기가 충분하지 않다면 수신기에서 증폭을 해도 쓸모가 없다. 즉, 잡음도 같이 증폭되어 신호 대 잡음비가 개선되지 않기 때문이다. 송신 전력을 증가하면 도움이 되나 기술상의 문제로 무한정하게 증가시킬 수 없기 때문에 변조와 부호화 기법을 사용하여 신호 대 잡음비를 개선할 수 있다.

2.6 신호의 변조 및 복조

2.6.1 변조의 정의

변조란 보내고자 하는 전송신호를 전송매체에 반송파를 이용하여 직접 전송하는 과정을 말한다. 이러한 과정은 [그림 2-32]과 같이 소포를 목적지까지 포장하여 보내는 작업과 유사하다. 일반적으로 소포(정보)를 보내기 위해서는 사용하고자 하는 운송 수단(반송파)에 맞추어 포장해야 한다. 이때의 포장 작업을 바로 신호의 변조라 생각할 수 있다.

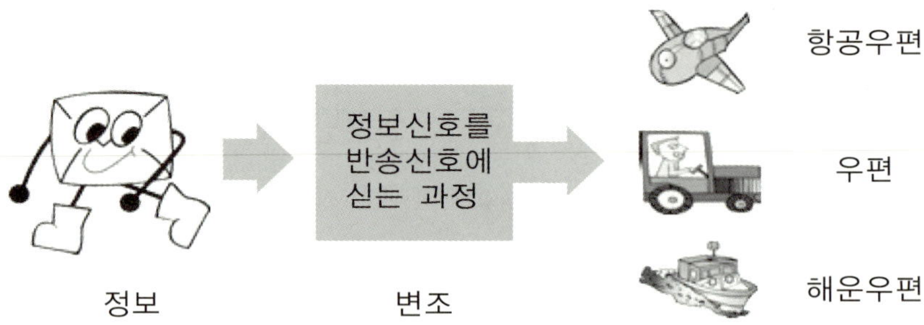

[그림 2-32] 우편을 통한 변조과정의 예

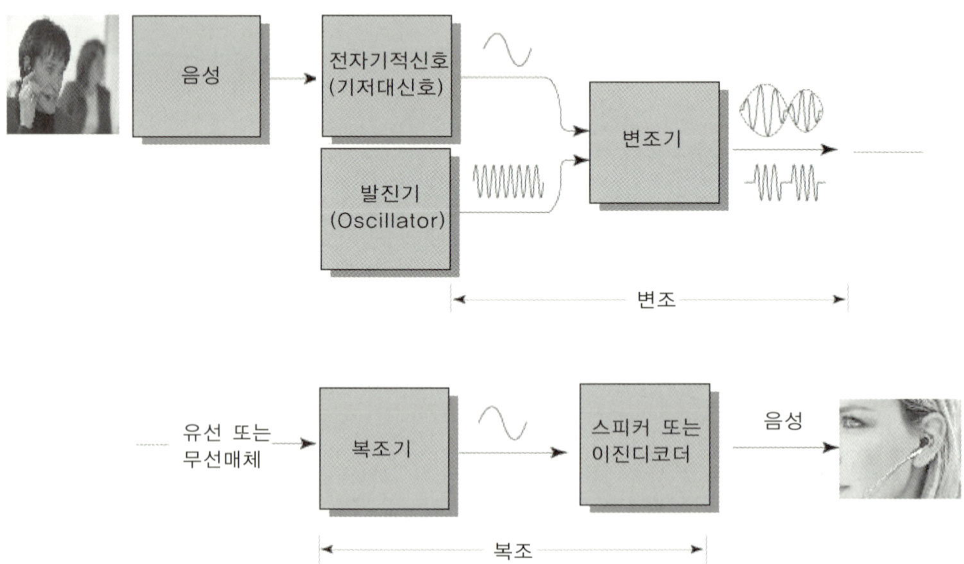

[그림 2-33] 정보신호에 대한 변조과정 (AM라디오)

일반적인 AM라디오 방송에서 사용되는 변조방식은 AM방식이다. [그림 2-33]와 같이 음성정보를 변환기(마이크)에 입력하면 전자기적신호가 발생되어 음성신호가 발생된다. 이 음성신호를 발진기에서 발생한 반송파를 이용해 변조한 후 안테나를 통해 출력된다. 공간으로 전파된 변조신호는 수신안테나 또는 매체를 통해 수신되고 복조기의 반송파 신호를 통해 스피커를 통해 음성정보를 청취하게 된다. 즉 라디오 방송 진행자의 목소리는 각 방송국의 반송파 신호를 통해 변조되어 전파되고, 청취가의 경우 라디오 방송을 듣기 위해 라디오의 채널을 선택하게 되는데, 이때 청취하고자 하는 방송의 반송파를 선택하게 되고 스피커를 통해 라디오 방송을 듣게 되는 것이다.

2.6.2 변조를 왜 하는가?

통신 시스템에서 변조의 근본적인 목적은 주어진 전송매체를 통하여 정보신호를 적절하게 보내기 위하여 전송매체의 특성에 맞게 정보신호를 변형하는 것이다 신호를 변조하는 이유는 [그림 2-34]와 같으며, 변조하였을 때의 장점 및 응용 분야는 다음과 같다.

〉〉 효율적인 전송 문제

변송파를 수신하기 위해서는 효율적인 안테나가 필요하다. 최적 안테나의 크기는 파장의 1/2 ~ 1/4 정도이며, 파장을 계산하는 공식은 아래와 같다.

$$\lambda = c/f \tag{2-5}$$

[그림 2-35]과 같이, 오디오 주파수 중 인간이 가장 민감하게 반응하는 4kHz의 주파수에 대해 파장을 계산해 보자. $\lambda = 3 \times 10^8 / 4\ kHz = 75{,}000\ m$ 가 된다. 안테나의 길이를

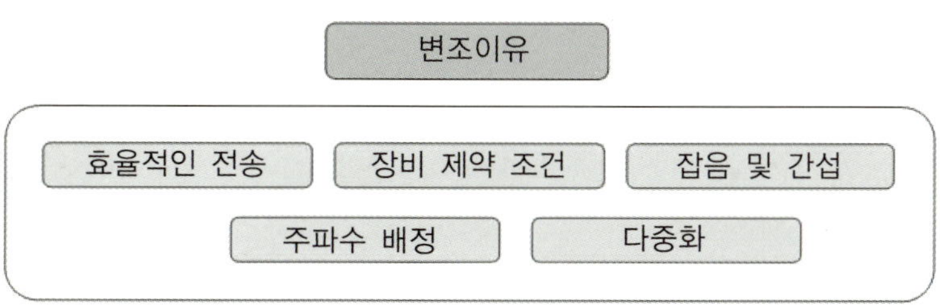

[그림 2-34] 변조를 하는 이유

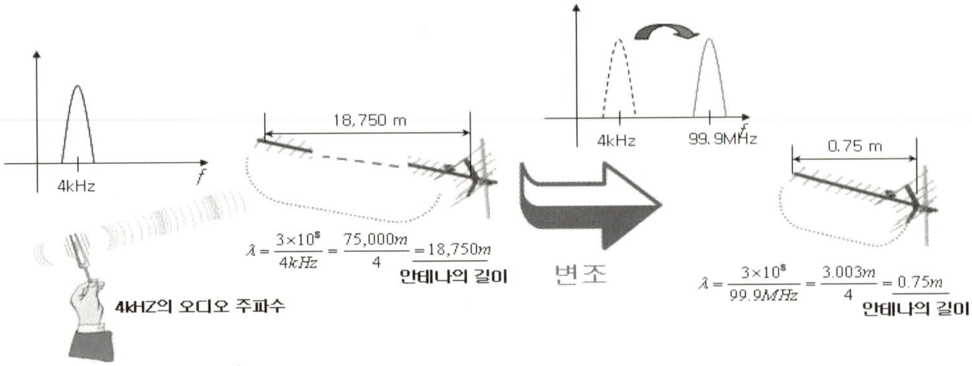

[그림 2-35] 효율적인 전송과 변조

$\lambda/4$로 한다고 해도 18.750 m로 매우 비현실적인 안테나 길이가 된다. 따라서 이 신호를 변조하여 전송한다고 가정하면 안테나의 길이를 대폭 줄일 수 있다. 예를 들어 99.9 MHz의 반송파를 사용하는 FM방송의 경우 식 (2-5)를 이용하여 계산하면 안테나의 길이는 0.75 m로 줄어들게 된다. 이와 같이 고주파 신호에 정보를 실어 보내는 과정을 "변조"한다고 말한다. 보내고자 하는 정보를 변조신호(modulating signal)라 하고 정보를 싣고 전송하는 고주파 신호를 반송파(carrier)라 한다. 그리고 변조 신호에 의해 변형된 반송파 신호를 변조된 신호(modulated signal)라고 한다.

〉〉 장비의 제약 조건 문제

통신 시스템의 설계에서 그 성능은 종종 주파수에 따르는 가용장비에 많은 제약을 받는다. 변조는 장비 제한 조건이 최소가 되는 주파수 스펙트럼 부분에 신호를 두기 위하여 사용된다. 예를 들면안테나 길이에 맞도록 주파수를 변경하거나, 전자파의 전파 특성이 유리한 주파수 범위에서 전송하도록 변조를 하는 것이다.

〉〉 잡음 및 간섭 문제

시스템에서 잡음을 없애는 것은 불가능하다. 그리고 간섭을 없애는 것은 가능하기는 하나 실제적으로 쉽지가 않다. 다행히 변조의 어떤 형태에서는 잡음과 간섭을 억제시키는 성질을 가지고 있다. 예를 들어 FM 변조를 하면 잡음에 강하고 간섭의 영향을 적게 받는 특성이 있다.

〉〉 주파수 배정 문제

라디오나 TV 수상기를 가진 사람들은 모든 방송국이 동일한 전송 매개체로 같은 프로그램을 방송할지라도여러 방송국 중 하나를 선택한다. 한 방송국의 분리와 선택은 가능한데, 이유는 각 방송국이 서로 다른 할당된 반송 주파수를 갖고 있기 때문이다. 만약 변조가 아니었다면 한 방송국만이 주어진 지역에서 운용되었을 것이다. 두 개 이상의 방송국이 동일한 매개체로 변조 없이 직접 전송하는 것은 간섭신호로 가득차게 될 것이다.

〉〉 다중화 문제

동일한 두 지점 간에 동시에 많은 신호를 보낼 필요가 있다. 이때 하나의 전송매체에 여러 채널을 다중화하여 전송하게 되면 매우 경제적이다. 이러한 다중화는 변조를 통하여 가능하게 된다.

2.6.3 변조 방식

변조 방식은 정보신호의 종류에 따라 [그림 2-36] (a)의 아날로그 변조와 [그림 2-36] (b)의 디지털 변조로 분류할 수 있으며, 반송파의 종류에 따라 고주파수 삼각함수파를 이용하는 연속파 변조와 펄스파를 사용하는 펄스파 변조로 나눌 수 있다. 예를 들어 편지나 소포 등을 장거리 전송하는 경우와 통신 방식을 비교해 보자. 편지나 소포는 통신에서 정보신호에 해당되고, 운송수단, 즉 자동차, 열차, 비행기와 같은 것은 통신에서 반송파와 같다고 생각할 수 있다. 통신에서 전송매체는 운송 수단에서의 도로, 철도, 항로와 비교된다. 정보신호는 음성신호와 같이 연속적으로 변화하는 아날로그 신호와 문자나 컴퓨터 데이터와 같이 정보의 내용이 이산적으로 변화하는 디지털 신호로 나눌 수 있다.

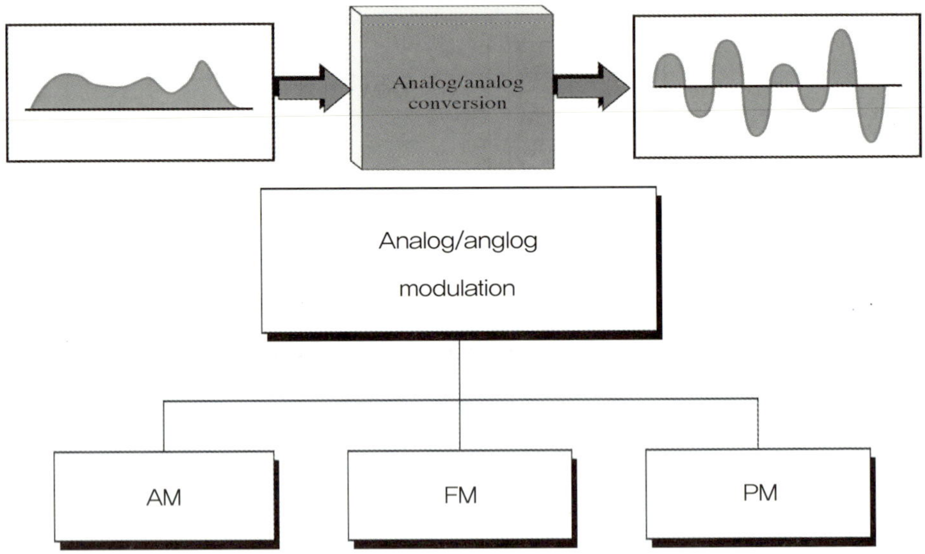

(a) 아날로그 변조

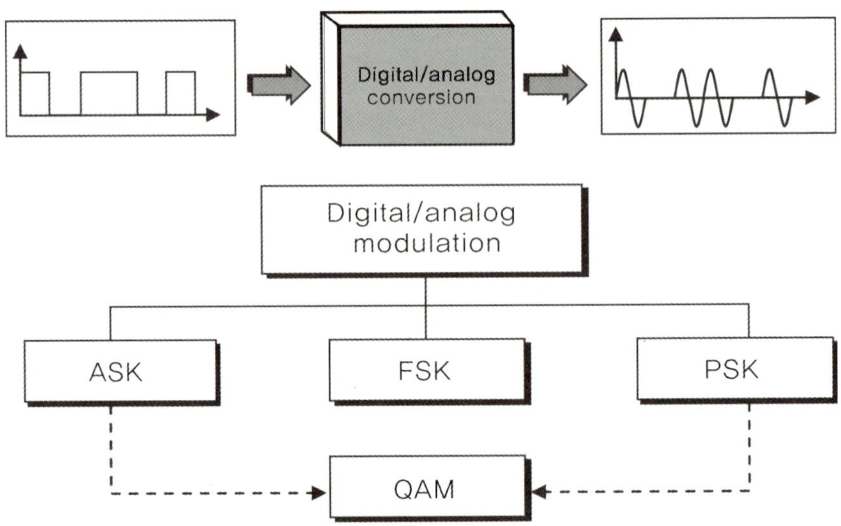

(b) 디지털 변조

[그림 2-36]

2.6.4 아날로그 연속파 변조

아날로그 연속파 변조는 반송파의 형태가 연속적 신호, 즉 고주파수의 삼각함수파(사인파, 코사인파)이고, 반송파에 실리는 정보신호가 아날로그 형태를 가질 때를 말한다. 연속파 반송파를 수식으로 표현하면 식 (2-6)과 같다.

$$x_c(t) = A(t)\cos\left[w_c t + \phi(t)\right] \tag{2-6}$$

여기서, A(t)는 반송파의 진폭, $w_c = 2\pi f_c$는 반송파의 주파수, $\phi(t)$는 반송파의 위상을 나타낸다.

〉〉 진폭 변조 (AM: Amplitude Modulation)

진폭 변조(amplitude modulation)는 흔히 AM 변조라고 하고, 이 변조 방식을 이용한 라디오 방송을 AM 방송이라고 하며, 이것은 우리에게 가장 친숙한 변조 방식이다. 정보신호 $x(t)$를, 전송해주는 신호를 반송파(carrier)를 $x_c(t)$라고 하면, 일반적인 진폭변조된 신호 $x_{AM}(t)$는 식 (2-6)에서 반송파 신호의 위상 $\phi(t)$는 일정하게 두고 진폭 $A(t)$를 정보신호에 따라 변화하도록 만드는 방식이다. 이를 선형 변조(linear modulation)라고도 한다. 진폭변조 방식에는 AM(Amplitude Modulation), DSB(Double-Sideband Modulation), SSB(Single-Sideband Modulation), VSB(Vestigial-Sideband Modulation) 등의 4가지가 있다. 그 중에서 라디오 방송에 이용되는 AM 변조 방식은 [그림 2-37]과 같다. 오디오 신호 $x(t)$가 발생이 되면, 반송파 신호 $x_c(t)$는 입력 신호에 따라 반송파의 진폭이 변화되어 변조되는 방식이다. AM 변조 방식은 비교적 간단하지만, 잡음에 약한 특성이 있다. AM 변조된 신호의 대역폭은 정보신호의 대역폭보다 2배로 커진다.

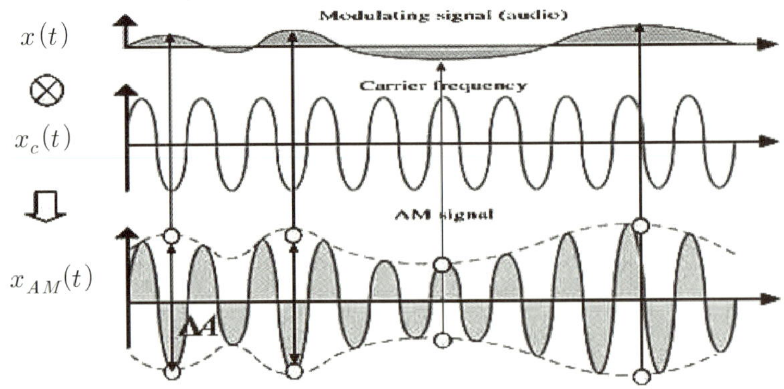

[그림 2-37] 진폭 변조

〉〉 주파수 변조 (FM: Frequency Modulation)

주파수 변조 방식은 정보신호 $x(t)$에 따라 반송파의 주파수를 비례하도록 변화시키는 방식이다. 위상각의 미분이 주파수에 해당하므로, 식 (2-6)에서 반송파의 진폭 $A(t)$는 일정하게 두고, 위상 $\phi(t)$의 미분을 정보신호에 비례하도록 변화시키는 방식이다.

FM 신호의 대역폭은 AM 변조 때와는 달리 진폭에 따라 주파수의 변화 Δf가 생긴다. FM 신호의 스펙트럼은 주파수가 $-\infty$에서 $+\infty$의 전 구간에 걸쳐 있다. 그 중에서 무시할 수 없는 스펙트럼의 크기를 갖는 구간까지의 범위를 선택하여 전송 대역폭으로 설정한다. 일반

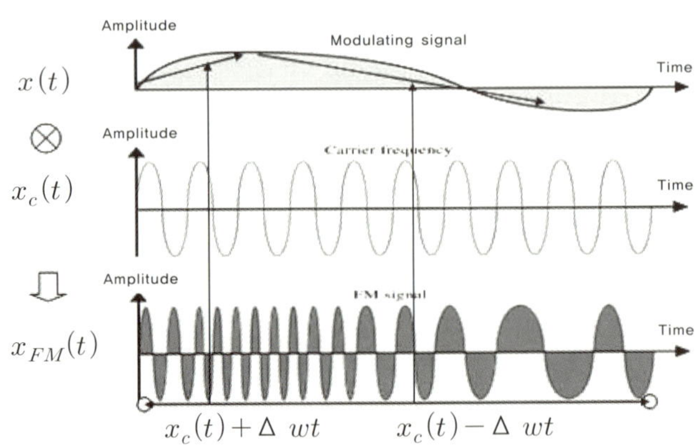

[그림 2-38] 주파수 변조

적으로 FM 신호의 근사적인 전송 대역폭은 $2(f_\Delta + W)$ 또는 $2(f_\Delta + 2W)$의 범위를 이용하고 있다. 여기서 f_Δ는 $\phi(t)$의 미분과 정보신호의 비례계수이다. AM 변조 방식보다 대역폭은 매우 커지지만, 음질이 우수하여 고품질의 음악방송용으로 이용되고 있다. 음질에서 FM 방송이 AM보다 좋은 이유는 방송에 사용하는 정보신호의 대역폭이 FM 방송의 경우, 사람의 가청 주파수 범위를 모두 포함하기 때문이며, 오케스트라의 연주 방송도 원음에 가깝게 표현할 수 있게 된다. 같은 정보신호 대역폭 W를 기준으로 비교하더라도 FM 방송의 경우는 f_Δ가 W의 5배가 되므로 전송 대역폭이 AM 방송에 비해 6배 이상의 대역폭을 차지한다. 대역폭이 넓어지는 만큼 잡음에 대한 영향이 줄어들게 되어 FM 방송이 AM 방송에 비하여 방송 품질이 우수하게 되는 이유이다.

〉〉 위상 변조 (PM: Phase Modulation)

위상 변조 방식은 식 (2-6)에서 $\phi(t)$를 정보신호 $x(t)$에 직접 비례하도록 변화시키고 진폭은 일정하게 유지하는 변조 방식이다. 즉, $\phi(t) = \phi_\Delta\, x(t)$로 표시할 수 있다. 여기서 ϕ_Δ는 상수로서 위상 변조도이다. PM은 정보신호의 크기에 따라 위상이 비례하는데, 위상을 미분하면 주파수가 되므로 결국 정보신호의 미분값(기울기) 에 비례하여 주파수가 변화하게 된다. [그림 2-39]은 아날로그 위상변조 방식의 파형이다. 위상변조 방식도 FM 방식과 비슷하게 대역폭이 매우 크고 잡음의 영향이 매우 작지만, 수신장치의 비용이 높아 상업적으로는 이용되지 않았다.

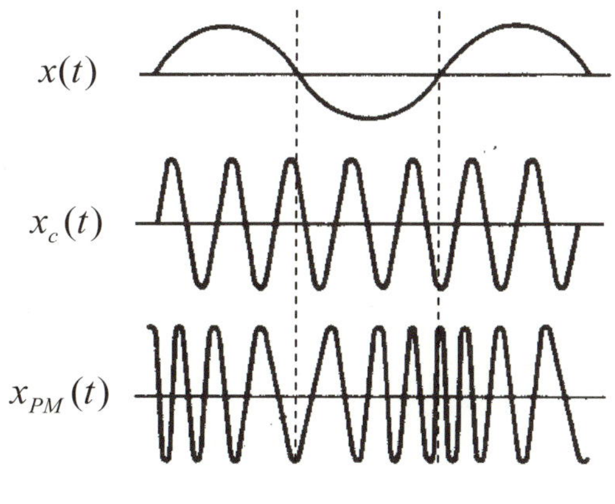

[그림 2-39] 위상 변조

[표 2-3] AM 방송과 FM 방송 신호의 대역폭

	AM 방송	FM 방송
정보신호 대역폭, *W*	4 *KHz*	15 *KHz*
전송 대역폭, B_T	2 *W* = 8 *KHz*	$2(f_\Delta + W) = 180\ KHz$ ※방송 규정상 f_Δ =75 *KHz*
방송채널 간격	9 *KHz*	200 *KHz*

2.6.5 디지털 연속파 변조

디지털 연속파 변조 방식은 반송파의 형태가 연속적 신호, 즉 고주파수의 삼각함수파(사인파, 코사인파)이고, 반송파에 실리는 정보신호가 디지털 형태를 가질 때를 말한다. 아날로그 변조에서 사용한 진폭 변조, 주파수 변조 및 위상 변조 방식을 기본으로 하여 많은 변형된 방식들이 있다. 기본적인 디지털 변조 방식으로는 진폭편이변조(ASK), 주파수편이 변조(FSK), 위상편이 변조(PSK)가 있다. 이 3가지 변조 방식을 기본으로 하여 변형한 각종 변조 방식들이 있다.

〉〉 진폭 편이 변조 (ASK: Amplitude Shift Keying)

ASK(Amplitude Shift Keying) 변조방식은 디지털신호의 0과 1의 값에 따라 반송파의 진폭을 변화시키는 방식으로 "0", "1"의 신호에 따라 미리 약속된 2가지 진폭의 정현파를 수신측에 전송하고, 수신측에서는 약속된 원래의 "0" 또는 "1"로 복원시켜주는 2비트 전송방식이다. [그림 2-40]은 ASK방식의 변조신호를 보여주고 있다. ASK방식은 동기검파 시 정합 여파기 사용하며, 대역폭은 변조과정에서 두 배가 되므로 대역폭 효율이 1 bps/Hz이다. 매우 간단히 구현가능 하나, 오류 확률이 높아 저속의 디지틀 신호전송(1200 Bps급)에 사용된다.

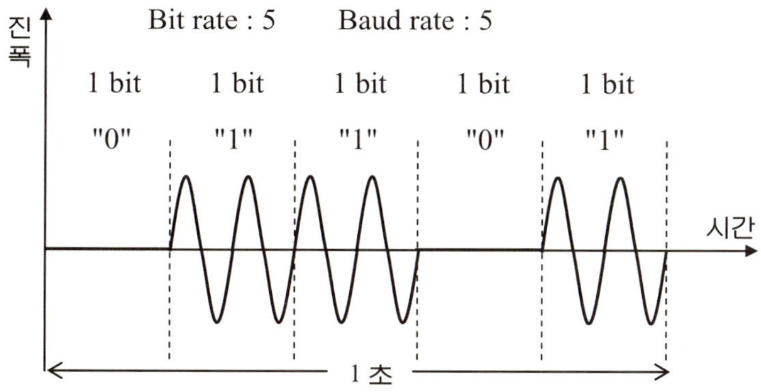

[그림 2-40] 진폭 편이 변조

〉〉 주파수 편이 변조 (FSK: Frequency Shift Keying)

주파수 편이(FSK: Frequency Shift Keying) 변조방식은 디지털 신호의 0과 1의 값에 따라 반송파의 주파수를 달리하는 방식으로 변조파형은 [그림 2-41]와 같다. FSK방식은 FM처럼 ASK 방식에 비해 잡음에 강하고 비교적 간단하지만, 주파수 효율이 떨어져 고속전송에는 적합하지 못하다.

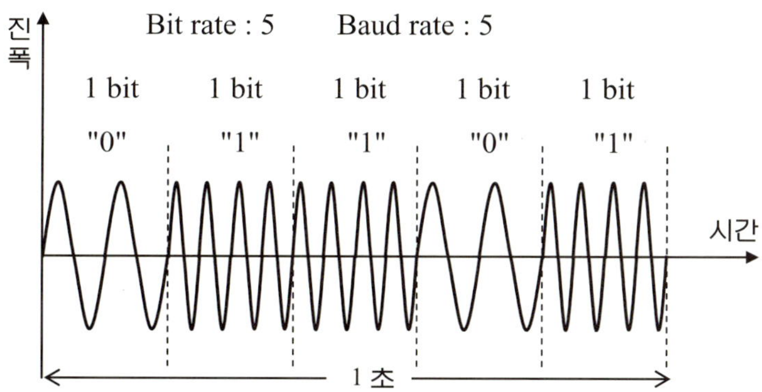

[그림 2-41] 주파수 편이 변조

〉〉 위상편이변조 (PSK: Phase Shift Keying)

위상편이(PSK : Phase Shift Keying) 변조방식은 반송파로 사용하는 정현파의 위상에 데이터를 싣는 방식으로, 일정주파수, 일정진폭의 반송파 위상을 2등분(180° 위상차)하여 각각 다른 위상에 디지털 정보 0 또는 1을 할당하는 방식으로서 [그림 2-42]과 같다. 반송파의 위상만을 변화시키므로, 비교적 간단하고 ASK나 FSK 방식보다 우수하여 선호되지만, 효율이 낮아 PSK를 개량한 QPSK나 QAM 등의 방식이 주로 이용된다. QPSK는 위상을 4등분(90° 위상차)하는 방식으로서 한번 변조하여 2비트를 전송할 수 있는 장점이 있고, 16-QAM은 위상을 12등분(30° 위상차)하고 진폭을 4가지로 변조하여 총 16가지로 변조하는 혼합방식으로서, 한 번 변조하여 4비트를 전송할 수 있기에 더 효율적이다.

이러한 디지털 변조 방식들 중에서 ASK, PSK, FSK는 전화선을 이용한 초기의 저속 모뎀의 변조 방식으로 이용되었으며 2,400 bps 이상의 모뎀에서 QAM 방식이, 고속 모뎀에서는 QPSK 방식이 사용되었다. 최근에는 동축 케이블을 이용한 케이블 모뎀과 기존의 전화선로에서 CAP(Carrierless Amplitude-Phase Modulation), DMT (Discrete Multi-Tone) 등의 고속 변조 기술과 신호 처리 기술을 이용한 ADSL (Asymmetric Digital Subscriber Line) 모뎀은 수 M bps급의 고속 전송이 가능하다.

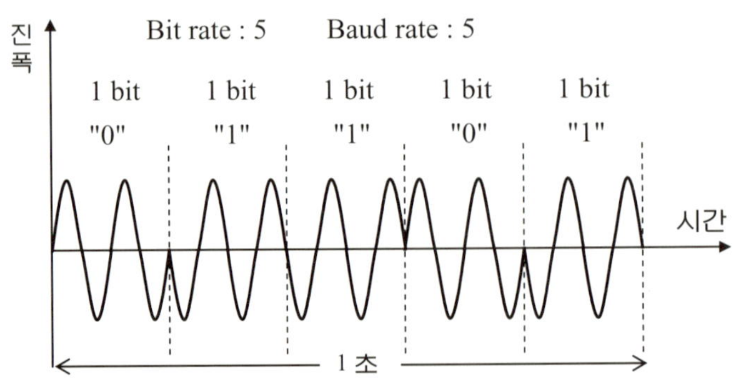

[그림 2-42] 위상편이변조

2.6.6 아날로그 펄스파 변조

아날로그 펄스파 변조는 반송파의 형태가 펄스파이고, 반송파에 실리는 정보신호가 아날로그 형태를 가질 때를 말한다. 아날로그 신호를 샘플링하여 추출된 값을 펄스를 이용하여 표시하여 전송하는 방법이다. 먼저 샘플링에 관한 이론을 살펴보기로 하자.

〉〉 샘플링 이론

연속적으로 변화하는 모든 신호에 대해서도 일정 간격마다 샘플링하여 얻은 값으로 원시신호를 정확하게 다시 복원할 수 있는 방법을 이론적으로 정립한 것이 샘플링 이론(sampling theory)의 식은 (2-7)과 같다. 아날로그 신호에 들어있는 가장 높은 주파수 성분이 f_m 라고 할 때, 샘플링은 $2f_m$이상의 속도로 수행되어야 한다는 말이다. 샘플링 이론에 근거한 적절한 샘플링과 부적절한 샘링은 [그림 2-43]와 같으며, (b)의 경우 샘플링 된 점들을 연결할 경우 원래의 정보신호와 다른 신호가 만들어지는 것을 볼 수 있다. (a)는 샘플링 이론에 근거하여 샘플링한 경우로 샘플링 점을 연결할 경우 원래의 신호와 같음을 알 수 있다.

$$f_s \geq 2f_m \qquad (2\text{-}7)$$

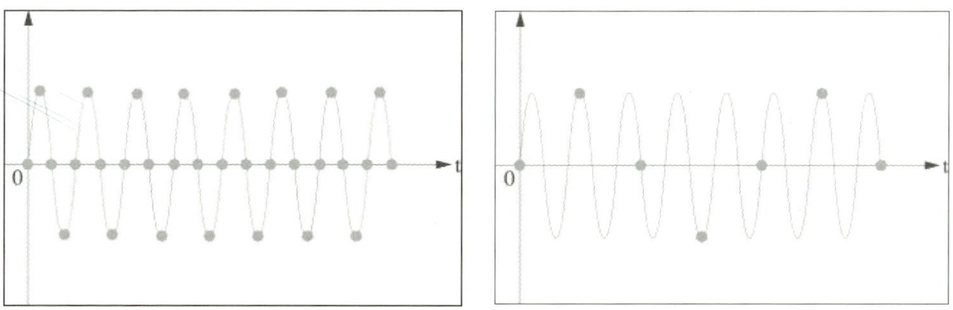

(a)적절한샘플링 (b) 부적절한 샘플링

[그림 2-43] 샘플링과 복원신호

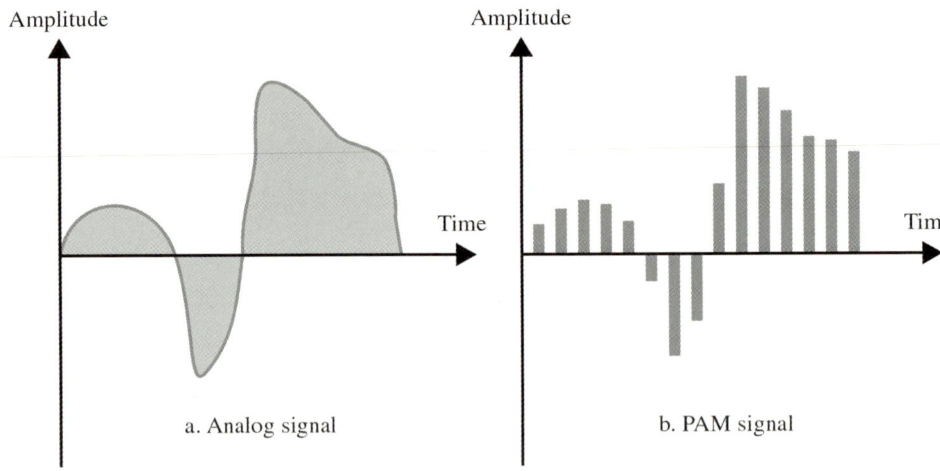

[그림 2-44] 아날로그 펄스 PAM변조

〉〉 펄스파 변조

아날로그 펄스파 변조 방식은 3가지로 분류할 수 있다. 샘플링 이론에 따라 정보신호를 샘플한 값을 그대로 펄스의 높이로 표현한 변조를 펄스진폭변조(pulse amplitude modulation: PAM)이라 하고, 샘플한 값을 펄스의 폭에 대응하여 표현한 변조를 펄스폭 변조 (pulse duration modulation: PDM 또는 pulse width modulation: PWM)라 하며, 펄스의 위치를 변조한 펄스위치변조(pulse position modulation: PPM)이라 하며, 그림은 [그림 2-44]은 PAM변조이다.

2.6.7 디지털 펄스파 변조

일반적으로 디지털 통신은 아날로그 통신에 비해 많은 장점이 있기 때문에 많은 분야에서 아날로그 방식이 디지털 방식으로 대체되어 가고 있다. 일반적인 디지털 통신의 장점으로는 양호한 전송 품질을 들 수 있다. 모든 전자회로와 전송로는 근본적으로 그것을 통과하는 신호를 왜곡시키며 외부의 잡음이나 간섭에 영향을 받아 신호의 질을 저하시킨다. 이러한 현상은 전송거리가 멀수록, 전송속도가 빠를수록 심각해진다. 아날로그 신호의 경우에는 왜곡된

파형으로부터 원래의 파형을 다시 복원하는 것이 불가능하지만 디지털 펄스는 오직 0과 1의 2가지 상태만을 가지므로, 파형이 심하게 변형되더라도 두 상태를 구분할 수만 있다면 중계기(repeater)를 사용하여 원래의 깨끗한 신호로 재생할 수 있다. 아날로그 신호의 경우 잡음이 섞이게 되면 증폭기를 통해서 약해진 신호를 크게 할 수는 있으나 원래의 파형으로 복원하는 것은 불가능하다.

또한 디지털 신호에 대해서는 오류 검출 또는 오류 정정 방법을 통해 신뢰성 높은 전송을 할 수 있다. 전송로에서 발생한 오류를 수신측에서 발견하여 재전송을 요구하거나 직접 수정할 수 있도록 부호화하여 전송함으로써 전송의 신뢰성을 높일 수가 있는 것이다. 이러한 과정은 오직 디지털 신호에서만 가능하다. 압축 기술을 이용한 정보량의 감소와 암호화 기술을 이용한 높은 보안성 그리고 문자, 음성, 영상 등 다양한 형태의 정보를 통합해서 전송 가능한 점도 디지털 전송의 빼놓을 수 없는 장점이다. 물론 대역폭이 아날로그에 비해 넓어지게 되는 점과 송수신측 간에 동기화(synchronization)가 이루어져야 한다는 단점도 있지만 이러한 단점들에 비해 너무나 많은 장점이 있기에 대부분의 분야에서 디지털 방식으로 대체되어 가고 있다.

디지털 펄스 변조 방식은 아날로그 펄스 변조 방식과 달리 정보 내용이 이산적으로 표현된다. 아날로그 정보를 디지털 펄스 변조로 변환하는 대표적인 방식으로 펄스부호변조(PCM: Pulse Code Modulation)와 델타변조(DM: Delta Modulation)를 들 수 있다. 이 2가지 중에서 가장 널리 사용되는 PCM 방식에 대해 살펴보기로 한다.

〉〉 펄스부호변조(Pulse code modulation)

PCM은 표본화, 양자화, 부호화 등의 3단계를 통해 아날로그 신호를 디지털 신호로 변환하게 되며, [그림 2-45]은 PCM과정의 전체 과정을 보여주고 있다. 먼저 샘플링 단계에서는 샘플링 이론에 따라 디지털화하고자 하는 아날로그 정보신호에 들어있는 가장 높은 주파수 성분보다 2배 이상의 속도로 파형의 순간값을 추출한다. 음성 데이터가 4 kHz 이내의 주파수로 제한되어 있다면, 샘플링 이론에 따라 초당 8,000개의 샘플로 원시 음성신호를 표현할 수 있다. 만일 더 높은 주파수 성분까지도 표현하려면 그만큼 샘플링 주파수가 더 높아져야 한다.

PCM의 2번째 과정인 양자화 단계에서는 추출된 샘플값들을 미리 정해진 양자화 수준에 따라 근사화하는 과정이다. 측정된 샘플값 자체는 그 값들의 가지수가 무한하므로, 모든 값들을 그대로 디지털화시킬 수가 없다. 따라서 디지털로 표현하고자 하는 크기값들의 가지수, 즉 양자화 수준의 가시수를 제한하여 미리 정해놓고 샘플값과 가장 가까운 양자화 수준으로 근사화시킨다. 이러한 과정에서는 실제로 측정된 샘플값과 양자화된 값 사이에 오차가 발생하는데, 이러한 오차를 양자화 오차라고 한다. 양자화 수준의 가지수를 여러 가지로 많게 할수록 양자화오차를 줄일 수 있다.

3번째 과정은 부호화이다. 부호화는 양자화된 샘플값들을 미리 정해놓은 2진 부호로 대응시켜 표현하는 과정이다. 2진 부호의 비트 수는 양자화 수준의 가지수에 따라 정해진다. 예를 들면, 양자화 수준의 가지수가 8가지였다면 3비트 부호를 사용하고, 256가지 였다면 8비

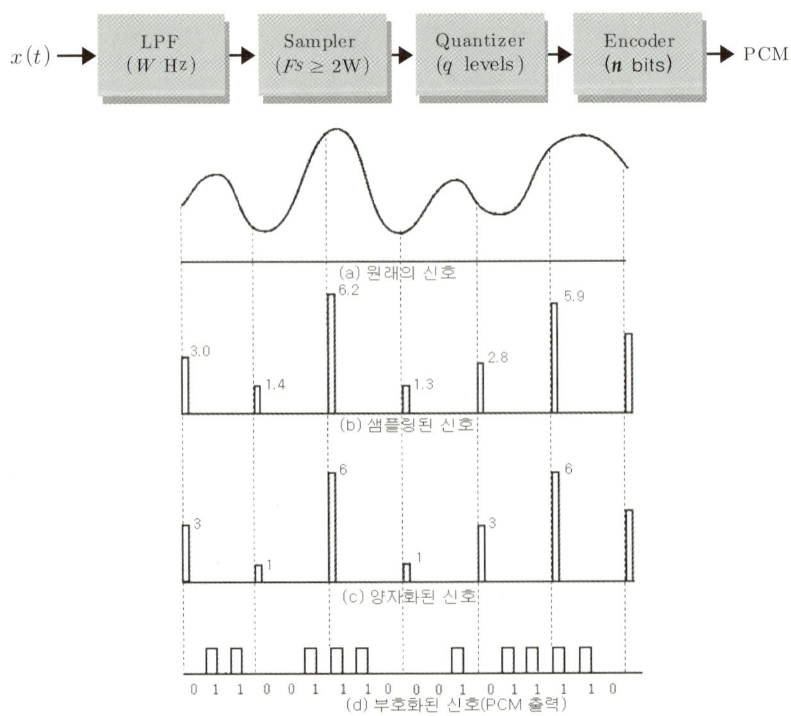

[그림 2-45] PCM 과정

트 부호를 사용해야 한다. [그림 2-45]에서는 3비트 부호로 표현되었다. 이렇게 부호화 과정까지 수행되면 0과 1의 2가지의 크기값만을 갖는 디지털 펄스 형태의 신호가 얻어지며, 이것이 디지털 정보신호가 펄스 반송파에 실려있는 PCM 신호이다.

2.7 다중화 방식

다중화의 정의는 하나의 회선 또는 전송로(유선의 경우 1조의 케이블, 무선의 경우 1조의 송수신기)를 분할하여 개별적으로 독립된 신호를 동시에 송수신할 수 있는 다수의 통신로(채널)를 구성하는 기술을 말한다. [그림 2-46]은 대표적인 다중화 방식으로 하나의 회선을 다수의 주파수 대역으로 분할하여 다중화하는 주파수분할다중화(FDM: Frequency Division Multiplexing) 방식이 있다. 그리고 하나의 회선을 다수의 아주 짧은 시간 간격으로 분할하여 다중화하는 시분할다중화(TDM: Time Division Multiplexing) 방식이 있으며 서로 다른 코드를 사용하여 다중화하는 코드분할다중화(CDM: Code Division Multiplexing) 방식이 있다. 또 서로 다른 파장을 사용하여 다중화 하는 방식인 파장분할다중화(WDM: Wavelength Division Multiplexing) 방식이 있다.

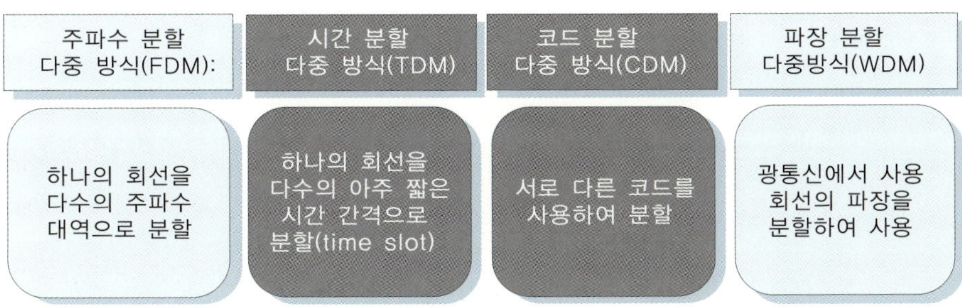

[그림 2-46] 다중화방식

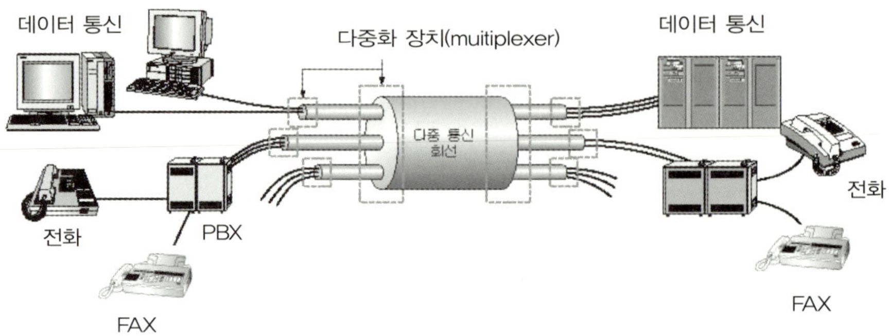

[그림 2-47] 다중화 기술의 원리

2.7.1 주파수분할다중화(FDM) 방식

주파수분할다중화(FDM: frequency-division multiplexing)는 여러 개의 신호에게 서로 다른 주파수대역을 할당함으로써 동시에 같은 매체를 통해서 전송이 가능하다. 변조 장치는 각 송신 장치로부터 생성된 신호를 각기 다른 반송 주파수로 변조시키고, 다중화 장치는 변조된 신호들을 결합시킨다. 이 때 반송파에 의해 변조된 신호들 사이에 충분한 간격(Guard Band) 두어서 상호간의 간섭을 줄인다. [그림 2-48]는 전송매체의 대역폭을 도로의 폭이라고 가정하면 폭이 넓은 도로에서 이동차량이 순서에 따라 한 대식 이동한다면 도로의 효율이 저하 될 것이다. 이때 차선을 이용하여 여러대의 차량이 동시에 이동한다면 도로(전송매체)의 효율이 증가될 것이다. 이 방법을 이용하여 하나의 전송매체에 다수의 채널로 나누어 전송하는 FDM방법이 [그림 2-49]에서 나타내고 있다.

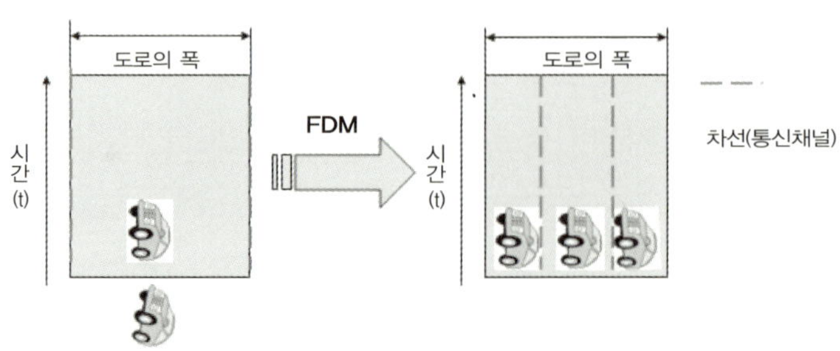

[그림 2-48] 주파수 분할 방식의 예

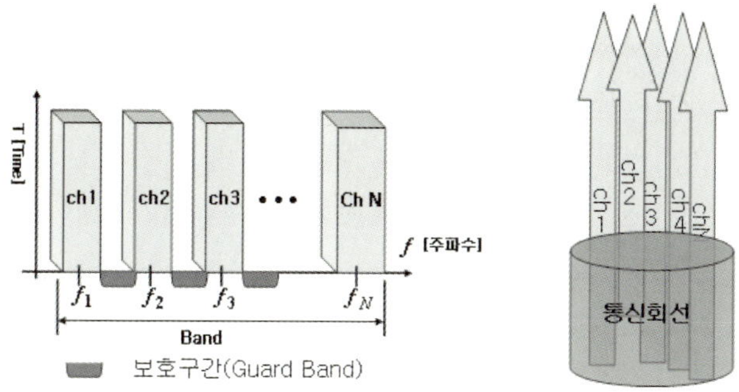

[그림 2-49] 주파수 분할 다중 방식

2.7.2 시분할다중화(TDM) 방식

시분할 다중화(TDM)는 한 전송로의 자료 전송 시간을 일정한 시간폭(time slot)으로 나누어서 이들을 다시 일정한 크기의 프레임(frame)으로 묶어 채널별로 프레임상에 특정 슬롯을 배정하는 다중화 방식이다. 차례로 분배함으로써 몇 개의 저속 서브채널이 1개의 고속 전송선을 나누어 이용하도록 하는 것이다. 사용자들은 순서대로 돌아가며 주기적으로 잠깐씩 전체 대역폭을 쓰게 된다. [그림 2-50]은 TDM의 전송매체의 대역폭을 도로의 폭이라고 가정하면 폭이 넓어 이동차량이 전체 도로 폭을 사용하기 때문에 이동의 속도를 증가시켜 주지만, 순차적으로 하나의 차선을 이용하기 때문에 도로를 사용하는 순서를 기다려만 하는 단점이 존재한다. [그림 2-51]는 TDM방식의 구성도를 보여준다.

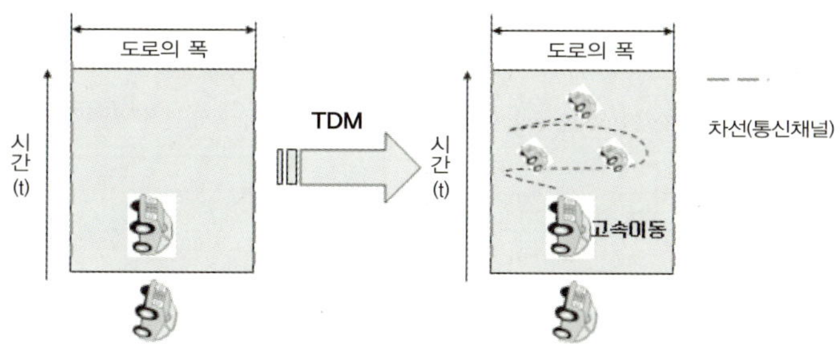

[그림 2-50] 시분할 다중 방식의 예

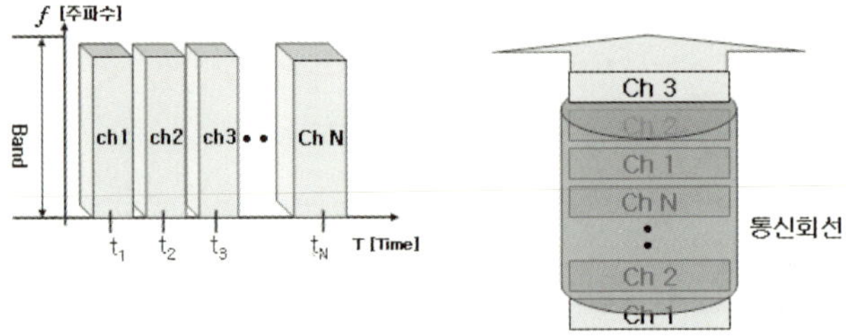

[그림 2-51] 시분할 다중 방식의 구성도

2.7.3 코드분할다중화(CDM) 방식

코드분할다중화(CDM: Code Division Multiplexing) 방식은 사용자의 신호를 보내는 데 있어서 별도의 코드를 할당하여 전송하는 방식이다. 디지털 통신 시스템에서 여러 신호에 각기 다른 코드 시퀀스를 부여한 후 하나의 채널로 다중화하여 전송하는 방식으로 CDMA2000 또는 광대역 부호 분할 다중 접속(W-CDMA)에서 사용되는 기술이다. CDM은 시간 영역(time domain)에서 직접 시퀀스 확산 스펙트럼(DS-SS)과 결합되어 사용되는 기술로 시간 혹은 주파수를 분할하여 전송하는 시분할 혹은 주파수 분할 방식과 달리, 각 사용자별로 코드를 할당하여 동일한 시간에, 동일한 주파수로 전송하는 것이다. [그림 2-52]에서 보는 바와 같이 부여된 코드차량은 도로의 폭과 속도에 상관없이 최종목적지의 코드에 도착하는 방식으로 [그림 2-52]은 CDM방식의 원리를 보여주고 있다. 사용자 신호와는 상관

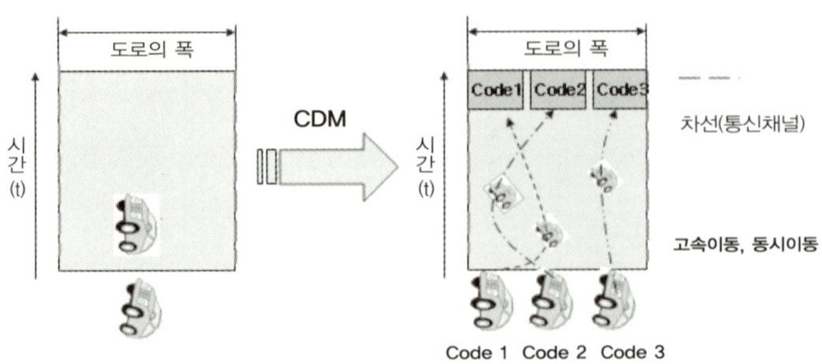

[그림 2-52] 코드분할다중방식의 예

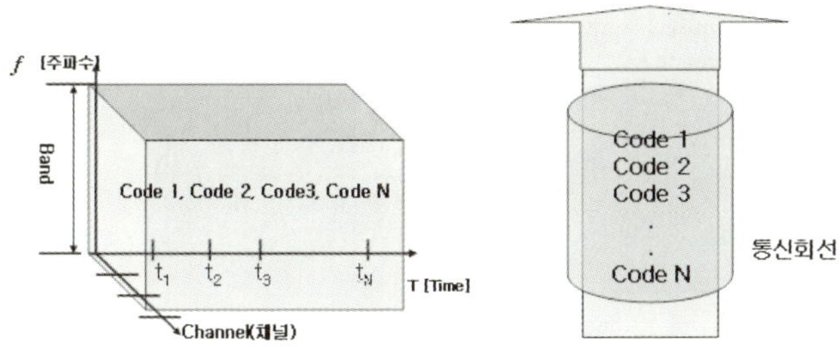

[그림 2-53] 코드분할다중방식

없이 전송된 신호는 서로 간섭을 일으키지 않으므로 수신측에서는 여러 사용자 신호 가운데 원하는 사용자 신호가 사용한 코드로 정보를 정확하고 안전하게 추출해낼 수 있다.

2.7.4 파장 분할 다중 방식(WDM)

파장 분할 다중화(WDM: Wavelength Division Multiplexing) 기법으로 보면 FDM의 경우와 거의 유사하지만, 다수의 광선을 하나의 광섬유를 통해 전송하는 것과 주파수가 매우 높다는 차이점이 있다 파장 분할 다중 방식의 기본적인 구성은 FDM방식과 같은 원리로 [그림 2-54]와 같으며, 파장을 분할 하여 채널을 형성한다. [그림 2-55]은 파장 분할 다중화 방식의 원리를 나타내고 있다. WDM 기법은 기술적으로 매우 복잡하지만, 아이디어는 매우 간단하다. 빛 원천의 결합과 분리는 프리즘에 의해 쉽게 다룰 수 있다. 프리즘은 임계각과 주파수를 기반으로 해서 광선을 휘게 한다는 기본적인 물리학을 기초로 각각 좁은 대역의 주파수를 가진 여러 입력광선을 넓은 대역폭의 주파수를 가진 하나의 출력광선으로 결합할 수 있다. 광섬유를 이용하는 통신에서 사용하는 파장분할 다중화 방식은 복수의 채널을 동시에 전송하는 방식으로 단일 모드 광섬유에서는 감쇠가 적은 1.3 ㎛와 1.55 ㎛ 2종류의 장파장을 이용한다. 파이버 투 더 홈(FTTH)에서 파장 분할 다중 방식(WDM)을 이용하여 통신용 채널과 종합유선방송(CATV)용 채널을 한 줄의 광섬유에 집약하는 것이 가능하다.

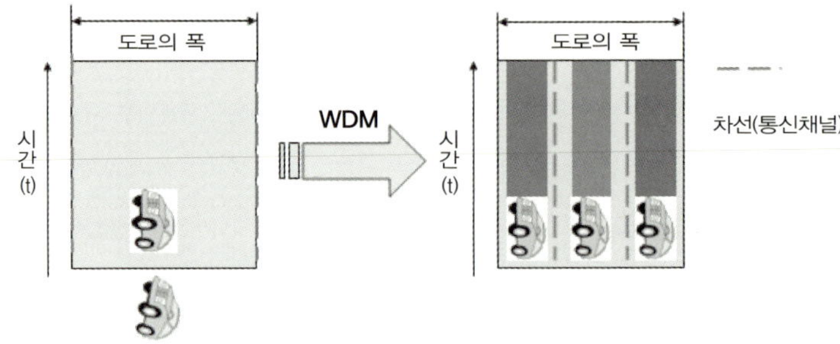

[그림 2-54] 파장분할다중화방식의 예

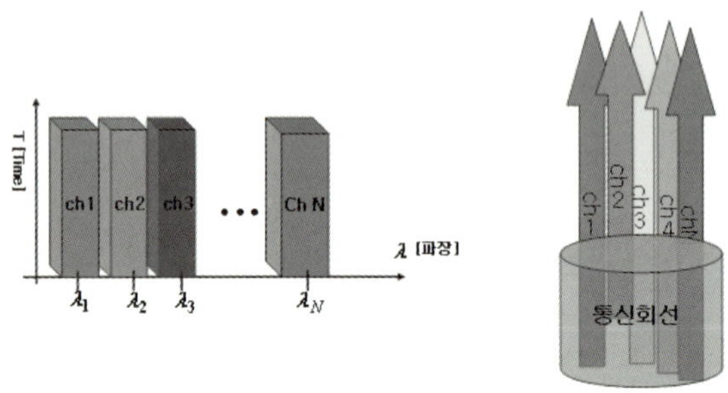

[그림 2-55] 파장분할다중화방식 원리

[표 2-4] 다중화 방식의 특징과 응용분야

	FDM	TDM	CDM	WDM
특 징	채널의 대역을 일정한 주파수 간격으로 나누어 전송	시간폭(time slot)으로 나누어 전송	별도의 코드를 할당하여 전송	다수의 광선을 하나의 광섬유를 통해 전송
장 점	동시간에 전채널의 정보 전송 가능	전 대역 사용으로 대역효율 증가	동시간 전송, 전 대역사용 가능	높은 전송 속도, 회선효율 극대화
단 점	대역효율 저하, 전송속도 저하	동 시간 전송 불가능	코드중복에 의한 통화문제	고가의 장비 설치 비용증가
응용분야	CATV	컴퓨터네트워크	이동통신	광통신

CHAPTER

03 정보 전송 시스템

CHAPTER 03 정보 전송 시스템

3.1 정보 전송 시스템의 개요

정보 전송 시스템은 정보 처리 장치에 의해 처리된 정보를 전송 매체(유선, 무선 혹은 유무선 복합)를 이용하여 목적지까지 전송하는 장치가 유기적으로 결합한 시스템을 말한다. 여기서 정보 전송에 이용하는 전송 매체에 따라 유선 시스템 혹은 무선 시스템으로 구분할 수 있다.

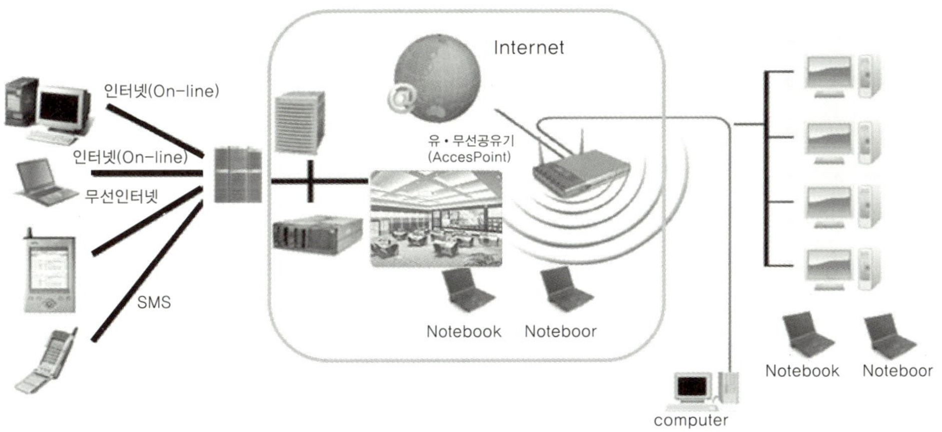

[그림 3-1] 정보 전송 시스템

3.1.1 정보 전송 시스템

정보 전송 시스템의 구성 요소 중 단말장치는 정보 입출력 장치로서 인간과 통신 시스템과의 인터페이스 역할을 담당하고 있는 기기이다. 데이터 통신 분야가 넓어짐에 따라 [그림 3-2]와 같이 여러 가지 단말장치가 개발되고 있다. 최근의 단말장치에는 마이크로 컴퓨터가 내장되어 소프트웨어에 의해서 입출력 및 전송제어가 실행되고 있다.

[그림 3-2] 다양한 단말장치

단말장치는 [그림 3-3]과 같이 간접 입출력 장치와 직접 입출력 장치로 나눌 수 있는데, 간접 입출력 장치에는 종이 테이프, 플로피 디스크가 해당되고 직접 입출력 장치에는 키보드, 디스플레이, 음성 등이 해당된다. 또한 교환하는 정보의 종류에 따라 음성을 취급하는 음성 단말, 데이터를 취급하는 데이터 단말, 그리고 팩시밀리와 같이 영상을 취급하는 영상 단말로 나누어진다. 이러한 단말장치의 공통적인 기능은 사람과 사회와 접속, 즉 데이터 통신 시스템과 정보를 주고받는 것으로서 변환기와 같은 것이다.

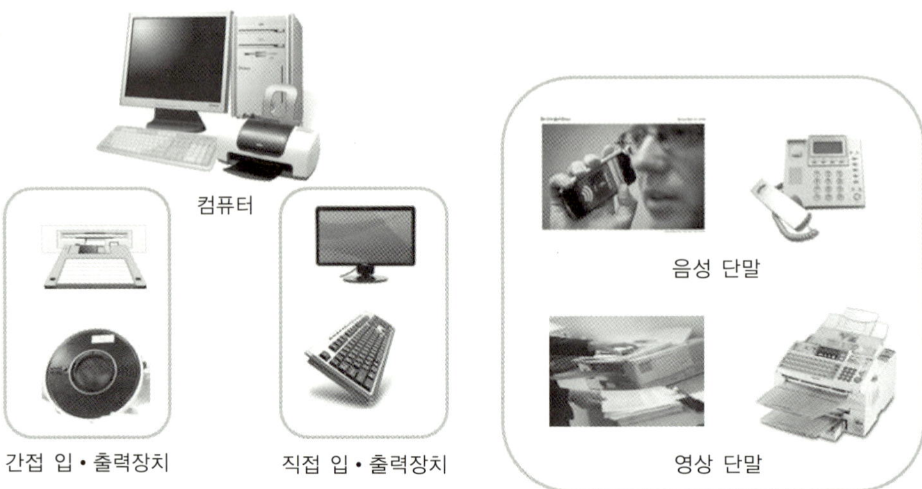

[그림 3-3] 입출력장치와 음성, 화상 단말

2장에서 자세히 살펴본 전송 매체는 정보 전송 시스템의 중요한 구성 요소 중 하나이다. 정보 전송 시스템의 다른 구성 요소는 전송 제어장치이다. 데이터 전송 회선과 컴퓨터와의 사이에서 전기적으로 결합하여 전송 회선으로 전송되어 온 비트 문자를 조립하기도 하고, 문자를 분해하는 것이 기본적인 역할이다. 즉, 문자의 조립, 메시지의 조립, 메시지 처리 및 데이터 처리 기능을 담당한다.

3.2 광통신 시스템

3.2.1 광통신 시스템의 개요

일반적으로 통신에서는 전선을 통하여 전기신호를 정보 전달 수단으로 사용하지만, 광통신에서는 빛을 이용하여 신호를 전송한다. 이와 같이 빛을 이용하여 원거리 정보를 전달하는 것을 광통신이라 하는데, 옛날에 사용된 봉화, 거울에 의한 신호 및 조명의 점멸에 의한 정보 전달과 같은 경우도 넓은 의미의 광통신이라 할 수 있다. 빛을 이용하는 광통신은 빛을 공중에 직접 전파하는 방식과 광섬유를 이용하는 방식으로 분류할 수 있다.

- 공간 전파 방식 : 비, 안개 등의 영향을 받기 때문에 이용하는 거리에 한계를 갖고 있으나 전파 매개체인 광섬유를 이용하는 방식은 광범위하게 사용될 수 있다.
- 광섬유 방식 : 광섬유를 이용한 통신이며, 반송파 주파수가 마이 크로파(~수GHz)보다 십만 배 만큼 큰 적외선 영역의 광파를 반송파로 사용함으로써, 다른 어떤 통신방법보다 넓은 대역폭으로 초고속 정보 전송이 가능하다.

20여년의 짧은 연구개발 기간에도 불구하고 광통신 기술은 현재 세계 각국의 정보 통신망의 핵심적인 역할을 담당하고 있으며, 현재 추진 중인 여러가지 혁신적인 기술의 실현이 이루어진다면 그 중요성과 활용 범위가 더욱 더 커질 것이다.

광통신 시스템은 광송신부(부호기, 변조기 및 채널 결합기), 광섬유 케이블 및 광수신부(광검출기, 복호기 및 신호 처리기)로 구성되어 있다. 이제 각 구성 요소에 대해 살펴보기로 한다.

〉〉 광송신부

광송신부의 구성은 전기신호의 변조와 광원의 구동을 위한 변조기, 반송파에 해당되는 광신호 발생기인 광원, 그리고 광을 광섬유에 결합하기 위한 채널 결합기로 구성된다. 광송신부에서는 정보신호를 광신호로 전송하기에 적합한 형태로 먼저 신호를 변조하여 광원을 구동한다. 현재 주로 사용되는 광원으로는 발광다이오드와 레이저 다이오드가 주로 사용된다. 광원의 광 출력은 광섬유에 입사시켜야 하는데, 광섬유의 크기가 매우 작아서 고도의 기술이 요구된다.

〉〉 광섬유 케이블

광섬유 케이블은 송신기와 수신기 사이의 물리적인 연결 경로를 말하는 것으로, [그림 3-4]와 같이 유리나 혹은 플라스틱 재질로 만들어진 약한 광섬유를 전송매체로 적합하게 강도 등을 보강하여 케이블화하여 만든 것이다. 광섬유는 빛을 전송하는 내부의 코어와 코어에서 빛의 전 반사가 이루어지도록 굴절률을 달리한 클래딩으로 구성된다. 빛의 전반사와 관련된 클래딩의 굴절률은 코어의 굴절률에 비해 1%정도 낮다. 빛의 전파 특성은 광섬유의 크기, 구성매질 그리고 주입되는 빛의 특성에 의해 일반적으로 결정된다. 이러한 케이블에는 구성형태 등에 따라서 여러 종류로 분류된다. 정보 전송거리가 긴 장거리 통신에서는 중간에 광신호를 다시 증폭해 주는 광증폭기를 사용하거나 광신호를 전기신호로 변환하여 신호를 재생한 다음 다시 광신호로 변환하는 중계기를 사용한다. 광섬유 수명에 영향을 주는 수분의 침투를 방지해야 한다. 또한 현장의 온도 변화에 따른 광섬유 심선의 안정성을 유지해 주어야 한다.

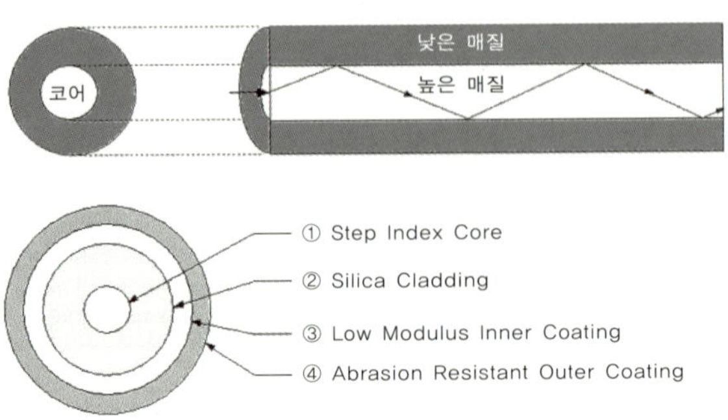

(a) 광섬유

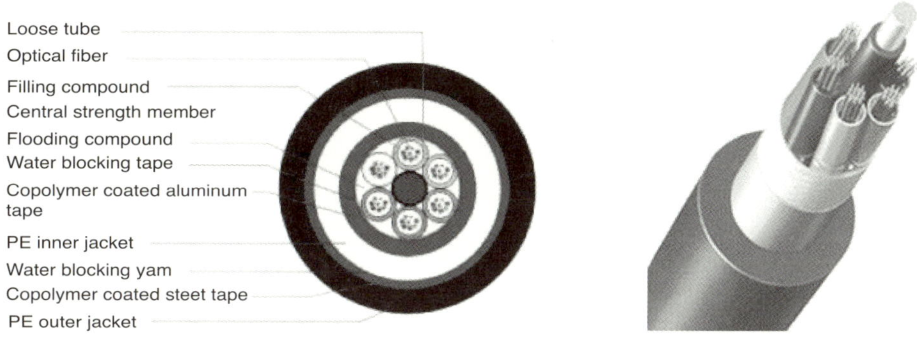

(b) 광케이블

[그림 3-4] 광섬유와 케이블

〉〉 광수신부

광수신부에서는 수신된 광신호를 광검출기에서 검출하여 전기신호로 변환하고 이를 증폭한 후, 송신측에서의 변조된 신호를 복조하는 등의 신호 처리를 통하여 정보신호를 추출하게 된다. [그림 3-5]는 일반적인 광통신 시스템을 보여주고 있다.

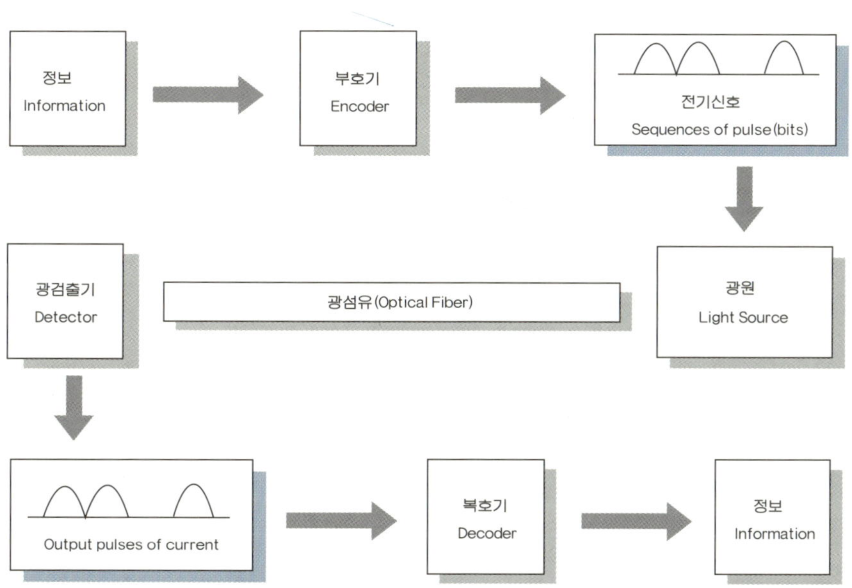

[그림 3-5] 광시스템 구성도

3.2.2 광통신 시스템의 특징

광통신 시스템은 반송파 주파수가 마이크로파(~수 GHz)보다 십만 배 만큼 큰 적외선 영역의 광파를 반송파로 사용함으로써, 다른 어떤 통신 방법보다도 넓은 대역폭으로 초고속 정보 전송이 가능하다.

〉〉 작은 전송 손실

광통신의 전송 특성은 전기통신(10~20 dB/km)보다 저손실(0.5~3 dB/km)이라는 것을 알 수 있다. 저손실의 전송 특성은 광대역성 특성과 더불어 고속의 디지털 신호를 수십 km로부터 백 km 이상에 걸쳐 중계기 없이 전송할 수 있다. 중계기를 설치하지 않더라도 전화국이나 중계국에 중계기를 집중 수용할 수 있어 선로 시설비용을 절감할 수 있다.

〉〉 광대역성

광통신에 이용되는 파장은 0.8 ㎛로부터 1.7 ㎛에 이르는 것으로 대역폭은 2×10^{14} Hz정도가 된다. 이 대역폭은 전화에서 4 KHz의 대역폭이 쓰인다고 가정할 때 약 500억 채널에 해당되며, TV를 사용할 경우 5,000만 채널을 수용할 수 있다. 또한 광통신은 고속 정보 전송으로 서 로 다른 서비스를 동시에 전송할 수 있어 해저 통신 등에 사용되고 있다.

〉〉 전송로의 소형화

광섬유는 다른 전송 매체에 비해 직경이 작고 경량이기 때문에 포설상 유리할 뿐만 아니라 여러 가닥의 광섬유를 수용할 수 있기 때문에 광통신의 전송 특성인 짧은 파장을 이용하여 여러 채널을 동시에 전송할 수 있는 대용량 다중 전송로이다.

〉〉 안정한 전송 품질

광섬유는 도파 구조를 가지고 있으며, 외부와 결합하거나 노출되는 일이 없기 때문에 상호간 누화가 발생되지 않으며, 유리는 절연체이기 때문에 습기의 영향도 받지 않고, 전자파나

라디오파의 유도방해도 받지 않을 뿐더러 전력 케이블 속의 광섬유 심선을 넣어 복합적으로 사용할 수 있다. 고압 송전선, 전철 등의 가까운 곳에서도 낙뢰에 손상 받지 않아 높은 통신 품질을 확보할 수 있고 송수신자 사이의 접지 전위차가 문제되지 않기 때문에 서로 다른 전위차에서도 통신이 가능하여 많은 장치, 접속 등이 유리한 데이터 링크에 사용할 수 있다.

3.2.3 광가입자 망

기존의 전기통신 서비스는 주로 음성 서비스를 중심으로 발전해 왔으나, 최근에는 영상 전화, 영상 회의, 고속 데이터 통신, 케이블 TV, HDTV 등의 광대역 서비스의 요구가 증대되고 있는 추세이다. 이러한 광대역 서비스의 요구 추세에 따라 고속 장거리 통신에 쓰이던 광섬유를 각 가정까지 포설하여 광가입자 망을 구축하기에 이르렀다. 현재 각 가정에 동선으로 연결된 전화망은 전송속도가 낮고 전송손실이 커서 광대역 서비스를 제공하기에는 적절하지 않으며, 케이블 TV 시스템에 사용되고 있는 동축 케이블은 1 Km 정도의 짧은 거리에서는 550 MHz 정도의 대역폭을 갖지만 거리에 따라 대역폭이 급격하게 감소하고, 연결 모양이 나뭇가지 형태로 되어 있으므로 양방향 통신에 적합하지 않다. 그러나 광섬유는 거의 무한대의 대역폭을 가지며, 손실이 적고, 전자파에 의한 간섭을 차단할 수 있어 고품질의 서비스를 제공할 수 있다.

광가입자 망의 구축에 있어서, 지역 특성 및 경제성에 따라 일반적으로 FTTO, FTTH, FTTC의 3단계로 설정하여 추진하고 있다.

〉〉 FTTO (Fiber-To-The-Office)

대도시의 업무 지구에 광케이블을 부설하는 것을 말한다. 광대역 종합 정보 통신망(B-ISDN)의 관건이 되는 가입자망 광케이블화의 최종 형태는 각 가정까지 한 줄의 광섬유를 부설하는 파이버 투 더 홈(FTTH)이다. 그러나 FTTH에는 막대한 투자와 장기간의 건설 기간이 필요하므로 전화 서비스 중심으로 되어 있는 가입자망을 어떻게 경제적으로 광케이블화할 것인가는 커다란 과제이다. 따라서 가입자망의 광케이블화는 이용자의 수요에 맞추어서 지구별로 추진하는 것이 기본 개념이다. 예를 들면, 대도시의 업무 지구를 대상으로 광케이블을 부설하는 것이 파이버 투 더 오피스(FTTO) 구상이다. 전화나 팩스는 물론 고속 데이터와 영상 등 고속·광대역 통신 서비스의 수요가 가장 큰 곳이 대규모 사무실 건물이기 때문이다. 업무 지구 이외에는 수천~수만 회선 정도의 가입자망 구역을 대상으로 하는 광가입자 장비 지역 설치 단계(FTTZ) 구상 등이 있다.

〉〉 FTTH (Fiber-To-The-Home)

FTTH(Fiber-To-The-Home)는 모든 가정까지 광케이블을 연결하여 방송, 통신을 포함한 모든 서비스를 하나의 네트워크로 가능케 하는 것으로 주택형 광가입자 전송장치의 개발, 광분배 및 접속 기술, 센서 기술 등의 기반 기술 연구, 광커넥터, 대용량 ATM스위치, 분산 시스템, 가입자 댁내의 네트워크화 등 첨단 응용 기술에 대한 연구 등이 병행되어야 한다. 이와 함께 광케이블 포설 및 장비 개발에 대한 막대한 예산 소요 문제도 해결되어야 할 큰 숙제로 남아 있다.

〉〉 FTTC (Fiber-To-The-Curb)

전화국에서 각 가정까지 개별적으로 광섬유를 부설하는 FTTH 방식이 이상적이기는 하지만, FTTH는 광·전기 변환회로를 포함하는 광회선 종단장치(ONU: Optical Network Unit)도 각 가정에 개별적으로 설치해야 하는 등 경제성에 문제가 많다. FTTH의 이러한 단점을 보완하기 위한 광섬유의 여러 명의 가입자 공동 이용 방식이 FTTC(Fiber-To-The-Curb)이다. FTTC의 Curb는 도로의 연석(緣石)이라는 의미인데, 주택 앞의 도로의 연석과 같이 작은 박스를 설치하고 그곳에서부터 주택까지 동선을 부설하여 광섬유를 공용하면 FTTH보다 경제성을 높일 수 있다. 또한 동선 거리가 짧으면 광대역 신호도 전송할 수 있다.

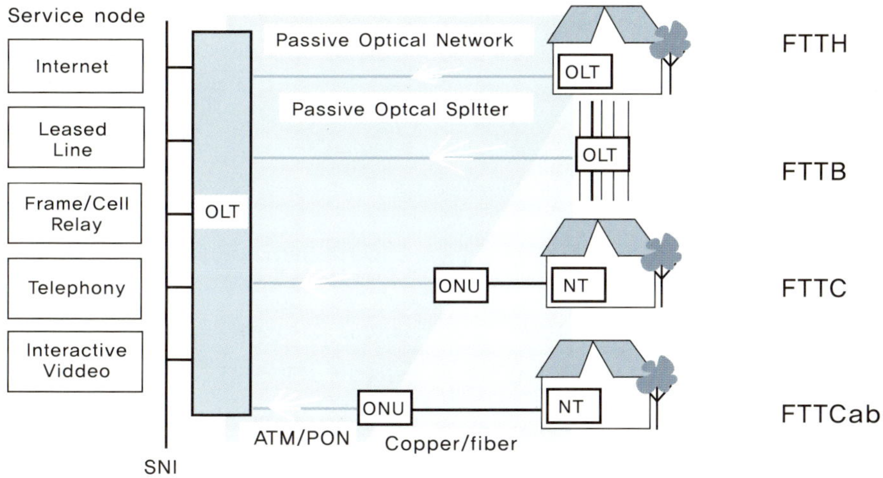

[그림 3-6] 광통신 네트워크 응용

3.3 이동통신 시스템

이동통신 시스템은 이동체와 이동체 혹은 고정된 지점 간의 상호 연결을 위한 통신 시스템이라고 말하는데, 여기서 이동체는 사람, 자동차, 선박, 비행기 등이 될 수 있다. 최근 이동체에 대한 통신 수요에 대한 욕구가 증가하면서 이동통신 시스템에 대한 관심도 점차적으로 높아가고 있다.

3.3.1 이동통신의 기초

이동체 간 혹은 이동체와 고정 지점 간의 연결을 위해 셀(cell) 로 서비스 지역을 나누어 서로 유기적으로 연결 기능을 수행하여 넓은 지역까지 이동통신 수요를 만족시킬 수 있다. 이동통신은 유선통신과 구분하여 무선을 이용한 통신 서비스를 제공하기 때문에 특정 무선 주파수를 사용하여 운용되고 있다. 이동통신 서비스로는 서비스 제공 대상 혹은 종류에 따라 무선 호출(radio paging), 셀룰러 전화(cellular telephone), 무선 전화(cordless

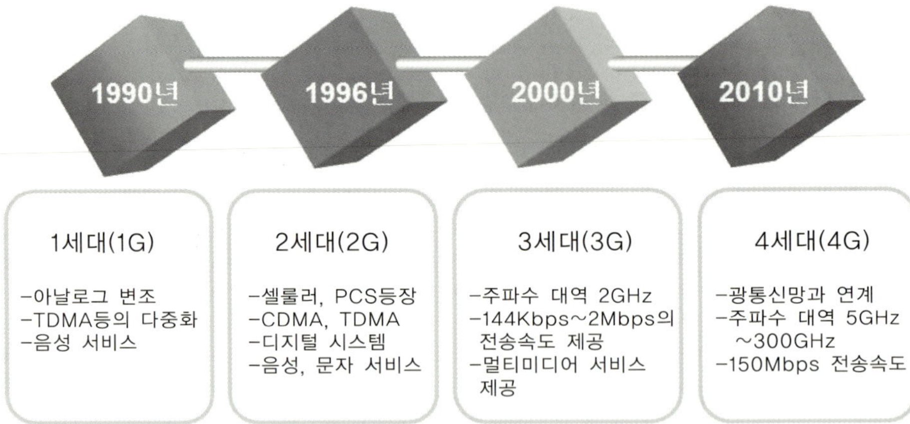

[그림 3-7] 이동통신시스템의 발전과정

telephone), 주파수 공용통신 (trunked radio system) 및 위성 이동통신(mobile satellite communications) 등이 있다.

셀룰러 이동통신은 1980년대 북유럽의 NMT(Nordic Mobile Telephone), 영국의 TACS (Total Access Communication Systems), 미국 및 한국의 AMPS (Advanced Mobile Phone Service) 등 아날로그 변조 기술을 적용한 제1세대 아날로그 시스템에서 출발하였다. 1996년 아날로그 기술을 이용한 시스템에서 디지털 기술을 접목한 2세대 시스템이 상용화 되었다. 이동통신 서비스는 현재 사용되고 있는 3세대 이동통신인 IMT-2000보다 최대 전송속도가 10배나 빠르고 대용량 데이터도 높은 속도로 처리할 수 있으며 하나의 단말기를 통해 위성망과 무선랜 그리고 인터넷 등을 모두 사용할 수 있는 서비스 4세대 이동통신 서비스로 발전하고 있다. [그림 3-7]은 이동통신의 발전 단계를 보여주고 있다.

3.3.2 이동통신 시스템의 특징

이동통신 시스템은 다른 시스템과 달리 다음과 같은 특징을 지니고 있다. 첫째, 무선 사용으로 인해 사용 가능한 주파수 대역이 제한되어 있으며, 둘째, 사용자의 이동성을 위해 휴대가 용이한 단말기가 필수적이다. 그리고 무선 접속 방식, 유선망과의 연결을 포함한 교환 방

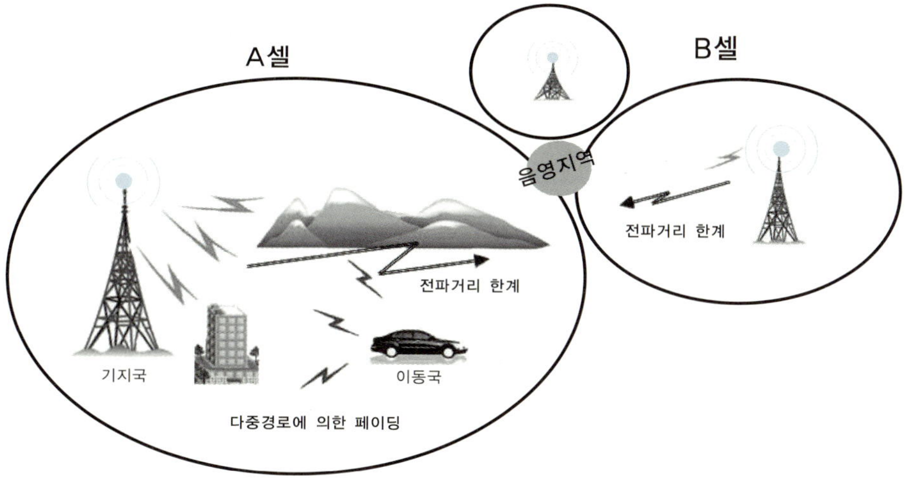

[그림 3-8] 이동통신의 전파 특성

식을 망라하는 통합 통신망이라 할 수 있다. 단말기의 이동성은 이동통신 신호의 전송에 있어 [그림 3-8]과 같이 많은 어려움을 야기한다.

이동으로 인한 신호의 전파 특성은 각종 인위적 혹은 자연적 장애물로 인해 반사, 회절 및 산란 현상으로 페이딩 (fading)이라 부르는 수신신호가 시간적 (혹은 공간적으로) 증가 혹은 감소되므로 적절한 보상 기술 적용이 필수적이다. 뿐만 아니라 송수신 간의 경로가 완전히 차단되어 아주 미약한 신호가 도달하게 되는 전파 음영 (shadow loss) 현상 그리고 송신기와 수신기간의 거리에 따른 손실인 경로 손실(path loss) 등이 생겨 보다 완벽한 링크 성능 분석 및 시스템 설계로 적절한 신호가 수신기에 도달되도록 해야 한다.

3.3.3 셀룰러 이동통신

셀룰러 이동통신 시스템의 구성도는 [그림 3-9]와 같다. 서비스 지역을 셀(cell)로 나누어 셀 가운데는 기지국(base station)을 설치하고 여러 기지국을 연결하여 유선과 접속이 이루어지는 이동전화 교환국으로 구성되어 있다.

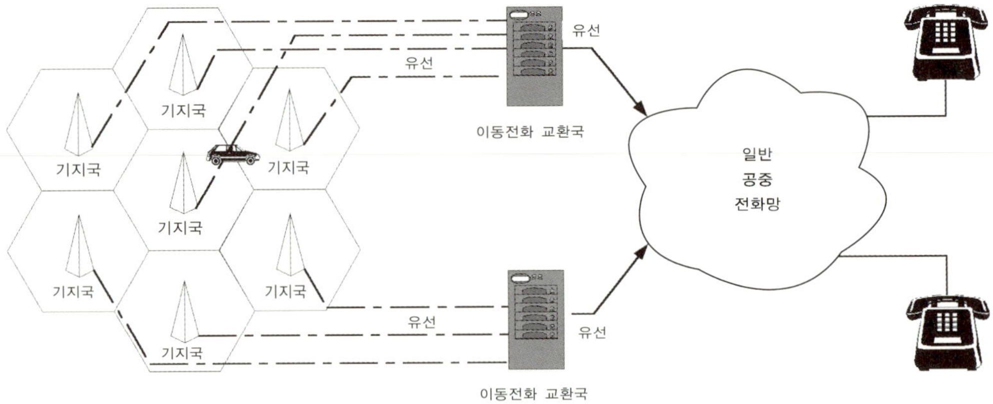

[그림 3-9] 셀룰러 이동통신 시스템의 개념도

〉〉 이동국

이동국(MS: Mobile Station)은 무선가입자 단말장치로서 기지국과 제어 채널을 통하여 항상 정보를 교환하며 통신하고 있다. 이동국은 기본적으로 송수신장치(transceiver), 안테나장치 그리고 제어장치(control unit)로 구성되어 있다.

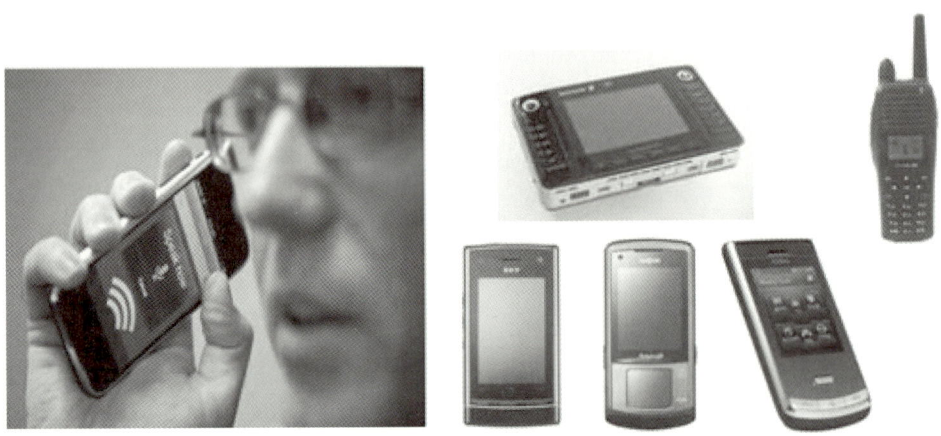

[그림 3-10] 이동국 단말장치의 종류

[그림 3-11] 기지국의 종류

〉〉 기지국

기지국(BS: Base Station)은 이동국의 무선 접속 포인트로서 망 접속을 위해 이동국으로부터 수신된 신호를 유선으로 이동전화 교환국으로 송신하고 통화 중인 이동국의 신호강도를 측정하여 제공하기도 한다. 이동국이 통화 대기상태일 경우에는 항상 제어 채널을 통해 통신을 하며, 통화 중일 경우 이동국의 음성신호를 이동전화 교환국을 통하여 전송한다.

〉〉 이동전화 교환국

이동전화 교환국(MSC: Mobile Switching Center)은 공중전화 교환망과 이동통신망 간의 인터페이스 역할을 수행하며 교환국에 연결된 여러 기지국에 할당된 채널을 관리, 통제하는 중앙제어 역할을 한다. 또한 데이터베이스(HLR, VLR)를 두어 홈 서비스 지역 외 이동 중인 이동국에 대한 연결 정보를 저장한다. 그리고 요금 계산 및 이동국 위치, 신호 처리 기능 등을 수행한다.

3.3.4 개인 휴대통신 시스템

개인 휴대통신은 사용자 개인에게 최대한의 이동성을 보장하는 개념에서 출발하여 언제 어디서나 누구에게도 이동통신 서비스를 제공할 수 있는 무선망 서비스를 말하고 있다. 개인 휴대통신의 개념은 영국 상무성에서 개인 휴대 단말기를 이용한 고도의 이동성을 보장하는 서비스로 정의하여 PCN(Personal Communication Network)으로 부르며, 미국에서는 개인통신을 보편적 개인 이동 서비스 제공으로 인식하여 PCS(Personal Communication Service)로 부르고 있다.

PCS 시스템은 셀룰러폰과 비슷한 무선전화 서비스로 개인용 서비스에 중점을 두고 이동성을 확장한 것이다. 셀룰러와 마찬가지로 PCS 시스템도 이동 중인 사용자를 위한 것으로서, 서비스 지역을 커버하기 위해서는 셀룰러 시스템보다 더 많은 수의 안테나가 필요하다. 사용자가 움직이는 것에 따라 그 사용자의 전화신호는 가장 가까운 안테나에 의해 잡히게 되며, 무선 네트워크에 접속되어 있는 기지국으로 보내어진다. PCS는 많은 수의 사용자들을 위해 대도시 지역에 먼저 서비스가 도입되었다.

초기의 PCS 시스템은 망 설계 단계에서 "personal" 이라는 개념으로 셀룰러 시스템과 차별화를 시도하였고 고속도로 등의 지역을 주로 서비스하는 차량용 전화를 위해 설계되었던 셀룰러와는 달리 더 많은 사용자의 이동성을 지원하기 위해 설계되었다. 일반적으로 PCS는 서비스를 위해 더 많은 수의 셀 전송기가 필요하며 이로 인해 통화 이탈 지역이 적어진다는 장점도 있다. 운용 주파수는 셀룰러 시스템이 824~849 MHz 정도의 주파수 대역에서 운영되는 데 비해, PCS는 1850~1990 MHz 대역에서 운영된다.

우리나라에서도 PCS 사업자가 선정되어 1997년부터 이미 서비스 공급을 하고 있다. 그러나 전술한 바와 같이 PCS는 기존의 셀룰러 이동통신과 기술적인 유사성으로 인하여 서비스 면에서 차별성을 보이지 못하고 있다. 초기의 PCS가 해결해야 될 큰 문제점은 단말 및 개인 이동성의 문제인 로밍 서비스 제공이다. 지역 또는 국가 간의 서로 다른 무선 접속 규격으로 인해 한 지역에서 사용하고 있는 이동 단말기를 다른 지역에서는 사용할 수가 없었다. 또한 데이터 전송률이 8-13 Kbps 정도에 불과해서 영상 등의 고속 데이터 전송이 불가능하다. 이러한 단점의 극복을 위해 3세대 이동 통신 서비스의 필요성이 대두되었다. 지금 현재 서비스 중인 3세대 이동통신 서비스 W-CDMA와 CDMA-2000은 ITU의 IMT2000 3G의 표준으로 지금은 4세대 그 이후의 기술들에 대한 연구가 국내외적으로 활발하게 진행되고 있다.

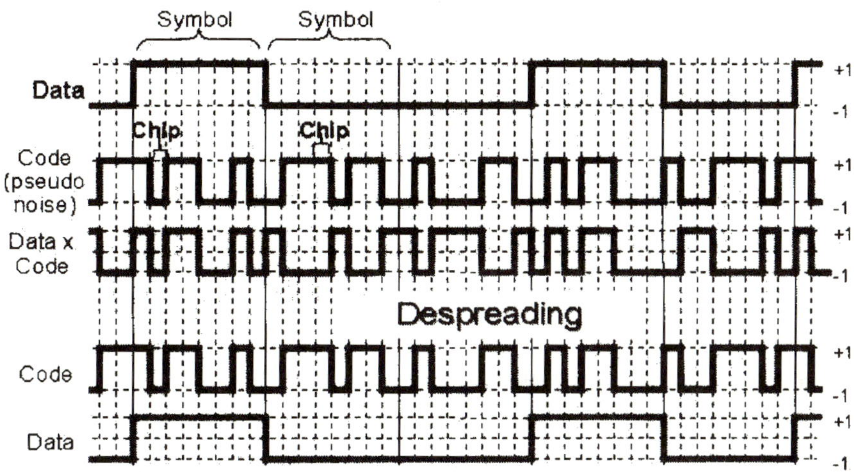

[그림 3-12] CDMA 확산원리

3.3.5 CDMA 이동통신 시스템

CDMA(Code Division Multiple Access) 시스템은 이동국과 기지국 간의 무선망 접속 방식을 코드 분할을 통해 사용자 다중 접속하는 방식으로, CDMA 이론은 1950년대에 정립되었고 1960년대에 군사적 무선통신에 이미 사용되고 있었던 기술이다. 사용자 신호가 특정 코드에 의해 곱해져서 실제 무선 매체를 통한 전송에 필요한 대역폭보다 훨씬 더 넓은 대역폭을 차지하면서 더 낮은 전력으로 전송되는 것이 특징이다. 수신자가 송신측에서 사용한 똑같은 코드를 가지고 역확산을 할 경우 송신신호가 정확하게 복원 가능한 기술이다. CDMA의 확산 개념은 [그림 3-12]와 같다.

〉〉 CDMA의 다중화 원리

CDMA에서는 각 사용자에 따라 코드를 할당하여 동일한 시간 및 동일한 주파수를 사용하여 전송한다. 그러면 실제 원하는 사용자 신호를 어떻게 추출할 수 있는지 살펴보자. [그림 3-13]은 세 명의 사용자(m_1, m_2, m_3)를 가정하고 각 할당된 코드(p_0, p_1, p_2)를 보여주고 있다.

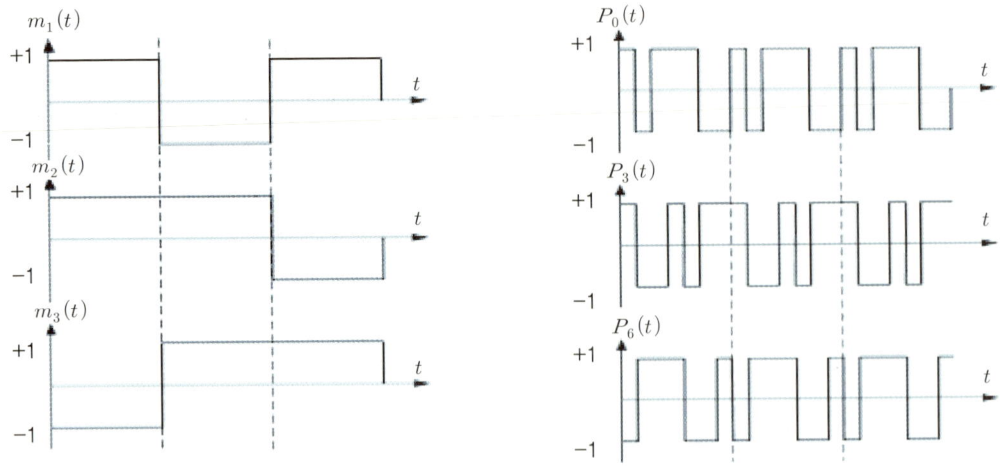

[그림 3-13] 사용자 신호와 할당된 코드

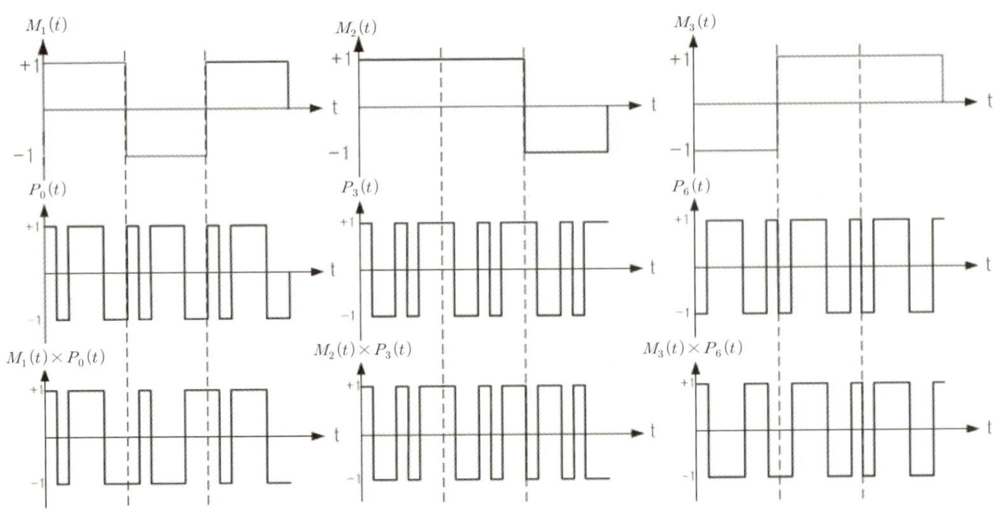

[그림 3-14] 코드를 사용하여 확산된 사용자 신호 (전송신호)

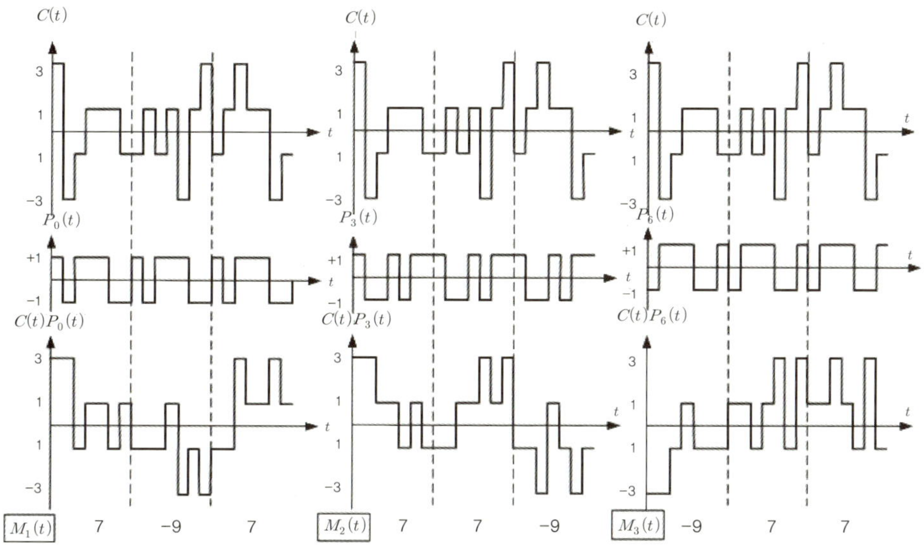

[그림 3-15] 수신측에서 사용자 신호 추출 과정

여기서 할당된 코드를 사용하여 확산을 하게 되는데, 결국 확산 과정은 각 사용자 신호와 할당된 신호를 곱하는 것과 같다. 확산된 신호는 [그림 3-14]에서 보여주고 있다. 이렇게 확산된 신호를 채널을 통해 전송한다고 가정하고 또한 전송신호에 전혀 손상이 생기지 않았다고 가정하면 수신된 신호 (C(t))는 [그림 3-15]과 같다. 여기서 원하는 사용자 신호가 사용한 코드를 이용하여 다시 곱하고 해당 심볼 시간 내에서 더하게 되면 [그림 3-15]의 맨 아래에 있는 파형을 얻게 된다. 이 파형을 이용하여 더한 결과 값이 양이면 원하는 사용자가 보낸 정보를 1로 판별하고 음이면 -1로 판별하면 된다. 따라서 실제 사용자가 보낸 정보를 그대로 추출할 수 있음을 확인할 수 있다.

〉〉 CDMA 시스템의 장점

CDMA 시스템은 기존의 FDMA 및 TDMA와 비교할 때 여러 장점을 가지고 있다. 첫째로 주파수 재사용 계획이 용이하다. 무선망을 설계할 때 FDMA 혹은 TDMA는 주파수 간섭 문제로 인해 인접 기지국이 사용하는 주파수를 사용해서는 안되므로 효율적인 주파수 사용 계획을 세워야 한다. 그러나 CDMA 시스템은 모든 기지국이 동일한 주파수 대역을 사용하므로 주파수 재사용을 위한 별도의 계획이 필요 없다.

둘째로 소프트 핸드 오프 (soft handoff) 방식을 이용한 통화 품질 개선이다. 기존의 무선 접속 방식이 사용하고 있는 핸드오프 방식은 하드 핸드오프 (hard handoff) 로서 인접 기지국으로 연결할 때 통화를 먼저 차단한 후 연결함으로써 통화 품질에 많은 영향을 미치게 된다. 그러나 CDMA 시스템에서는 소프트 핸드오프 방식을 채택하여 인접한 기지국으로 호(call) 를 연결할 때, 통화를 유지하면서 인접 기지국으로 연결을 한 뒤 기존 기지국과의 연결을 끊는다. 이렇게 함으로써 기존의 하드 핸드오프 방식보다 개선된 통화 품질을 얻을 수 있다.

세째로 기존의 다른 접속 방식보다 용량 증대 효과를 얻을 수 있다. FDMA 혹은 TDMA 방식에서는 사용자가 급속히 증가함에 따라 시스템 용량에 한계를 가져오게 된다. 특히 FDMA는 주파수 분할에 의한 사용자 접속이 이루어지면서 사용자 증가에 따른 용량 부족 현상이 두드러지게 나타난다. TDMA 시스템에서도 디지털 전송 기술 및 음성 활성도에 따른 불연속 전송 방식 기술을 채택하여 FDMA 시스템보다 용량 증대 효과가 있지만 CDMA 시스템에서는 코드 분할에 의한 사용자의 무선망 접속이 이루어지므로 훨씬 더 큰 용량을 가지게 된다. 이론적으로 CDMA 시스템은 FDMA보다 약 20배, TDMA보다 약 5배 정도 용량이 더 큰 것으로 알려져 있다. 이와 같은 여러 이유들 때문에 2세대 서비스에서는 TDMA를 사용하던 유럽의 이동통신 서비스도 3세대 서비스에서는 CDMA 시스템을 이용하게 되었다.

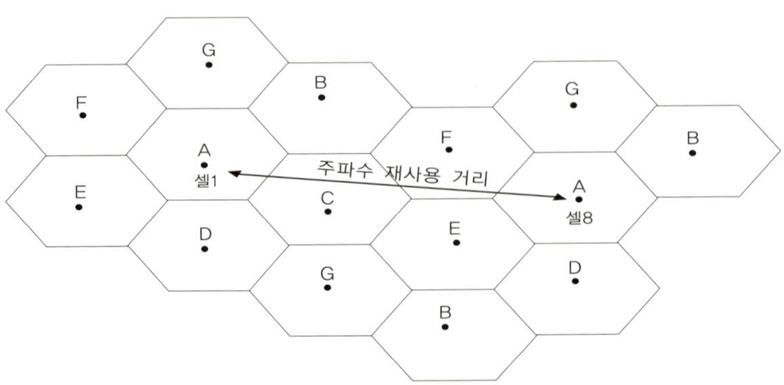

[그림 3-16] CDMA 시스템의 주파수 재 사용성

보충학습 : 핸드오프

핸드 오프(handoff)는 통화 채널 전환 기능을 말한다. 아래 그림과 같이 이동국이 서비스를 받고 있는 셀의 영역을 벗어나 다른 셀로 이동할 때 자동적으로 사용 중인 통화 채널을 새로운 셀의 통화 채널로 전환시켜 통화가 계속되게 하는 기능이다. 아날로그 셀룰러 방식에서의 통화 채널 전환 방법은 통화 채널의 수신신호의 세기를 측정하여 일정한 세기 이하로 떨어지기 시작하면 통화 채널 전환을 하게 된다. 통화 채널 전환은 기지국과 기지국 간 통화 채널 전환과, 기지국 내에서의 통화 채널 전환의 두 종류가 있다. 통화 채널 전환의 기준이 되는 수신신호의 세기는 약 −100 ~ −95[dBm] 정도이며 전환에 걸리는 시간은 약 150[ms]이다.

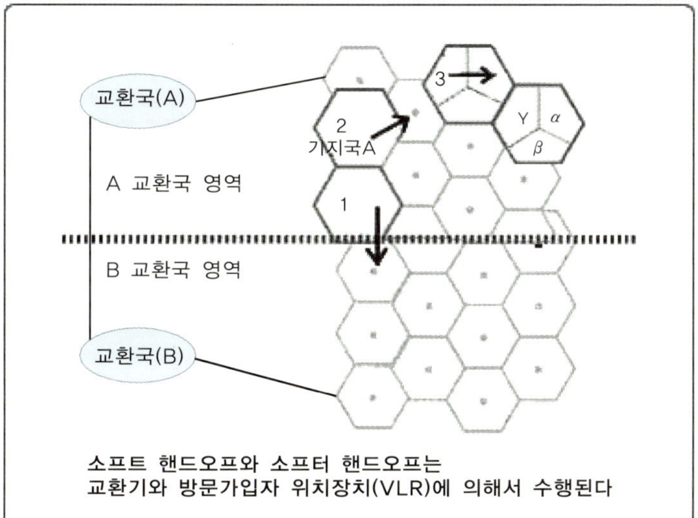

핸드오프 방식의 예

3.4 제 3세대 이동통신 서비스

제 3세대 이동통신 서비스 탄생의 배경

1980년대 중반에 들어서 아날로그 셀룰러 이동전화가 폭발적으로 보급되면서 서비스 시스템마다 주파수 대역이 다르고 주파수 대역폭이 좁아 음성 서비스에 국한하여 서비스를 제공했던 국가별로 서로 다른 시스템의 운영으로 인한 이동성의 한계 및 기술 제약으로 발생하는 용량의 한계를 드러내게 되었다. 이에 대한 대안으로 "국제전기통신연합(ITU: International Telecommunication Union)"을 중심으로 단일 기술 표준과 공통의 주파수 대역 사용 및 광대역화 및 디지털화된 미래 이동통신을 검토하게 되었다. 그리하여 1985년 ITU는 시스템 종류(위성, WLL 또는 이동통신)나 국경에 관계없이 어느 나라에서도 운용되는 하나의 보편적인 이동전화 기술인 FPLMTS(미래 공중육상 이동통신 시스템)의 개발 가능성을 연구하는 그룹을 설립하여 본격적인 연구에 들어갔고, 이것이 본격적인 제 3세대 이동통신 서비스 개발의 시작이었다. 제 3세대 이동통신 서비스는 음성 위주의 제1세대 아날로그 이동전화, 음성과 저속 데이터 전송이 가능한 제2세대 디지털 이동전화를 거쳐 고속 무선 멀티미디어 서비스의 구현이 제 3세대에서 가능하게 되었으며, 기존의 각종 이동통신 서비스를 하나로 통합하여 보다 확대된 멀티미디어 서비스를 제공할 수 있게 되었다.

▶ 제 3세대 이동통신 서비스의 방식 (동기식과 비동기식 CDMA)

제 3세대 이동통신 서비스 시스템으로 ITU-R에 제안된 무선 접속 규격은 크게 동기식 및 비동기식 CDMA로 나눌 수 있다. 동기식은 북미가 주도하는 CDMA2000으로 고속 무선 데이터 구현을 위해 제2세대에서는 IS-95A/B 규격으로 최대 전송속도를 64 Kbps까지, 제 2.5세대 Pre-IMT2000에서는 IS-2000(1X) 규격으로 최대 384 Kbps까지, 제3세대에서는 광대역을 사용한 최대2 Mbps 전송속도를 갖도록 하는 것이다. 비동기식은 유럽이 주도하는 W-CDMA 로서 제 2세대에서는 GSM/HSCSD 규격으로 최대 전송속도를 57.6 Kbps까지, 제 2.5세대에서는 GPRS/EDGE 규격으로 최대 115 Kbps / 384 Kbps까지, 제3세대에서는 광대역을 사용한 최대2 Mbps 전송속도를 갖는 방식이다. 동기식 및 비동기식 CDMA 시스템의 큰 차이는 단말기로부터 신호를 수신하는 기지국의 구분 코드(scrambling code)에 있다. 동기식에서는 특정 기지국의 구분 코드가 다른 기지국과 동일한 코드를 사용하면서 시간 차이를 두어 구분하는 방식이며, 비동기식은 각 기지국마다 서로 다른 코드를 사용하여 신호를 송수신하는 방식이다. 따라서 동기식은 동일한 코드를 사용하기 때문에 단말기의 시스템 접속시간이 상대적으로 짧은 반면, 모든 기지국이 외부시간(주로 GPS 사용)을 사용하여 동기를 맞추어야 하는 단점이 있다. 반면에, 비동기식은 외부시간에 의한 동기를 맞출 필요가 전혀 없기 때문에 시스템 운용의 유연성은 가질 수 있지만 시스템 접속시간을 줄이기 위해 보다 효율적인 코드 사용이 요구된다. 현재는 두 시스템이 모두 사용되고 있다. 4세대 이동통신 서비스는 하나의 단말기를 통해 위성망 · 무선랜 · 인터넷 등을 모두 사용할 수 있는 서비스를 말한다. 이 기술이 실현되면 이동전화 하나로 음성 · 영상 · 멀티미디어 · 인터넷 · 음성메일 · 인스턴트메시지 등의 모든 서비스를 해결할 수 있다.

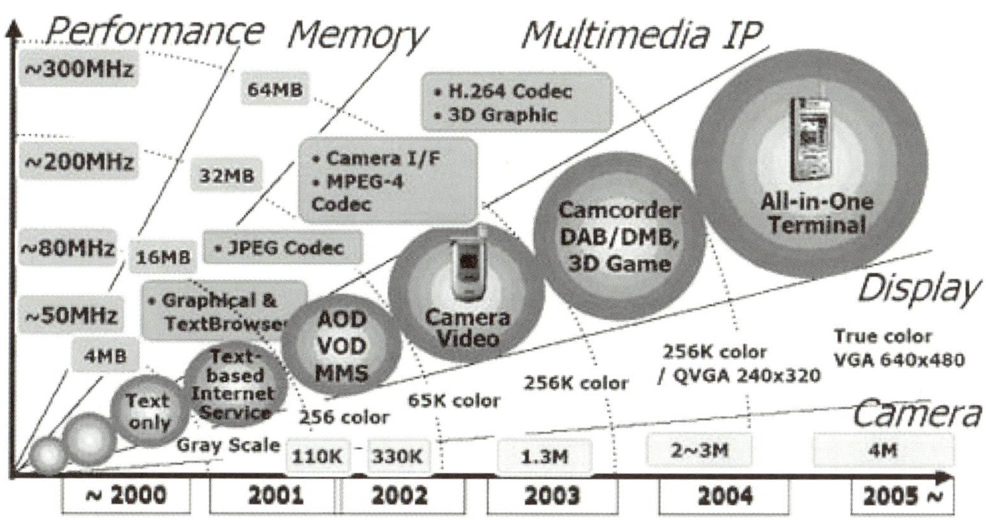

[그림 3-17] 세대별 통신 시스템 발전 (출처: 유비사운드)

3.5 마이크로웨이브 통신

3.5.1 지상 마이크로웨이브 통신의 이해

마이크로웨이브(M/W: Microwave) 통신은 1 GHz ~ 30 GHz(파장 30 cm ~1 cm)의 주파수대를 이용한 통신을 말한다. 그리고 마이크로웨이브 통신은 주로 가시거리 (line-of-sight) 통신으로 이루어 지며 광대역 특성을 이용하여 초다중 통신에 많이 이용된다. 마이크로웨이브의 광대역 특성을 이용하여 하나의 무선 회선에 수백에서 수천 개의 채널을 전송할 수 있다. 이러한 광대역 전송 특성은 장거리 전화, TV 신호 중계, 데이터 및 고속 데이터통신 등에 이용되고 있다.

그러면 마이크로웨이브의 최대 전송 거리는 얼마가 될까? 송수신 경로에 장애물이 없는 경우 최대 전송거리는 $d = 7.14\sqrt{kh}$ [km]이다. 여기서 k는 지표에 대한 굴절을 고려한 조정치로 4/3 이고, h는 안테나 높이를 나타낸다. 송수신 경로에 있는 장애물을 피하기 위해 일반적으로 산의 정상에 중계기를 설치하여 신호를 중계하며 이렇게 하여 원거리 전송도 가능하게 된다. 아날로그 마이크로웨이브 시스템의 구성도를 보면 먼저 송신하려는 변조신호를 변조한 후에 송신기와 안테나를 통해 전송하고, 수신측에서는 수신기를 통해 변조된 신호를 수신한 후 복조하여 원래의 변조 신호를 찾아낸다. 디지털 마이크로웨이브 시스템은 변조기 전단에 부호기를 넣어 변조 신호를 PCM 방식으로 부호화한 다음, 시분할 다중화(TDM)와 위상 변조(예를 들어 QPSK)시켜 전송하고, 수신측에서는 복조기를 사용해 복조한 후, 복호기를 통해 원래의 변조신호를 찾아낸다.

3.5.2 마이크로웨이브 통신의 특징

마이크로웨이브 통신을 수행하면 지향성과 이득이 큰 안테나를 소형으로 제작할 수 있을 뿐 아니라, 앞서 설명한 바와 같이 높은 반송파 주파수를 사용하므로 광대역 전송이 가능하게 된다. 또한 신호대 잡음비(S/N)가 크고 잡음 특성이 양호하며 안정된 전파 특성을 나타낸다. 마이크로웨이브 통신은 주로 가시거리 통신이며 가시거리 이상의 거리에 대해서는 전송

경로에 몇 개의 중계소를 필요로 한다. 마이크로웨이브 통신은 회선 구성에 융통성이 있고, 회선 건설기간이 짧고 재해에 대한 영향이 적은 장점이 있다. 그러나 보안에 취약하고 유지 보수에 어려움이 있다. 또한 전파하는 도중에 비, 구름, 안개 등에 의해 발생하는 전파 감쇠 및 산란 현상 때문에 페이딩(fading) 이 발생하고 기상상태에 따라 전송 품질이 변하는 단점이 있다.

3.6 와이브로 [WiBro/Wireless Broadband Internet]

와이브로는 와이어리스 브로드밴드 인터넷(Wireless Broadband Internet)의 줄임말이며, 외국에서는 모바일 와이맥스(Mobile WiMAX)라고 한다. 한국말로는 무선광대역인터넷, 무선초고속인터넷, 2.3 GHz휴대인터넷 등으로 풀이된다.

정보통신부 · 한국정보통신기술협회(TTA)와 이동통신 업체들이 상용 서비스를 목표로 개발하는 무선 휴대인터넷 서비스이다. 휴대형 무선단말기를 이용해 정지 및 보행 또는 시속 60㎞로 이동하는 상태에서도 고속 전송속도로 인터넷에 접속, 다양한 정보와 콘텐츠를 이용할 수 있다. 즉, 퍼스널컴퓨터 · 노트북컴퓨터 · PDA · 차량용 수신기 등에 무선랜과 같은 와이브로 단말기를 설치하면 이동하는 자동차 안이나 지하철에서도 휴대폰처럼 자유롭게 인터넷을 이용할 수 있는 서비스이다.

와이브로는 2002년 10월 정보통신부가 무선가입자용(N-WLL)으로 사용하던 2.3 GHz 대역의 주파수를 휴대인터넷용으로 재분배하면서 시작되었다. 이와 함께 한국전자통신연구원(ETRI)과 삼성전자 등이 개발을 시작하여 기술표준 'HPi' 개발에 성공했다. 이 기술표준은 순수 국내 기술로 개발되었고, 2005년 미국 전자전자학회(IEEE)에 의하여 국제표준으로 채택되었다. 2007년 10월 국제전기통신연합(ITU)는 와이브로를 3세대 이동통신의 6번째 기술표준으로 채택했다.

한편, 한국 정부는 2005년 1월에 와이브로 사업자로 KT, SK텔레콤, 하나로텔레콤을 선정했다. 이어 2006년 6월 KT와 SK텔레콤은 서울을 중심으로 한 수도권 일부 지역에서 세계 최초로 와이브로 상용서비스를 시작했다.

■ 와이브로 등 30G이동통신 표준별 재원 비교

	와이브로	HSDPA	CDMA 1x EV-DO
표준화 단체	IEEE802.16e	3GPP	3GPP2
음성·데이터	동시지원(패킷기반)	별도음성망(서킷 기반)	별도음성망(서킷 기반)
기반기술	OFDMA/TDD	WCDMA/FDD	CDMA/FDD
대역폭	10Mhz	10Mhz	2.5Mhz
다운로드 속도	19.97Mbps	13.97Mbps	2.4Mbps
업로드 속도	5.04Mbps	2.0Mbps	153Mbps
커넥션 타임	0.3초	2.4초	0.8초

자료: 삼성전자

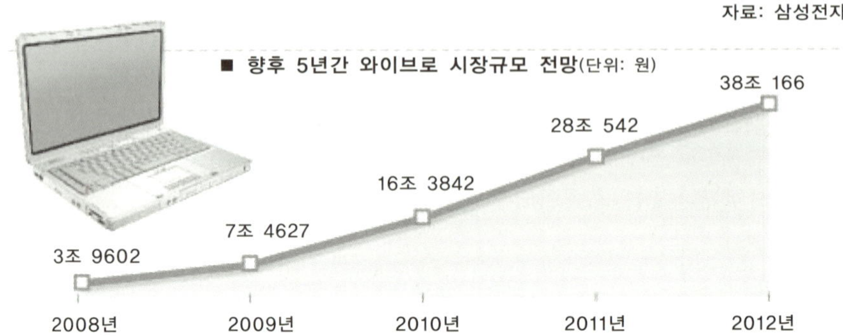

자료 ETRI

[그림 3-18] 와이브로 세계 시장규모 전망

보충학습 : 무선 랜

무선 데이터통신 시스템으로 최근에는 무선 랜(wireless LAN)에 대한 관심이 증가하고 있다. 무선 랜은 기존 네트워크 케이블이나 일반 전화선 등 일련의 케이블 대신 무선 채널을 이용해 네트워크를 구축하는 방식을 말한다. 눈에 보이지 않는 전파를 이용하기 때문에 구축시간과 경비를 대폭 절감할 수 있을 뿐만 아니라 전파의 도달 범위 내에서 자유롭게 이동하면서 네트워크에 접속할 수 있다. 따라서 고정적인 네트워크의 개념을 "움직이는 네트워크"의 개념으로 전환시킨 것으로 생각할 수 있다.

무선 LAN 방식은 전용선 백본(backbone) 대역폭을 베이스에 설치하고 지역 내의 가입자를 대상으로 고성능 브리지(Bridge: 데이터를 주고 받을 수 있게 하는 장치)를 이용하여 하위 가입자에

IP(Internet Protocol)를 분배하는 방식을 사용한다.

무선 랜의 장점은 손쉬운 설치, 신속한 네트워크 구축, 배선의 불필요, 자유로운 이동성, 자유로운 회선 설치 및 유지보수가 단순하다. 그러나 단점으로는 주파수 자체의 간섭 현상이 발생될 수 있고 송수신 장비 간의 가시거리 확보가 필요하며 장비가 유선 장비에 비해 고가라는 점이다.

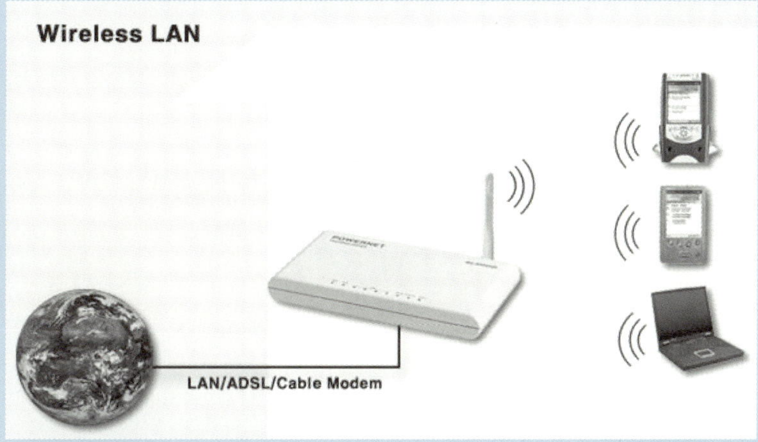

3.7 레이더 시스템

우리가 보통 산속이나 정상에서 큰 소리로 외치면 그 소리가 다시 산울림이 되어 우리의 귀에 들리게 된다. 이때 두 손을 모아 소리를 내게 되면 큰 소리가 되어 나아가고 되돌아오는 소리를 다시 두 손을 모아 귀를 기울이면 한층 더 잘 들리게 된다. 레이더의 원리는 보통 이 소리 대신에 전파를 사용하고, 입 대신에 송신기를, 귀 대신에 수신기를, 그리고 두 손을 안테나로 비유해 보면 간단히 이해할 수 있다. 레이더(RADAR: RAdio Detection And Ranging)는 전파의 발사 및 수신을 같은 장소에서 하고, 전파의 발사에 의하여 생긴 반사파를 이용하여 목표(target)의 존재 위치(방위 및 거리)를 탐지하는 무선 장치이다. 전파의 전

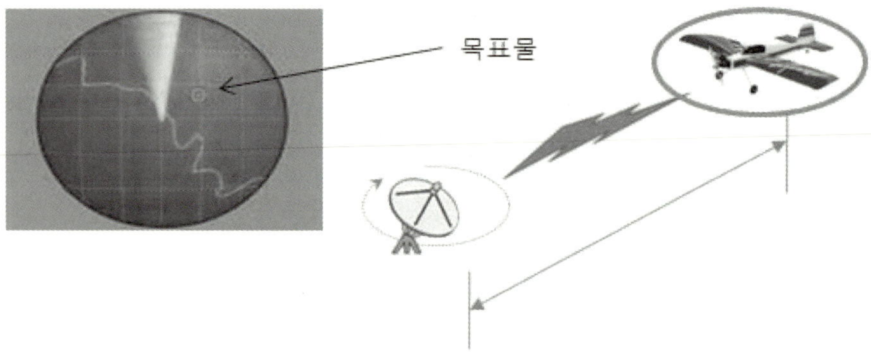

파(propagation)속도를 C라 하고, 전파가 레이더와 목표물 사이를 왕복하는 데 소요되는 시간을 t라 하면, 레이더로부터 목표까지의 거리 d는 다음과 같다.

$$d = C \times \frac{t}{2}$$

여기서 전파속도 C는 빛의 속도와 같으므로 $C = 3 \times 10^8$ [m/s]가 된다.

이와 같은 원리에 따라 실제 레이더에서는 수신된 신호를 모니터 화면에 나타내어 목표물까지의 거리를 바로 알 수 있도록 하고 있으며, 모니터 화면에 목표물까지의 거리뿐만 아니라 목표물의 방위도 동시에 파악할 수 있다.

〉〉 레이더의 분류

레이더를 사용 목적에 따라 분류하면 기상용 레이더, 항공용 레이더, 항해용 레이더 등으로 분류할 수 있으며, 기상용 레이더의 경우는 전파가 비, 구름에 반사되는 성질을 이용해 강우 지역의 범위, 강우량, 이동 상황 등을 관측하는 데 사용된다. 또, 항공용 레이더와 항해용 레이더는 각각 항공기나 선박이 위치에 관한 정보를 얻어 항로를 결정하고 목적지에 안전하게 도달되도록 하는 데 사용된다.

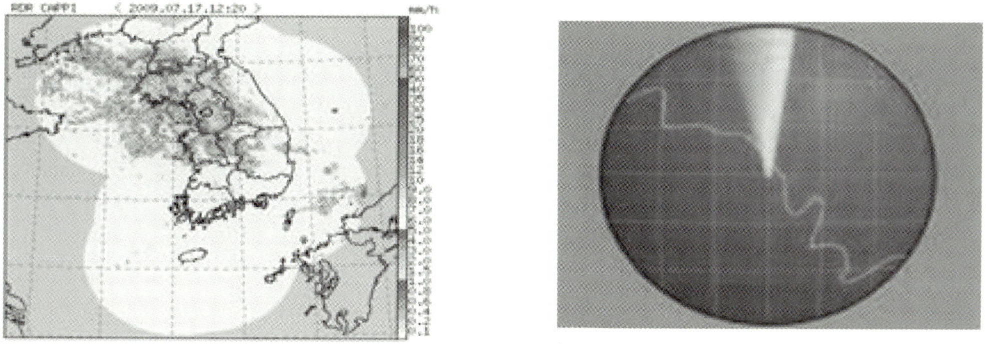

[그림 3-19] 레이더의 분류

〉〉 레이더에 사용하는 전파

레이더에 사용되는 전파는 지향성이 강해야 한다. 그리고 레이더의 안테나는 송 · 수신에 공통적으로 사용되는데, 송신이나 수신 방향을 임의로 조절할 수 있어야 한다. 전파는 파장이 짧을수록, 즉 주파수가 높을수록 지향성이 강하므로 레이더에서는 주파수가 1000 MHz 이상인 마이크로파가 사용되며, 편의상 [표 3-1]과 같은 주파수 대역으로 나누어 부르고 있다.

현재 레이더에 사용하는 전파는 [그림 3-20]과 같이 펄스 모양으로 발사하고 있는데 그 이유는 다음과 같다.

- 주기 T에 비해 짧은 펄스 모양의 마이크로파 출력을 발사하면, 작은 송신기로 집중적으로 강력한 신호를 발사할 수 있다.

[표 3-1] 주파수대에 따른 분류

호칭(밴드)	주파수	실제 사용되는 주파수 및 파장
L	1,000 ~ 2,000[MHz]	1,200[MHz], 25[cm]
S	2,000 ~ 4,000[MHz]	2,800[MHz], 10.7[cm]
C	4,000 ~ 8,000[MHz]	5,300[MHz], 5.7[cm]
X	8,000 ~ 12,500[MHz]	9,300[MHz], 3.2[cm]
Ku	12.5 ~ 18[GHz]	16[GHz], 1.9[cm]
K	18 ~ 26.5[GHz]	24[GHz], 1.2[cm]
Ka	26.5 ~ 40[GHz]	34[GHz], 0.9[cm]

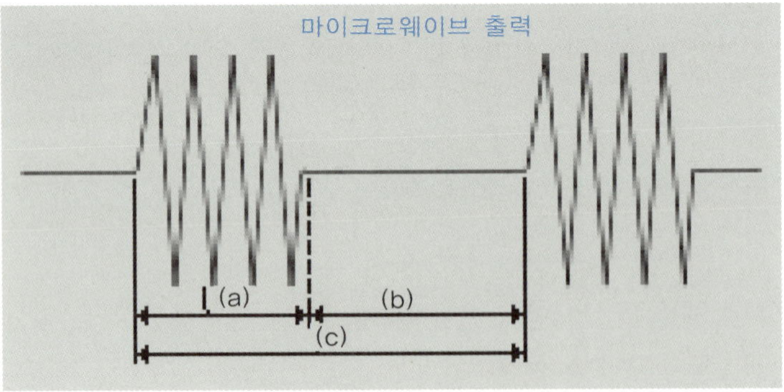

(a) 펄스폭(전파 발사시간)

(b) 휴지시간(수신시간)

(c) 펄스 반복 주기(발사 전파의 모양)

[그림 3-20] 마이크로웨이브의 출력 파형

- 짧은 펄스 모양의 마이크로파 출력을 발사하면, 발사신호 및 반사신호의 지속시간이 짧으므로 먼 거리 혹은 인접 목표물의 거리 측정 시 그 정밀도가 높아진다.
- 짧은 펄스 모양의 마이크로파 출력을 발사하면 발사파와 반사파의 상호 간섭이 없어지며 또 발사를 정지하고 있는 시간 중에 반사파가 수신되어 편리하다.
- 레이더는 목표물의 거리와 방위를 측정하는 장치이므로 이들을 나타내는 양을 적당한 지시기로 표시하여 읽을 수 있도록 해야 한다. 그리고 이 지시기로는 앞에서 설명한 바와 같이 편향 감도가 좋은 자기 편향형 음극선관이 사용된다.

CRT에 신호를 나타내는 지시 방식으로는 거리, 수평 방향의 방위각과 거리, 수직 방향의 고도각과 거리, 수평 방향의 방위각과 고도를 나타내는 방법 등 여러 가지가 있다.

〉〉 레이더의 성능

레이더는 어느 위치에 있는 목표물이라 할지라도 선명하고 확실한 영상으로 나타낼 수 있는 것이 요구되는데, 그 성능 측정의 요소로서 최대 탐지 거리, 최소 탐지 거리, 거리 분해 능력, 방위 분해 능력 등이 있다.

최대 탐지 거리는 목표물을 유효하게 탐지하여 표시할 수 있는 최대 거리를 말하고 최소 탐지 거리는 목표물을 탐지할 수 있는 최소 거리를 말한다. 그리고 같은 방향에 있는 두 목표물 간의 거리가 너무 가까우면 두 목표물로부터 반사 전파가 겹쳐져서 모니터상에서 휘점이 겹쳐져 보인다. 따라서 레이더상에서 두 개의 목표물을 구별하기 위해서는 두 목표물 간의 거리가 어느 정도 떨어져 있어야 하며, 이때 두 개의 목표물로서 구별할 수 있는 최소 거리를 거리 분해 능력이라 한다. 방위 분해 능력은 동일한 거리에 있는 두 개의 목표물이 어느 정도 떨어져 있을 때 두 목표물로서 구별이 가능한가를 나타내는 한계 능력을 말한다.

F-117A Stealth Fighter Aircraft

레이더 반대 측정에 대한 필요성은 레이더의 성공적인 발전으로 흔히 말하는 E.C.M.(전자 방어 체계) 시대를 초래하였다. 고도의 반대 측정은 레이더 발생에 대해 레이더 전파를 반사하지 않는 비행기에 필요가 있다. 왜냐하면 고주파 레이더의 움직임은 마치 빛과 같아서 멀리 반사할 수도 있고 또 둔화되어 새까만 표면에 흡수되기도 한다. 그래서 스텔스의 형태가 중요한 것이다. 이 비행기의 가장자리는 날카롭고 그 표면은 적절한 배열 공간밀도 속에서 방울들과 같이 섬세하고 약한 섬유 물질로 채워진 다각적 합성 구조물로 제조된 표피로 되어 있다.

[그림 3-21] F-117A Stealth Fighter Aircraft

3.8 위성통신 시스템

3.8.1 위성통신의 개요 및 구성 요소

위성통신(satellite communication)은 마이크로파 또는 그 이상의 높은 주파수의 전파로 지표 상공에 떠있는 인공위성을 이용하여 지구국과 지구국간에 통신을 하는 방식이다. 위성통신 시스템의 구성을 [그림 3-22]에 나타낸다. 이는 크게 우주(위성)부분과 지상관제부분, 지구국 부분으로 구성된다. 우주(위성)부분은 위성본체와 방송이나 통신목적에 따라 본체에 탑재되는 탑재체를 가리킨다. 탑재체에는 지구에서 발사한 전파를 중계하는 중계기(transponder)와 안테나가 있다. 지상 관제 부분은 위성 본체와 탑재체를 제어하고 모니터하기 위한 지상의 장비를 말하고, 지구국 부분은 위성본체와 송수신을 하는 지상의 설비로 기본적으로 송수신장치, 안테나 및 네트워크를 말한다. 또한 지구국은 지상에서 고정되어 있는 고정 지구국과 선박, 자동차, 항공기 등 이동체에 실려있는 이동 지구국으로 구분된다.

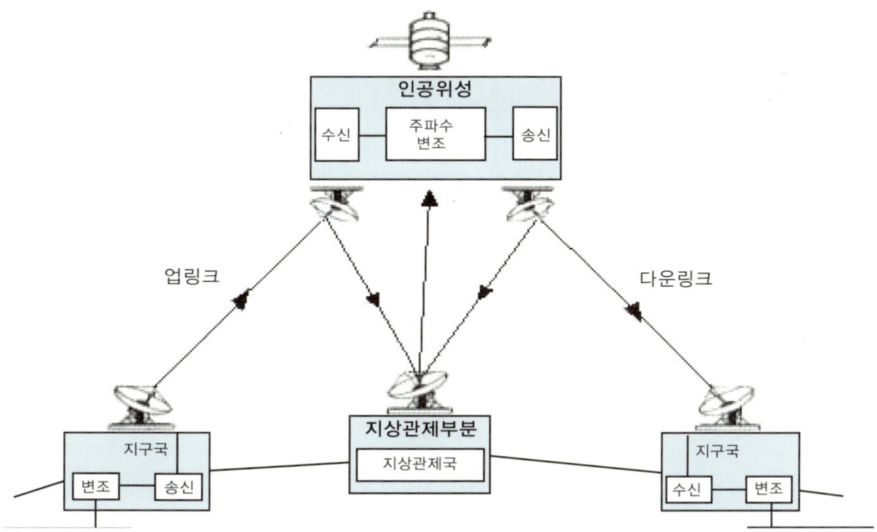

[그림 3-22] 위성통신 시스템의 구성

위성을 통해 지구의 송신 지구국과 수신 지구국이 연결되는 경로를 위성링크 (satellite link)라 하고, 송신 지구국에서 위성으로 향하는 신호를 상향신호(up link), 위성에서 수신 지구국으로 향하는 신호를 하향신호(down link)라 한다. 이때, 상향신호가 가지는 주파수는 하향신호가 가지는 주파수보다 높은 것을 사용한다. 이것은 신호의 주파수가 같다면 두 신호 사이에 파동의 간섭현상이 발생하여 정상적인 중계가 불가능하기 때문이다.

정지위성을 이용하면 이론적으로는 [그림 3-23]과 같이 3개의 통신위성으로 전세계를 커버할 수 있다.

기존의 위성통신은 저속의 데이터통신, 국제 전화회선, 또는 국제간 TV 중계 등으로 지상통신 혹은 방송 서비스의 단순 중계기능 차원에서 운영되었으나, 전송 기술의 향상과 대역폭 증가로 고속 데이터 통신, 위성 ISDN 서비스, 위성 이동통신 등으로 적용 범위가 점차적으로 확대되고 있다. 여러 개의 위성을 띄워 이들을 하나의 네트워크로 묶는 국제 위성 휴대전화 서비스(GMPCS: Global Mobile Personal Communications by Satellite)가 가능해진다.

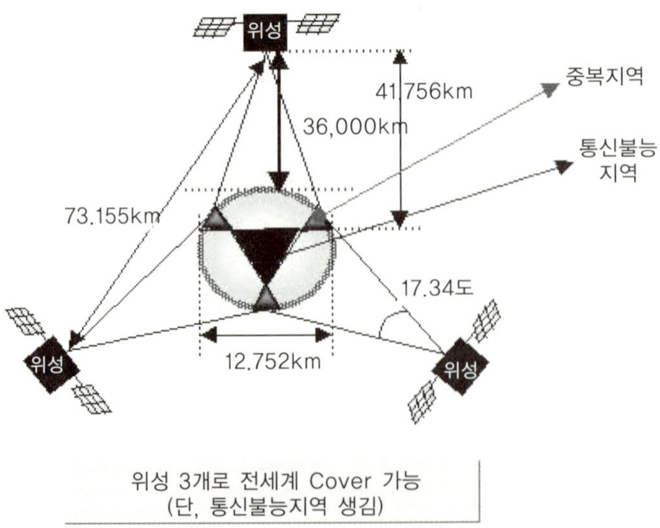

[그림 3-23] 세 개의 정지궤도 위성

보충학습 : 지상파 통신과 위성통신의 차이

지상파 통신의 경우는 높은 산 등에 설치된 여러 송신소를 통해 일반 가정으로 수신되는 시스템이지만, 위성통신의 경우는 위성이 중계국이 되어 직접 일반 가정으로 수신되는 시스템이다

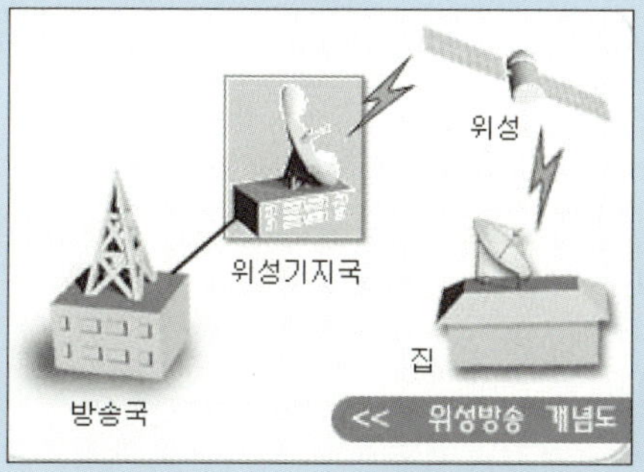

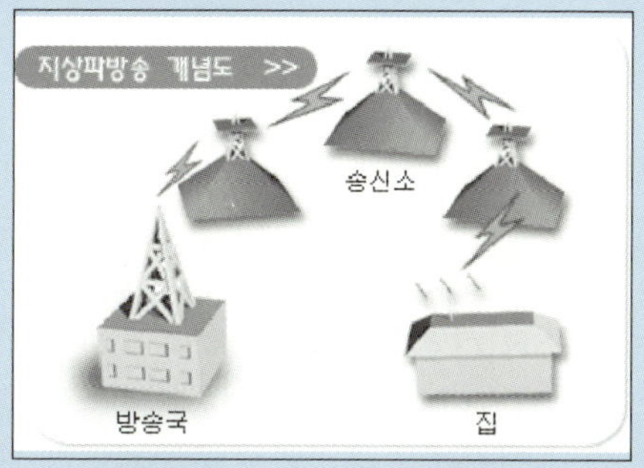

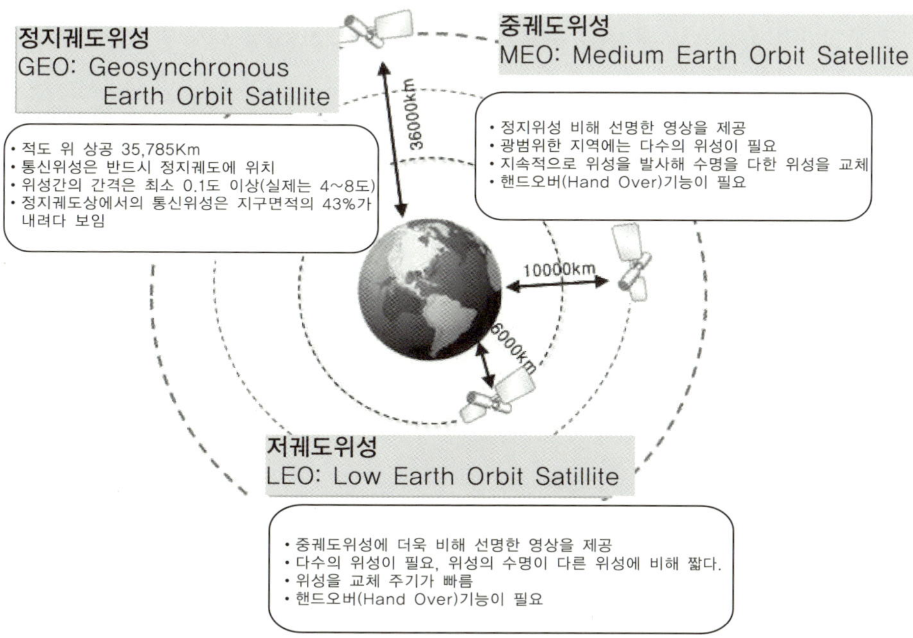

[그림 3-24] 인공위성의 분류

3.8.2 위성의 종류 및 서비스

위성의 종류 및 서비스 위성의 종류는 정지궤도 위성, 중궤도 위성, 저궤도 위성으로 [그림 3-24]와 같다.

〉〉 정지궤도 위성

정지궤도 위성(GEO-stationary orbit satellite)이란 적도 궤도면을 갖는 궤도에 지구의 자전방향과 같은 방향으로 회전하는 위성을 말한다. 이 위성은 위성의 공전 주기와 자전 주기가 같으므로 위성이 항상 제자리에 위치하는 것처럼 보여 위성을 추적할 필요가 없으며 1일 24시간 연속통신이 가능하다. 정지궤도 위성은 지표 상공 약 36,000 km 상공에 떠 있으며, 세 개의 정지궤도 위성만으로 극지방을 제외한 전세계 통신망을 커버할 수 있어 국내 및 국제 통신용 위성 방식으로 널리 사용된다(무궁화 위성 1, 2, 3호는 바로 정지궤도 위성임). 이 위성은 통신회선의 에러율은 작으나 지상에서 거리가 멀기 때문에 전파 지연시간(최소 238 ms, 최대 278 ms)과 전송 손실이 문제가 된다. 정지궤도(GEO) 위성을 이용한 서비스는 크게 방송과 통신으로 대별할 수 있으며, 위성 서비스가 가장 크게 발달한 미국을 중심으로 위성 서비스의 종류를 살펴보면 다음과 같은 분야들로 나누어 볼 수 있다.

- 고속 전송로(T1, E1): 대용량 고속 데이터 전송용으로 언론사, 통신서비스회사 등이 주로 이용하고 있다.
- 전화 통화 회선: 종래에는 주로 FDM/FDMA 다중 접속을 사용한 국제간 대용량 통화 회선을 구축하였으나 이 후 디지털 다중 접속 방식(TDMA, CDMA 등)으로 변경되어 소용량의 전화 회선도 서비스하게 되었다. 이 서비스도 소형 기지국으로 가능하므로 보통 VSAT(소형 안테나 기지국) 서비스의 한 가지로 분류되며 망의 구성은 그물(mesh) 형태가 주류를 이룬다.
- 비디오 전송: 정지영상 내지는 동영상을 전송하는 것으로 주로 아날로그 FM 방식이 주종을 이루었으나 이 후 디지털 방식이 도입되면서 현재는 MPEG 표준에 의한 압축 방식이 사용되기 시작하고 있다. 비디오 전송 서비스는 상업적으로 가장 성공가능성이 높은 것으로 용도에 따라 위성 CATV 전송, 홈쇼핑, 강의, 오락, 취미 등의 구체적인 응용이 가능하다.

- 데이터 통신망: 주로 소형 지구국 VSAT 망에 의한 저속, 양방향 데이터 전용망으로서 효율적인 저가격 망 구축이 성공의 열쇠이다. 전송 방식은 주로 TDM/TDMA에 의존하며 성형(star)망이 주류를 이룬다. 최근 기술의 발달로 인하여 VSAT 방식은 데이터 및 음성을 모두 서비스할 수 있고 접속 방식도 TDM/TDMA 등의 디지털 접속 방식이 제공되고 있다. 특히 데이터 방송은 지상방송 서비스에서도 지금까지 제공되지 않았던 새로운 서비스 분야로 전자 신문의 뉴스 전송, 증권정보 제공, 전자 출판, 광고, 홈쇼핑 등을 예로 들 수 있다. 국내에서는 아직 데이터 방송에 대한 인식도가 낮아 정부 차원에서의 추진도 약한 편이지만, 이웃 일본에서는 위성 방송에 관심이 있는 기업들이 자체적인 조직을 결성하여 기술 표준을 제정 중이고 일본 정부에서도 이러한 활동을 적극적으로 도울 만큼 활성화 단계에 와 있다.
- 기타 서비스: 대표적인 예로 SNG(Satellite News Gathering) 서비스를 들 수 있다. SNG는 이동 차량에 의한 현지 중계를 위성을 이용하여 수행하는 것으로서 종래의 중계 방식보다 훨씬 효과적이다. 이러한 SNG는 최근 한국통신을 통해 도입되었으며, 데이콤도 참여하여 경쟁 체제를 이루고 있고 방송 사업자들에 의해 점차 도입이 확대될 전망이다.

〉〉 저궤도 · 중궤도 위성

저궤도 위성은 지구 상공 6000 km에 수분 주기를 갖고 돌며, 중궤도위성은 지구 상공 10000 km에 수 시간의 주기를 갖고 돌고 있는 위성을 말한다. 각 위성은 지구국 간에 위성이 마주 보이는 시간에만 통신할 수 있으며, 상시 통신망을 확보하기 위해서는 많은 위성을 사용해야 한다.

최근에는 이동통신의 동기식방식에 적용되는 위성궤도이다. (이리듐, 글로벌 스타 등 저궤도 위성이 여기에 속함). 이 위성은 정지궤도 위성이 커버하지 못하는 극지방에서의 통신도 가능하고 낮은 궤도에 띄워져 있어 전파 지연 및 전송 손실은 작으나, 여러 개의 위성을 운용해야 하기 때문에 비용이 많이 들게 된다.

저궤도 위성 시스템의 서비스는 음성, 데이터, FAX, 위치 정보 서비스 등의 기능을 목표로 하여 수십 개의 위성을 지상 1000 Km 정도의 궤도에 띄워서 지구 어디에서나 통신이 가능하게 한다. 이 시스템의 기술적 핵심은 위성 간의 거리가 가까우므로, 적은 전력으로 통신이 가능하다는 점, 정지궤도에서와 같은 전송 지연을 염려할 필요가 없다는 점 등이며, 따라서 작은 단말기로 세상 어디에서나 통화가 가능한 위성 이동통신의 실현이 가능하다는 점이다. 따라서 비록 통화요금은 좀 비싸더라도, 지상 이동통신망으로는 불가능한 영역에서의 이동통신 서비스를 제공한다는 장점이 크게 발휘할 것으로 기대된다.

우리나라의 인공위성 개발단계

1992년	우리별 1호 발사
1993년	우리별 2호 발사
1995년	통신방송위성 무궁화 1호 발사
1996년	통신방송위성 무궁화 2호 발사
1999년	소형과학위성 우리별 3호 발사
1999년	통신방송위성 무궁화 3호 발사
2006년	통신방송위성인 무궁화 5호 발사
2008년	소형위성 발사체(KSLV-I) 개발완료
2009년	정지궤도위성인 통신해양기상위성 발사 예정
2010년	다목적실용위성 5호 발사예정

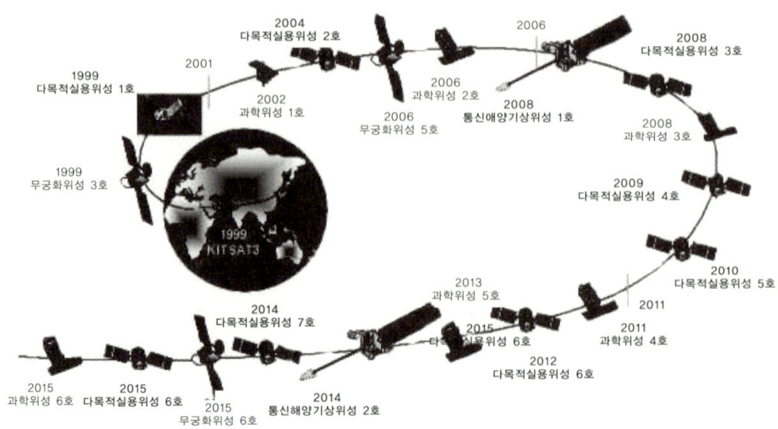

[그림 3-25] 국내인공위성의 개발현황 (출처: 한민족과학기술자네트워크)

〉〉 무궁화 위성 서비스

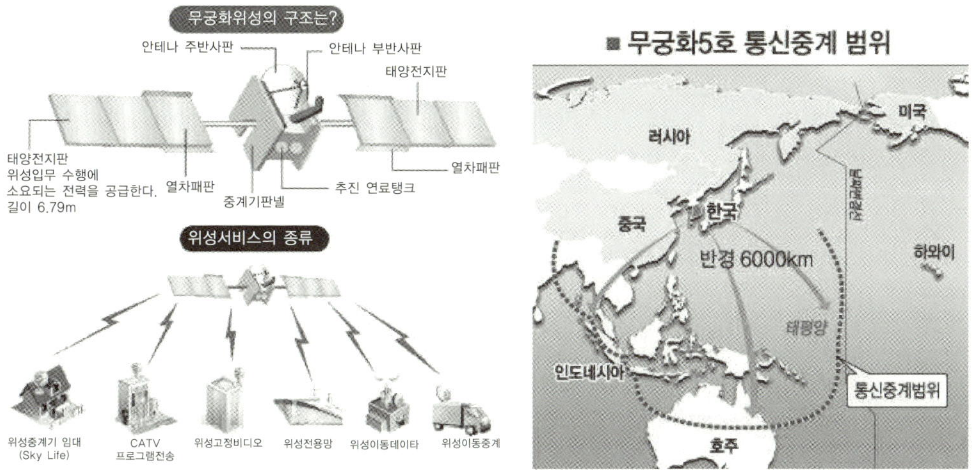

[그림 3-26] 무궁화호 위성의 구조 및 중계범위

▶ 직접 위성방송 서비스 (DBS)

방송사에서 위성으로 송신한 TV 프로그램을 전국 어디에서나 각 가정에 설치된 안테나를 이용하여 개별 또는 공동으로 동질의 화면을 수신할 수 있는 서비스이다. 전국 어디에서나 직경 40 Cm 정도의 전용 안테나만 있으면 수신이 가능하고 무궁화 위성에 탑재되어 있는 27 MHz 방송용 중계기 세 대를 이용하여 12개의 채널이 운용 가능하다.

▶ 위성 기업 통신망 서비스 (VSAT)

위성 기업 통신망은 고출력 증폭기와 대형 안테나를 갖춘 중앙 지구국(HUB station)과 다수의 소형 지구국으로 구성된 별 모양 통신망이다. 중앙 지구국은 고전력 증폭기나 대형 안테나를 갖춘 지구국으로 주요 도시 기업체 본사의 주컴퓨터 등과 연결되며 VSAT단말국은 소형 안테나를 설치하여 주 컴퓨터와 2,048 Mbps까지의 전송속도를 가진 데이터, 전화 및 영상회의 등에 이용될 수 있다. 패킷 형태의 통신을 이용해 TDMA 방식으로 수백 개 소형 지구국이 자신의 중심 지구국과 통신하며, 중심 지구국은 시분할 다중화(TDM) 방법을 이용하여 다수 지구국에 필요한 정보를 송신한다. VSAT 망의 주된 특징은 단방향 및 양방향 통신을 자유롭게 구성할 수 있으며, 산간벽지 혹은 공사현장 등 어디에서든지 통신망의 구성이 가능하고 1 : N의 형태이므로 지상망보다 구축 비용이 저렴하다.

▶ 위성 비디오통신 서비스

지상 TV 중계망 대신에 위성을 이용하여 전국 비디오 통신망으로 연결하는 것을 위성 비디오 통신이라 한다. TV 및 CATV 등과 같은 영상 및 음성신호를 전송하는 서비스로 영상 전송 품질이 6 Mbps급 미만인 단방향 영상 중계가 가능하다. 이 서비스를 이용할 경우 기존 중앙 및 지방 방송국 간에 상향 혹은 하향 정보 전송이 가능하며, CATV 프로그램 공급자가 유선방송 사업자에게 프로그램 공급이 가능하고, 기업의 사내방송, 분교를 갖는 대학에서의 원격 교육, 교회 등에서의 원격 선교 등의 목적으로 이용할 수 있다. 또한 이동 가능한 송출 장치를 통해 뉴스의 장거리 송수신이 가능하며 지상 위치에 상관없이 통신이 가능하므로 재해 및 긴급재난에 유리한 통신이다.

▶ 위성 디지털 회선 서비스

공중 통신망이나 기업 사설 통신망에 고속 전송으로 제공하는 서비스로서 위성을 이용하여 대도시 간 시외통신망 및 전화국 간 중계 전송로를 구성하여 통화량 폭주 및 지상 통신망에 장애가 발생했을때 장거리 기간 전송로(PSTN, PSDN, CSDN)에 대한 백업용이나 주전송로로 이용할 수 있다. 다수의 자회사를 갖는 통신량이 많은 대기업, 행정, 금융기관, 언론사 등에서 음성, 고속 데이터, 영상 회의 등을 위한 고속 전용회선을 구축함으로써 기업 내 종합통신망으로도 이용될 수 있다.

〉〉 위성통신의 장점

- 넓은 범위의 지역에서의 통신
- 고속 광대역 통신
- 동보성
- 적은 에러율과 통신 품질 균일
- 통신 비용 감소
- 그 밖의 장점

- 위성통신은 통신망을 신속하게 건설할 수 있을 뿐 아니라 지구국의 트래픽 변동에 신속하고 유연하게 대응할 수 있다.

〉〉 위성통신의 단점

- 전송 지연 발생
- 큰 전파 손실
- 위성 일식의 영향
- 대 점 (Point-to-Point) 회선만 구성 가능
- 그 밖의 단점

- 위성통신을 수행하기 위해서는 암호화 장비 및 대형 지구국 안테나가 필요하다. 위성의 경우에는 수명이 짧고 위성에 고장이 발생할 경우 수리하기 어려운 점이 있다.

〉〉 위성통신의 이용 분야

위성통신은 고속 광대역 통신이 가능하고 적은 에러율을 가질뿐 아니라 통신 품질이 균일하기 때문에 많은 분야에서 응용되고 있다. 예를 들면

- 장거리 전화통신, 텔렉스
- 데이터통신, ISDN 서비스
- 직접 위성방송 서비스(DBS; Direct Broadcasting Service)
- HDTV 방송, 복합 위성방송 서비스
- GMPCS (이리듐, 글로벌스타, 오딧세이, ICO, 오브콤 등)
- VSAT(Very Small Aperture Terminal : 개인이 가지고 다니는 초소형 지구국 시스템)에 사용되고 있다.

〉〉 GPS

GPS(Global Positioning System)는 1970년대 초 미국 국방성에 의해서 개발되어 1990년대 중반부터 실용화된 고정밀 위치 확인 시스템이다. 전체 시스템은 지구 주위를 선회하는 총 24개 이상의 위성으로 각 위성에는 세슘원자 시계와 비슘원자 시계가 탑재되어 정확한 시각정보와 궤도정보를 송신하고 있다. 현재는 미국 운수성과의 계약을 통해 민간 용도로 사용되고 있다. GPS 위성을 이용한 위치 측정 기술은 고정밀 시각 동기, 측지, 배의 항해, 자동차나 항공기 같은 이동체의 항법장치 등 여러 분야에서 이용되고 있다.

[그림 3-27] GPS 위성

보충학습 : GPS를 사용한 시간과 궤도 위치 측정

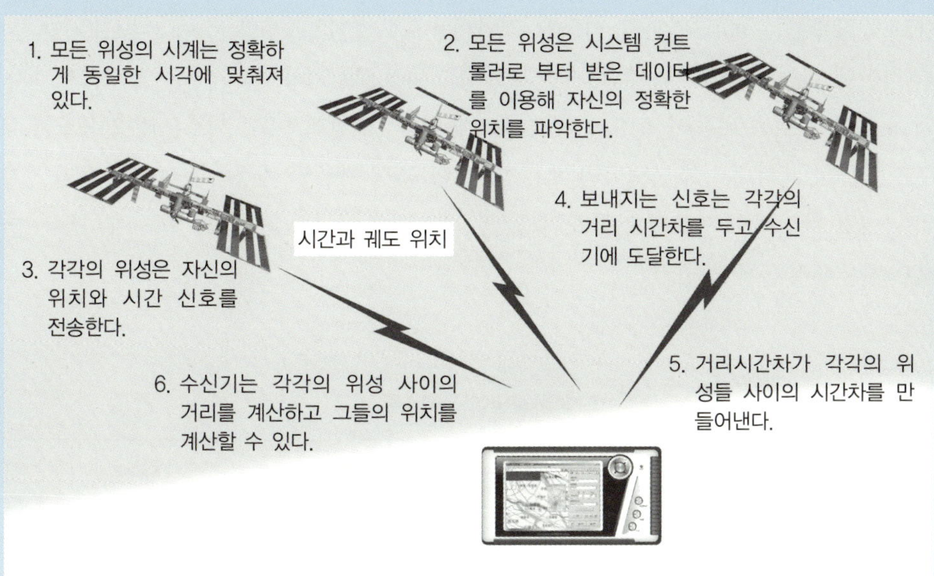

〉〉 갈릴레오 프로젝트 [Galileo Project]

갈릴레오 프로젝트는 EU에서 추진중인 항법 시스템 개발 계획이다. 이는 고도 2만3,000㎞의 궤도에 쏘아올린 30기의 인공위성 네트워크를 이용해 지상에 있는 목표물의 위치를 정확히 추적해내는 것을 목표로 하고 있다.

현재 위성추적 시스템은 미국의 GPS와 러시아의 GLONASS뿐이며 두 시스템 모두 군사적 목적으로 출발하였다. 그러나 미국의 GPS는 민간용도로 쓰이고 있다. 따라서 갈릴레오 프로젝트는 유럽이 미국에 위성 정보를 의존하고 있는 상황에서 벗어나 '정보 독립'을 확보하기 위해 추진하고 있는 핵심 기술이다.

미국은 GPS 경쟁상대 출현을 막기 위해 갈릴레오 프로젝트에 강력히 반대하였다. 그리고

EU 내에서도 독일, 영국, 네덜란드 등 일부 국가들이 갈릴레오 프로젝트에 드는 막대한 비용, 시스템의 상용화 가능성 등을 우려해 반대 의사를 표명해왔다.

EU교통장관들은 2006년까지 시스템 개발비용으로 4억5,000만 유로(3억9,200만 달러)를 투입키로 결정, 2007년위성 30기를 발사하고 2008년 상용 서비스를 개시할 때까지 총 34억 ~ 36억유로의 비용이 소요될 것이라고 밝혔다. 갈릴레오프로젝트는 민간용도를 우선시하고 있으며 계획대로 추진되다면 오는 2008년 본격 가동될 예정이다. 한편, 우리 정부도 2005년 2월 갈릴레오 프로젝트에 참여하기로 결정했으며, 2006년 1월 한·EU 정부 간 갈릴레오 기본협정이 체결되었다.

GPS와 갈릴레오 시스템 비교

위성의 고도	갈릴레오 시스템	GPS
위성의 고도	23,616 ㎞	20,200 ㎞
위성의 수	30기	24기
궤도수	3개 궤도면	6개 궤도면
궤도주기	14.4시간	12시간
사용주파수	1.1/1.2/1.2 ㎓	1.2/1.5 ㎓
무결성정보 제공여부	제공	미제공
서비스시기	2012년	제공중, 2014년 현대화
정확도	수평 4m, 수직 8m	수평13 m, 수직22 m 군용 : 수평 8m, 수직 10m
용도	민간용	민간 및 군용

CHAPTER

04 네트워크 기술

CHAPTER 04 네트워크 기술

4.1 네트워크의 개요

4.1.1 네트워크란 무엇인가?

정보는 텍스트, 오디오 및 영상의 세 종류로 나눌 수 있다. 네트워크란 이들 정보를 전화, 컴퓨터시스템, 영상 통신시스템 등의 각종 전송매체를 통해 좀더 빠르게, 어떤 곳이라도, 대량으로, 정확하게 통신을 할 수 있는 장치들의 집합체를 말한다. 네트워크는 용도, 규모 및 구조에 따라 여러 가지로 분류된다. 가장 대표적인 네트워크가 컴퓨터 네트워크이다. 컴퓨터간 통신 혹은 단말과 호스트 컴퓨터간의 데이터전송은 대부분 컴퓨터네트워크를 통해 하고 있다. 저속도의 데이터통신은 전화네트워크를 이용하기도 한다. 이와 같이 텍스트, 오디오 및 영상 등의 정보를 임의의 상대방에게 전송, 교환하는 하드웨어 및 소프트웨어 기술의 집합체가 네트워크 기술이다.

4.1.2 네트워크의 구성 요소

〉〉 논리적 구성 요소

네트워크를 논리모델로 표현하려면 [그림 4-1]과 같이 노드(Node), 링크(Link) 및 스테이션(Station)으로 구성된다. 여기서 노드는 교환기, 링크는 전송로 혹은 통신회선, 스테이션은 전화기, PC, 팩시밀리 등을 말한다. 스테이션의 경우 그것을 취급하는 사람을 포함한 기능을 나타내는 경우도 있다. 예를 들면 호스트 컴퓨터도 스테이션의 일종이다. 따라서 네트워크는 복수개의 노드와 그 사이를 연결하는 링크로 구성되고 프로세서가 서로 정보를 주고받는 시스템이라고 말할 수 있다.

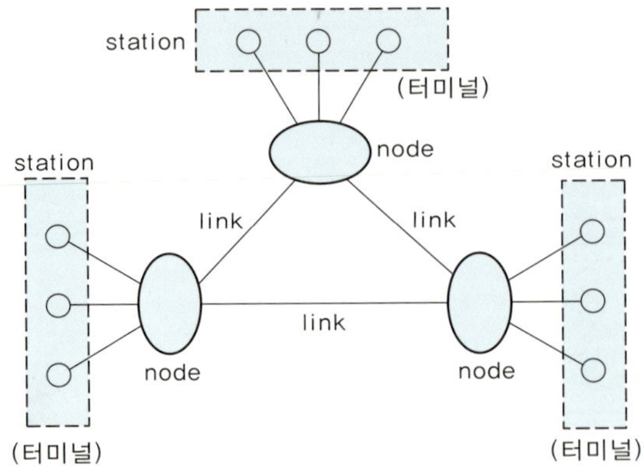

[그림 4-1] 네트워크의 논리모델

〉〉 물리적 구성 요소

네트워크의 물리적인 요소로는 물리적으로 존재하는 통신단말기, 전송기기, 교환기기, 컴퓨터 등을 말한다. 물리적인 요소는 [그림 4-2]에 나타내며, 물리적인 요소와 논리적 요소의 결합 네트워크는 [그림 4-3]에서 나타낸다.

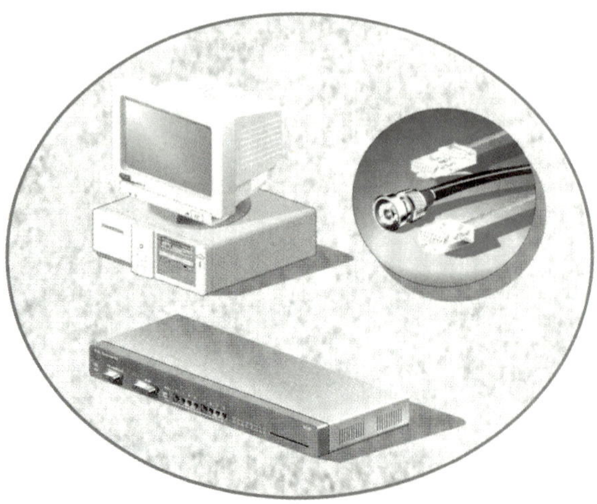

[그림 4-2] 네트워크의 물리적 요소

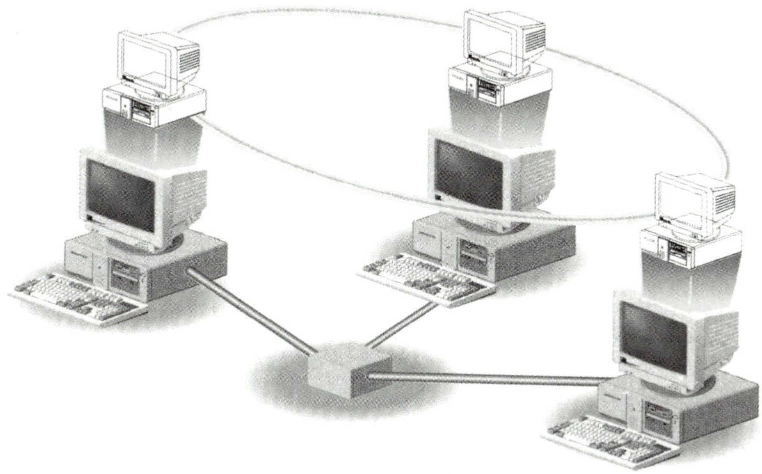

[그림 4-3] 물리적 요소와 논리적 요소의 결합 네트워크

4.1.3 네트워크의 분류

네트워크는 용도, 규모 혹은 구조에 따라 여러 가지로 분류할 수 있다. [그림 4-4]에 나타내듯이 정보내용의 관점에서 네트워크를 보여주고 있으며 전화네트워크, 컴퓨터네트워크, 영상통신네트워크로 분류할 수 있다. 그리고 서비스 종류에 따라 분류하면 공중네트워크, 전용네트워크, 이동통신 네트워크로 분류할 수 있다. 또한 네트워크의 규모, 교환 방식 또는 토폴로지(형태)에 따라 분류할 수 있다. 가장 대표적인 네트워크인 컴퓨터네트워크는 4-2절에서 설명하며, 본 절에서는 네트워크의 크기, 네트워크의 토폴로지에 따라 분류하는 것을 상세히 설명한다.

〉〉 네트워크의 크기에 따른 분류

▶ LAN (Local Area Network)

LAN은 지역적으로 수 Km 이내의 컴퓨터 시스템 간의 정보통신을 하기 위한 네트워크로서 인접한 건물의 터미널이나 컴퓨터 간을 연결한다. 네트워크가 작은 영역 안에서 형성되기 때문에 보다 안정적인 통신을 할 수 있게 된다. LAN은 기업이나 학교와 같은 통신네트워크 주체가 네트워크를 소유하고 관리하는 것이 일반적이다. 표준 LAN으로서 Ethernet과 FDDI를 예로 들 수 있다.

▶ MAN (Metropolitan Area Network)

MAN은 같은 도시 내의 LAN들이 서로 연결된 네트워크이다. MAN은 LAN과 마찬가지로 높은 데이터 전송률을 갖는다. MAN은 WAN보다는 작은 규모이고 네트워크의 대규모적인 형태가 점차 세분화되고 있는 경향이기 때문에 최근에 인기를 모으고 있는 네트워크이다.

▶ WAN(Wide Area Network)

WAN은 보통 LAN과 MAN이 함께 연결된 형태이다. WAN은 국내 전지역 혹은 세계와 연결되는 네트워크이다. 또한 WAN은 공중네트워크(public network)로 불리는데, 이는 네트워크 사업자가 통신네트워크 자원을 소유하고 가입자에게 서비스를 제공하기 때문이다. 또한 LAN과 WAN은 전송 속도에 있어서도 차이가 있다. WAN은 일반적으로 Kbps정도로

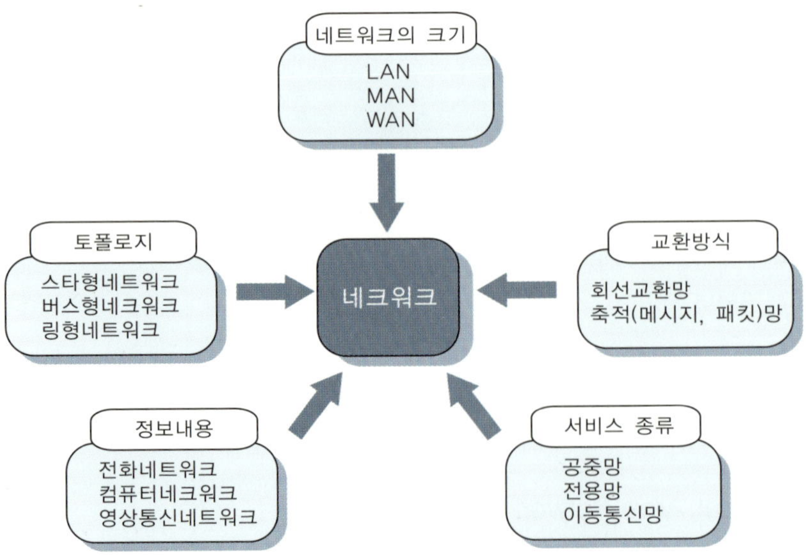

[그림 4-4] 네트워크의 분류

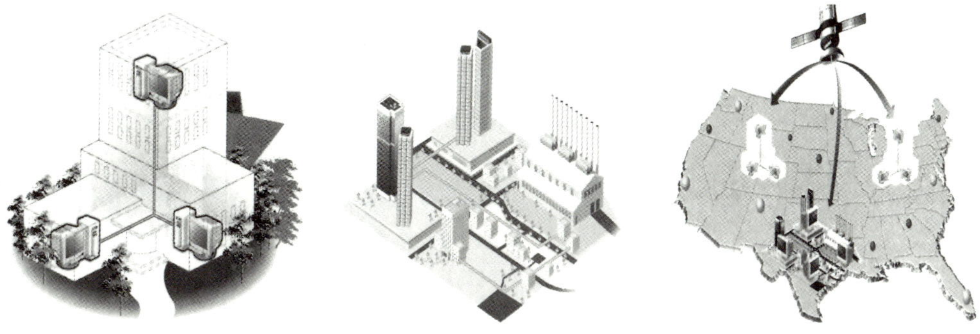

(a) LAN (b) MAN (c) WAN

[그림 4-5] 네트워크의 크기에 따른 분류

동작하는 반면에 LAN은 Mbps정도로 동작한다. WAN은 넓은 지역을 네트워크로 연결하고 있기 때문에 LAN에 비해서 에러율이 높다.

〉〉 네트워크의 토폴로지에 의한 분류

토폴로지는 네트워크를 구성하는 노드와 이들 노들간의 연결 상태에 대한 기하학적인 배치를 의미하며 "통신네트워크 구조"라고도 한다. 토폴로지의 대표적인 스타(Star) 구조, 링(Ring) 구조, 버스(Bus) 구조, 하이브리드(Hybrid) 구조가 있으며, [그림 4-6]에 나타내었다.

스타 구조는 네트워크 중심에 교환기 등의 노드를 두고 그것에 복수의 단말을 방사적으로 연결한 방법이다.

링 구조는 각 노드를 루프형으로 접속한 형태이다. 회선을 공유하기 때문에 회선의 길이가 짧고 제어도 간단하다. 그러나 트래픽이 많아지면 회선용량이 부족한 경우가 발생한다.

버스 구조는 데이터가 전송되는 공통의 고속버스에 호스트컴퓨터나 컴퓨터 등의 각종 노드를 접속하는 형태이다. 주로 LAN에 사용된다. 또 다른 구조로는 스타 구조, 링 구조, 버스 구조들이 서로 다른 구조와 혼합된 형태로 하이브리드 구조가 있다.

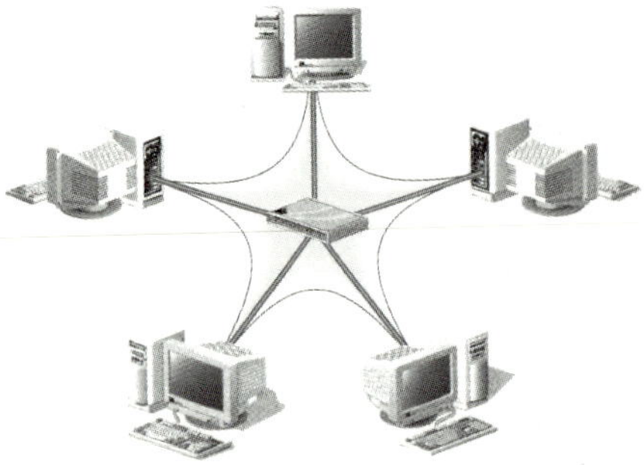

(a) Star형

(b) Ring형

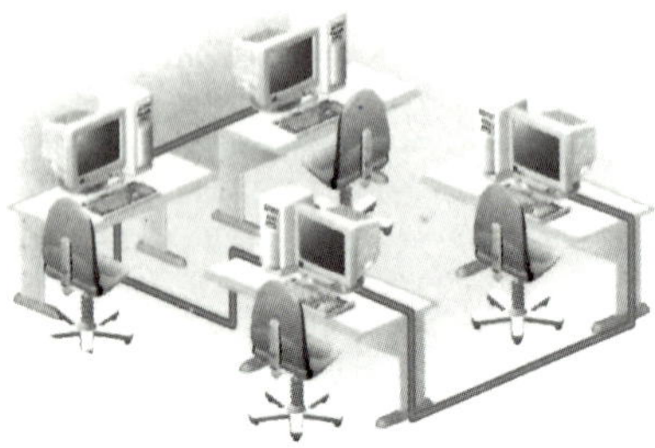

(c) Bus형

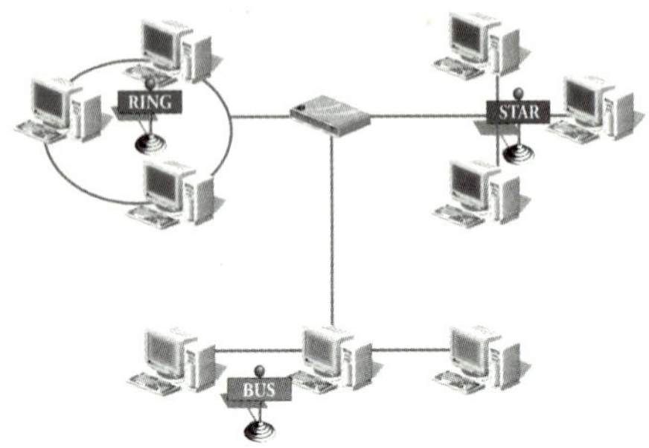

(d) hybrid형

[그림 4-6] 네트워크 토폴로지의 종류

4.2 컴퓨터 네트워크

컴퓨터 네트워크란 컴퓨터자원을 다수의 사용자가 공동으로 이용하는 것을 주목적으로 하여 독립된 기능을 갖는 컴퓨터 또는 이를 주체로 한 단말장치 등을 통신네트워크를 거쳐서 상호 접속한 네트워크를 말한다. 초기에는 컴퓨터가 단독으로 사용되었기 때문에 네트워크와는 무관하였으나 컴퓨터의 대형화에 따라 [그림 4-7] (a)와 같이 호스트 컴퓨터에 통신회선을 매개로 복수의 단말을 연결하여 사용하게 되었다. 이것이 컴퓨터 네트워크의 시작이다. 그 후 단말수와 종류가 증가하고 컴퓨터 기능도 더욱 다양화됨에 따라 복수의 단말로부터 회선을 모아 중계하여 연결하는 형태와 복수의 호스트컴퓨터를 데이터통신회선으로 상호 연결하는 [그림 4-7]의 (b)와 같은 형태가 등장했다. 지금은 데이터통신네트워크와 같은 공중데이터통신네트워크(PSDN)를 이용하기도 하고 LAN 등으로 연결된 것을 외부와 연결하는 [그림 4-7]의 (c)와 같은 형태로 발전하고 있다. 네트워크가 진화할수록 원활한 데이터통신을 위해서는 각 네트워크를 만족하는 적절한 프로토콜을 사용해야 한다. 실제로는 프로토콜 변환을 하는 게이트웨이를 통해 종류가 다른 두 개의 네트워크를 연결하지만 최근에는 표준 프로토콜을 이용해 상호접속을 쉽게 하는 추세이다. 본 절에서는 컴퓨터 네트워크의 구성형태와 필요한 하드웨어/소프트웨어를 설명하고 네트워크 프로토콜과 OSI모델에 대해 상세히 설명한다.

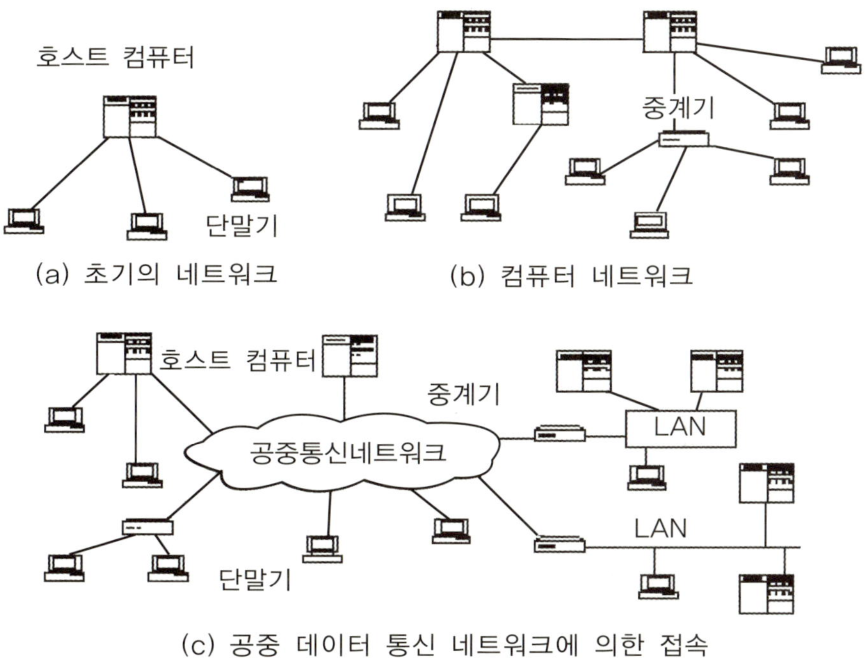

[그림 4-7] 컴퓨터 네트워크의 발전과정

4.2.1 클라이언트-서버와 피어-투-피어

〉〉 클라이언트-서버 네트워크

서버(Server)는 '봉사자' 라는 뜻으로 서버는 네트워크 상에서 각종 프로그램 파일과 데이터를 가지고 있는 것으로, PC가 될 수도 있고 워크스테이션, 미니, 중대형급 컴퓨터도 될 수 있다. 네트워크의 핵심에 해당된다고 보아도 무방하다.

한편 클라이언트(Client)는 "고객"이라고 하며 하드웨어적인 구분으로 PC와 워크스테이션으로 노드(Node)라고 표현하기도 한다. 한 컴퓨터가 네트워크에 접속되는 경우 이 컴퓨터는 클라이언트가 된다. 전통적인 컴퓨터 네트워크 개념은 클라이언트-서버 시스템을 의미한다고 봐도 무방하다. 네트워크는 서버와 클라이언트, 네트워크 인터페이스 카드(NIC)와 케이블링 시스템, 공유할 기자재 및 네트워크 운영체제로 구성된다. 서버는 MS-DOS, OS/2, UNIX 운영체계를 다 지원한다. 클라이언트-서버 네트워크를 [그림 4-8]에 나타내었다.

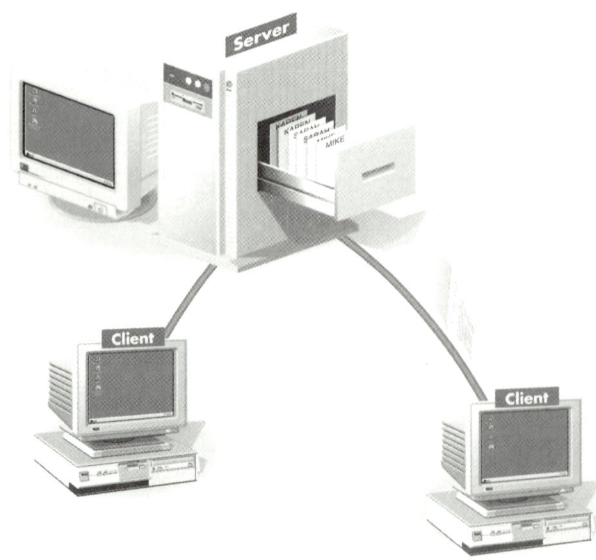

[그림 4-8] 클라이언트-서버 네트워크

〉〉 피어-투-피어 네트워크

피어(Peer)란 서버 또는 클라이언트의 개념과 상반되는 것으로, 동료 또는 대등한 사람을 뜻한다. 즉, 어느 한쪽도 봉사자가 되거나 고객이 되는 일이 없이 동등하게 작동하는 네트워크를 뜻하는 것으로, 피어-투-피어 방식은 네트워크에 연결된 각각의 컴퓨터가 클라이언트 혹은 서버로 운영되는 것으로 클라이언트-서버 방식이 클라이언트이면 클라이언트, 서버이면 서버의 한 가지 기능만으로 운영되는 것과는 차이가 있다.

예를 들어 A, B, C의 컴퓨터로 구성되는 네트워크를 살펴보자. 피어-투-피어 방식을 사용하는 경우 A, B, C 3개의 컴퓨터 모두 클라이언트와 서버로 동작할 수 있다. A는 B의 서버가 되는 동시에 C의 클라이언트가 될 수도 있고 B는 A의 클라이언트지만, 어느 순간 A와 같은 서버가 될 수도 있는 것이다. 다시 말해 각 컴퓨터는 필요에 따라 얼마든지 클라이언트와 서버로 사용할 수 있다는 것이 피어-투-피어 네트워크의 특징이다. 피어-투-피어 네트워크는 클라이언트-서버와 달리 전용서버가 존재하지 않으며 각 노드가 동등하게 파일 서버 역할을 수행하면서 각 네트워크 노드의 여러 가지 자원들을 공유하게 해준다. 클라이언트-서버 네트워크와는 달리 노드와 노드 간의 메시지 전달은 서버를 거치지 않고 직접 둘 간에 이루어진다. 피어-투-피어 네트워크 구조를 [그림 4-9]에 나타낸다.

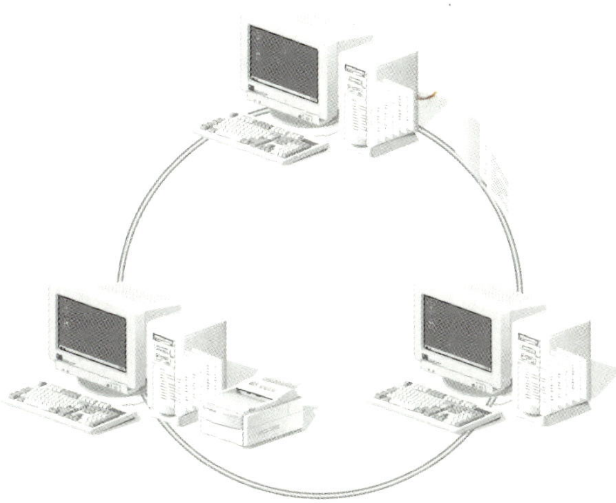

[그림 4-9] 피어-투-피어 네트워크

4.2.2 컴퓨터 네트워크의 하드웨어/소프트웨어

〉〉 하드웨어

네트워크의 하드웨어는 네트워크를 만드는 물리적인 요소로 컴퓨터서버, 컴퓨터, 저장장치, 프린터, 네트워크 케이블, 네트워크 인터페이스 카드, 인터네트워킹 장비 등을 가리킨다.

▶ 서버 컴퓨터

디스크에 담겨있는 소프트웨어 및 데이터를 공유할 수 있게 해주며 프린터의 사용, 디스크의 백업 등과 같은 자원의 공유를 가능하게 해준다. 미니 컴퓨터나 대형 컴퓨터 등과의 통신에 필요한 기능을 제공하고 공중네트워크의 이용을 가능하게 한다. 네트워크 상의 자원을 제어, 관리를 하며 시스템의 보안을 유지하는 기능을 제공한다. 서버는 전용 서버와 범용 서버가 있는데, 전용 서버는 네트워크 서비스를 위해 특별히 설계된 전용컴퓨터로 범용 서버에 비해 기능이 우수하다. 파일 서버, 팩스 서버, 응용 서버 등 서버의 종류를 [그림 4-10]에 나타낸다.

(a) 서버 컴퓨터

(b) 서버 컴퓨터의 종류

[그림 4-10] 서버 컴퓨터

[그림 4-11] 네트워크 케이블

▶ 네트워크 케이블

노드 간을 연결시키는 매개체로서 동축 케이블(THIN, THICK), 트위스트 페어(UTP, STP), 광 파이버 케이블, 무선 시스템 등이 있다.

▶ 네트워크 인터페이스 카드

네트워크 인터페이스카드(Network Interface Card 이하 NIC)는 일반적으로 PC의 확장 슬롯 내에 장착하는 보드로써, 데이터 워크스테이션 또는 서버로부터 네트워크로 이동한다든가 네트워크에서 컴퓨터로 이동하기 위한 통로의 역할을 수행한다. 즉 네트워크 전송매체와 노드 간을 연결시키는 역할을 한다. 인터페이스 버스 방식에 따라 8비트, 16비트(ISA), 32비트(EISA) 용으로 나눈다. 제품으로 3COM사, Intel사, Novel사의 LAN 카드와 대만제 LAN 카드가 주로 사용된다. 3Com사의 대표적인 LAN 카드인 EtherLinkIII와 노트북에 사용되는 PCM-CIA 카드, 컴퓨터 본체와 LAN 카드의 접속을 [그림 4-12]에서 보여준다.

(a) 3Com사의 EtherLinkIII

(b) 노트북용 LAN 카드

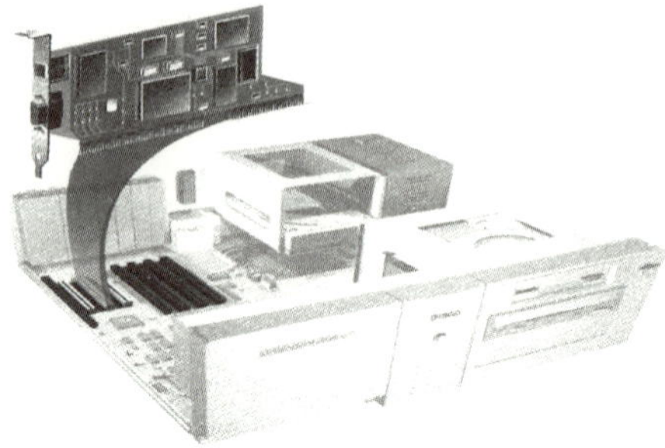

(C) 컴퓨터 본체와 LAN 카드의 접속

[그림 4-12] 네트워크 인터페이스 카드

▶ 트랜시버 (Transceiver)

10BASE5 백본 케이블과 PC를 연결하기 위한 케이블로서, 전송속도 10 Mbps에 대한 송수신 케이블상에 발생하는 충돌 검출 기능이 있다.

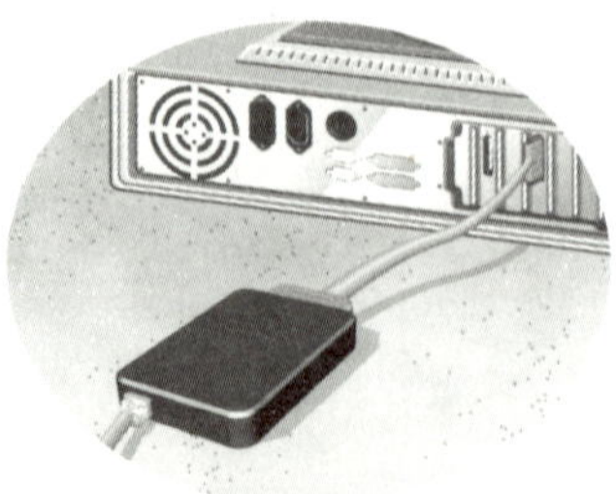

[그림 4-13] 트랜시버

〉〉 인터네트워킹 장비

별개의 네트워크를 하나의 통합된 네트워크로 연결하는 방법, 연결하는 과정 등을 일컬어 인터네트워킹(Internetworking)이라 한다. 인터네트워크를 구성하는 장비로는 허브(Hub), 리피터(Repeater), 브릿지(Bridge), 라우터(Router), 게이트웨이(Gateway) 등이 있다.

▶ 허브 (Hub)

네트워크상의 모든 컴퓨터(클라이언트)는 반드시 전송매체를 통해서 서버에 연결되어야 한다. 그러나 서버는 보통 하나의 네트워크 인터페이스 카드만을 가지고 있기 때문에, 서버에 네트워크상에 있는 모든 컴퓨터를 연결하는 것은 사실상 불가능하다. 여러 대의 컴퓨터를 수용하기위해 네트워크는 허브를 사용할 수 있다. 이러한 허브는 전송 중 깨진 수신 신호를 복원하여 다른 포트에 송신하고, 신호의 충돌 검사를 행하는 리피터의 기능을 수행한다. 또한 점대점(Point-to-Point) 연결을 위한 장비로 사용되거나, 사무실내에서 사용되고 10BASET 케이블을 접속하여 사용된다. 단순한 기능만을 지닌 더미(Dummy)형과 FDDI, 라우터 기능, 네트워크 관리모듈인 SNMP(Simple Network Management Protocol)을 장착하도록 고안된 인텔리전트(Intelligent)형 허브가 있다. 허브와 컴퓨터의 연결구성을 [그림 4-14]에서 보여준다.

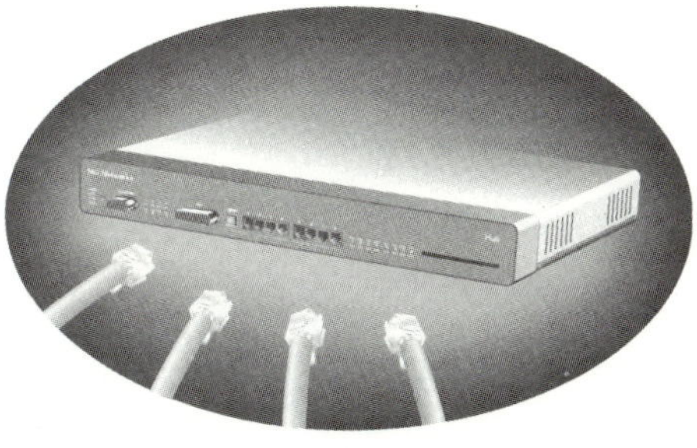

(a) 허브

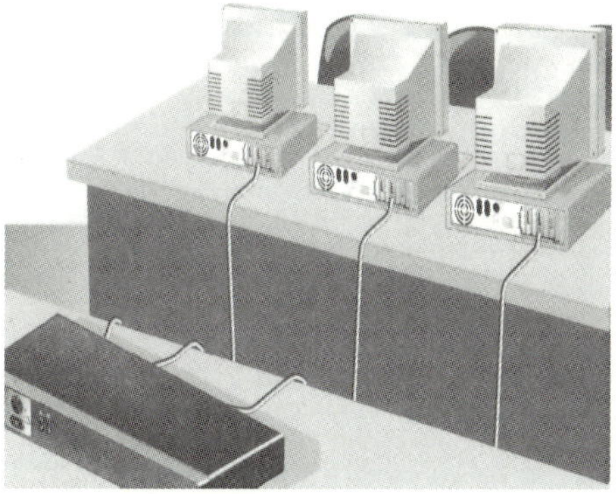

(b) 네트워크 구조

[그림 4-14] 허브

▶ 리피터 (Repeater)

리피터는 물리층이 서로 다른 네트워크간이나 일정거리 이상 떨어진 네트워크간을 접속하는데 사용된다. [그림 4-15] (c)와 (d)에서와 같이 단순한 신호의 증폭과 데이터를 변환시키지 않고 그대로 재생 중계하는 기능을 가지고 있기 때문에 재생기로 불리기도 한다. OSI 제1계층인 물리계층에 해당되며, 동일한 토폴로지를 가진 LAN을 연결할 경우에만 사용되고, 접속되는 수가 보통 두 개까지로 제한된다. 리피터에 의해 컴퓨터 네트워크가 확장되는 모습을 [그림 4-15]에서 나타낸다.

▶ 브리지 (Bridge)

브리지는 동종의 프로토콜체계를 가진 네트워크를 연결하는데 사용되는 고속의 스위치 장치이다. [그림 4-16]에서와 같이 리피터와 기능이 유사하나 필터링(Filtering), 포워딩

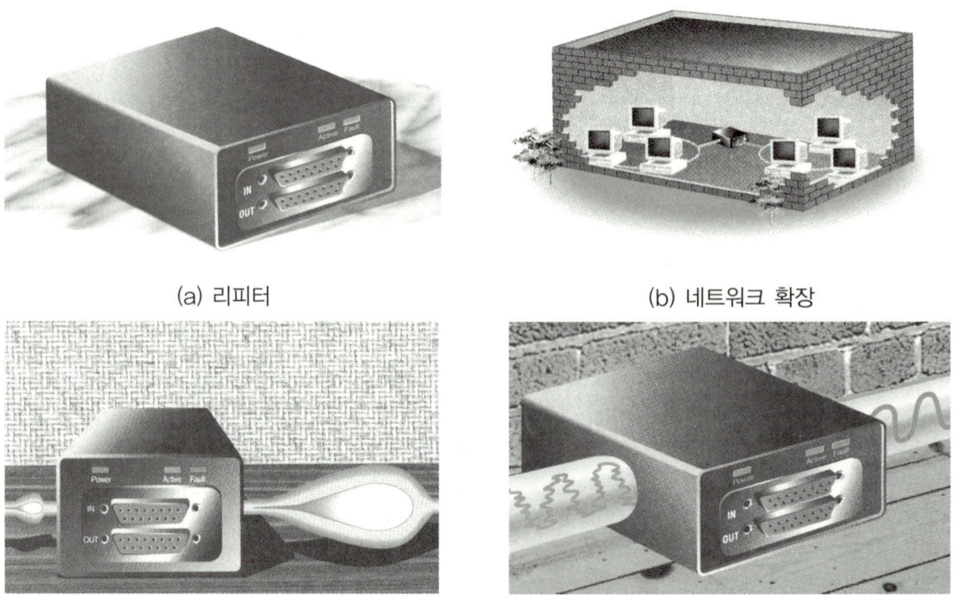

(a) 리피터 (b) 네트워크 확장

(c) 신호증폭 (d) 신호재생

[그림 4-15] 리피터

(a) 브리지

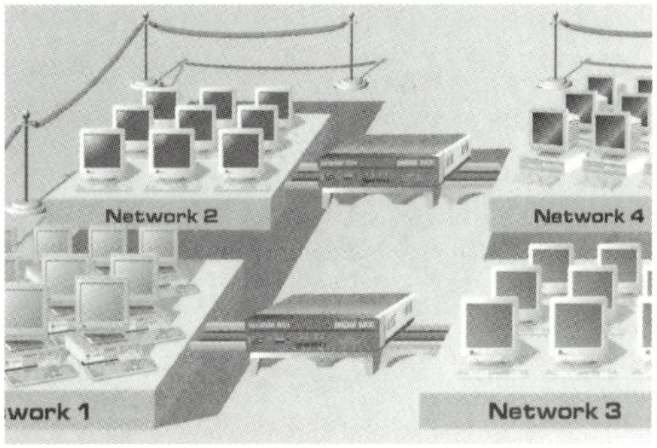

(b) internetworking

[그림 4-16] 브리지

(Forwarding)을 통하여 네트워크에 대한 트래픽을 제어하는 기능을 가지고 있다. OSI의 제 2계층에 해당한다. 브리지는 모든 패킷을 하나의 네트워크에서 다른 네트워크로 그대로 보내주며 패킷이 전송되기 전에 패킷의 행선지를 다시 한 번 점검해 전송이 필요하지 않는 경우에는 전송을 방지해 그 방향으로는 패킷을 보내지 않는다. 2계층에서는 어드레싱(Addressing)만이 인식되어 동작되며 네트워크의 프로토콜과는 관계없게 된다. 따라서 브리지는 네트워크의 프로토콜에 독립적이라고 불린다. 작은 네트워크들이 브리지에 의해 모여 하나의 네트워크를 이루는 것을 [그림 4-16]에서 보여준다.

▶ 라우터 (Router)

라우터는 LAN과 LAN을 연결하거나 LAN과 WAN을 연결하기 위한 상호연결 장비로 최적의 경로를 설정하는 라우팅기능을 가지고 있다. 라우터는 [그림 4-17]과 같이 브리지와 기능이 비슷하고 여러 개의 작은 네트워크를 서로 연결하여 실제 하나의 네트워크처럼 운영되게 해준다. 라우터는 네트워크의 어드레스를 보고, 패킷을 저지시키거나 통과시키거나 하면서 데이터 패킷의 전송루트를 결정한다. 라우터는 네트워크 관리자가 각각의 루트정보를 직접입력해주는 정적(static) 라우터와 유용한 루트를 자동으로 정할 수 있는 동적(dynamic) 라우터가 있다. OSI의 제 3계층에 해당되며, 3COM, 시스코(CISCO), Bay Networks, HP사 등의 제품이 있다.

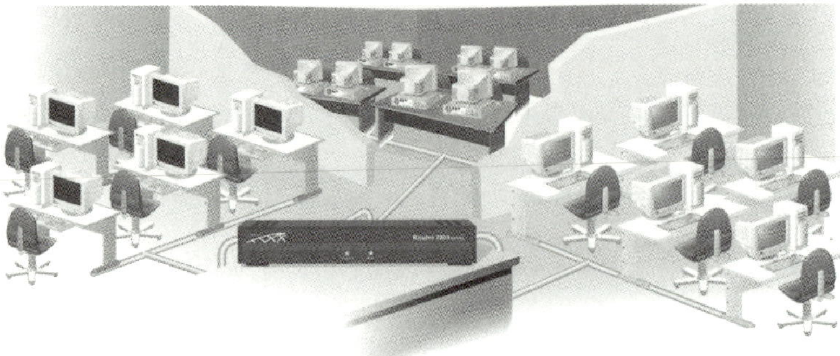

(a) 라우터에 의한 네트워크 연결

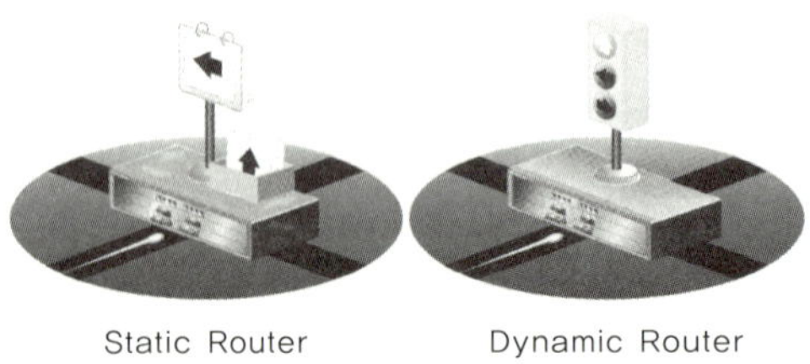

(b) 라우터의 형태

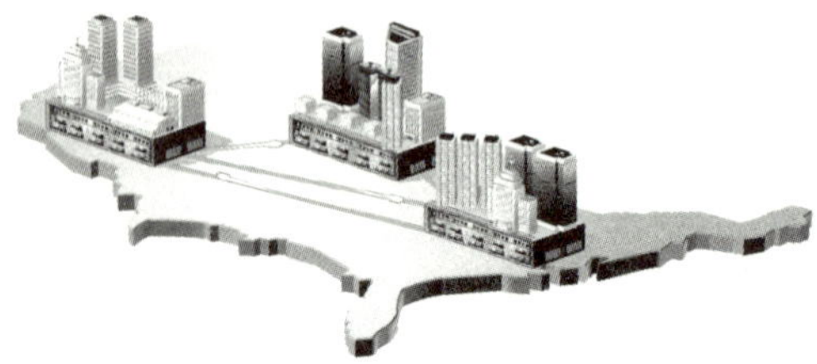

(c) WAN의 연결

[그림 4-17] 라우터

▶ 게이트웨이 (Gateway)

게이트웨이는 전송매체나 네트워크의 구조가 다른 네트워크 간을 연결시켜 주는 장치이다. 게이트웨이는 라우터의 기능뿐 아니라 프로토콜의 변환을 하는 기능도 가지고 있다. 하드웨어와 프로토콜, 네트워크 운영체제가 전혀 다른 컴퓨터, 대형 기종, 미니급 컴퓨터 등 네트워크에서 사용되는 서로 다른 프로토콜을 변화시켜 결합시켜 준다. [그림 4-18]에서와 같이 두개의 서로 다른 네트워크의 특성을 상호 변환시켜 호환성 있는 정보를 전송할 수 있게 해준다. 전송속도 차이의 변환, 프로토콜 변환, 주소변환 기능 등이 있다. 즉 OSI의 모든 계층에 해당하는 프로토콜을 변환하는 기능을 가지고 있다.

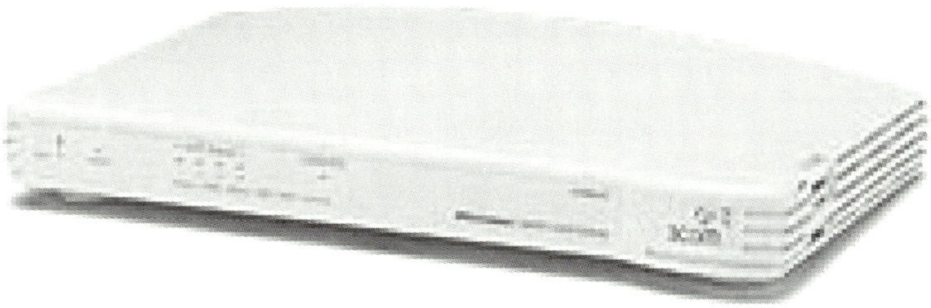

(a) HP사의 게이트웨이

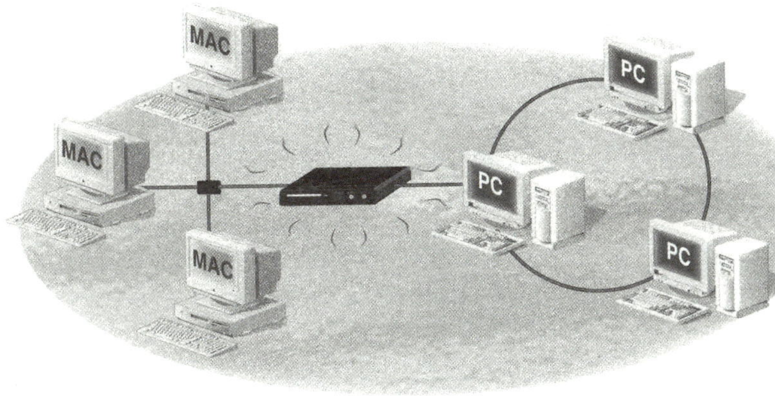

(b) 매킨토시 컴퓨터와 일반 컴퓨터 네트워크의 연결

[그림 4-18] 게이트웨이

〉〉 소프트웨어

▶ 네트워크 운영체제

네트워크 운영체제(Network Operating System, 이하 NOS)는 네트워크를 전반적으로 관리하고 제어하는 운영체제를 의미한다. 복수의 어플리케이션으로부터 동시에 서비스를 요청받아 네트워크자원을 효율적으로 사용할 수 있도록 브릿지 기능, 다중 서버 지원 기능, 다중 유저 지원 기능, 보안 기능, 관리 기능을 가지고 있다. 파일 서버에 장착되며, 네트워크

[그림 4-19] 네트워크 운영체제

를 구성하는데 있어서 가장 큰 비중을 차지한다. 네트워크 운영체제 시장은 예전에는 Netware와 Lan Manager가 전체 시장의 약 80% 이상을 차지하였으나, 현재는 Windows NT와 인터넷의 급속적인 발전으로 유닉스(UNIX)계열의 네트워크 운영체제, Solaris 등의 소프트웨어가 사용되고 있다.

▶ 네트워크 관리 시스템

네트워크 관리 시스템(Network Management System, 이하 NMS)은 네트워크 전체에 대한 관리기능을 제공하는 소프트웨어 및 하드웨어로 구성되며, 네트워크 상태의 논리적인 맵(Map) 제공 및 회선, 노드의 장애 표시 기능, 성능 관리 기능 등을 가지고 있다. 네트워크 관리 소프트웨어에는 SUN사의 Network Manager와 IBM사의 Netview 등이 있으며, 장비 공급업체마다 자체의 네트워크 관리 시스템을 보유하고 있다. 네트워크 노드 수의 증가는 일반적으로 네트워크 관리에 더 많은 노력과 시간을 필요로 한다. 동시에, 여러 종류의 장치들 즉 10BaseT 허브, 브릿지, 리피터, 라우터 등과 같은 서로 다른 장비를 추가 증설하게 되면, 네트워크는 더욱 더 복잡하게 된다. 위에서 아래로의 통합, 그것은 메인프레임 컴퓨터에서 PC급의 컴퓨터까지 모두를 광대역 네트워크에 연결함을 의미하며 대기업에 이러한 경우가 많다. 네트워크 관리자는 효과적이고 효율적인 중앙 집중관리를 위하여 도구들이 필요하며 효과적인 관리는 시스템의 장애 발생시 그 장애 시간을 줄여주는 부수 효과를 가져온다.

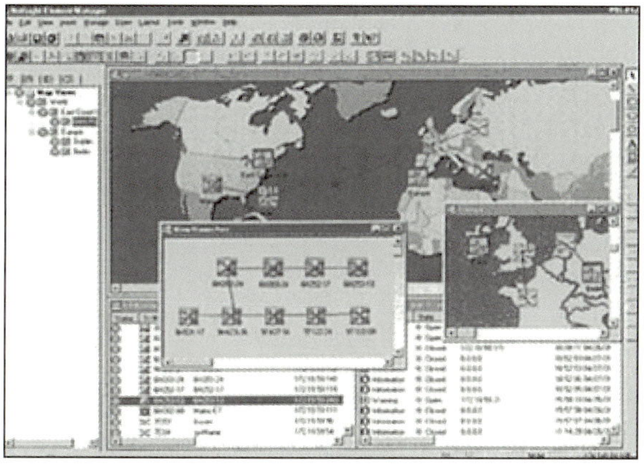

[그림 4-20] 네트워크 관리 시스템

▶ 관계형 데이터베이스 시스템

관계형 데이터베이스 시스템(Relation Database Management System, 이하 RDBMS)은 LAN을 기반으로 하는 관계형 데이터베이스 시스템으로 클라이언트-서버 방식으로 , 대표적인 소프트웨어는 MS-SQL Server, Netware SQL, Gupta SQL, Oracle, Informix, Sybase 등이 있다.

▶ 네트워크 드라이버

네트워크 인터페이스 카드와 네트워크 간에 통신에 되도록 하는 소프트웨어이다.

[그림 4-21] 네트워크 드라이버

[그림 4-22] 응용서비스

4.2.3 네트워크 서비스

네트워크 서비스는 사용자가 네트워크상에서 정보와 자원을 서로 공유하고 나누어 쓸 수 있는 서비스를 말한다. 다음과 같은 서비스가 있다.

〉〉 응용 서비스

CAD프로그램과 같이 많은 처리 능력을 요구하는 프로그램을 위하여 서버가 응용처리프로그램을 가지고 있고 클라이언트는 단지 서버로부터 프로그램을 가져와 이용하기 때문에 적은 메모리와 처리능력만을 가져도 가능하다.

〉〉 메시지 서비스

사람들이 전자메일을 주고받을 수 있도록 하는 서비스이다. 이 서비스는 [그림 4-23]과 같이 문서, 스프레드쉬트, 비디오 파일, 음성파일과 멀티미디어 형태의 정보를 빠르게 주고받을 수 있다. 전자우편을 사용하면 네트워크 내의 다른 사용자에게 편지는 물론 바이너리 파일도 전송할 수 있으며, 로그인/로그아웃 관리를 통해 근무 내용도 쉽게 파악할 수 있다. 최근에는 전자결재 제도를 운영하는 곳도 있는데, 이 시스템을 사용하면 출력한 문서를 사용하지 않고서도 결재를 대신할 수 있다.

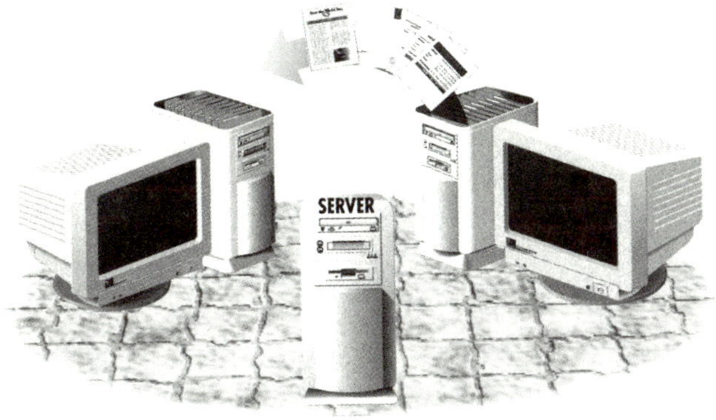

[그림 4-23] Message 서비스

〉〉 파일 서비스

각종 프로그램과 데이터 파일을 개인의 컴퓨터에 설치하지 않더라도 공동의 서버컴퓨터에 파일을 저장해 놓고 네트워크를 통해 공동으로 이용하는 서비스이다. 서버에서 파일을 관리하므로 정보의 공유가 쉽고, 정기적인 백업처리가 가능하다. 중요한 자료는 파일 서버에 저장해 둠으로 개별관리보다는 체계적인 통제 관리가 용이해진다. 그리고 각 디렉토리별로 보안 단계를 설정하여 외부로부터의 침입도 막을 수 있다.

[그림 4-24] 파일 서비스

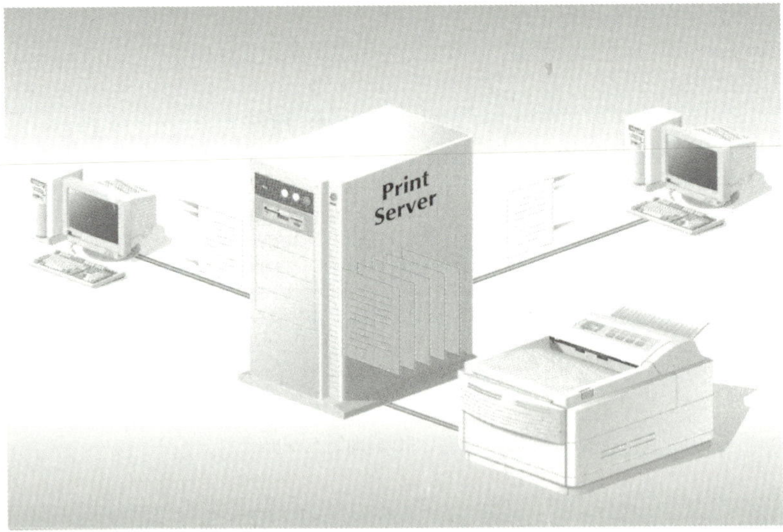

[그림 4-25] 프린트 서비스

》 프린트 서비스

여러 사용자가 네트워크상에서 하나의 프린터를 공유해서 사용할 수 있다. [그림 4-25]에서 프린터 서버는 네트워크 프린터와 직접적으로 연결되어 있고, 나머지 컴퓨터는 네트워크로 연결되어 프린트 서비스가 이루어지는 것을 알 수 있다.

》 데이터베이스 서비스

여러 가지 응용 프로그램 중에서도 특히 데이터베이스는 네트워크 환경에서 효율을 극대화할 수 있는 분야이다. 네트워크를 구축할 경우 하나의 데이터베이스를 한 번에 여러 명이 열람할 수 있으므로 하드웨어의 낭비를 줄일 수 있다. 그러나 두 사람 혹은 그 이상의 사람이 동시에 한 자료를 수정하는 경우 자료 자체가 유실될 수 있기 때문에 대부분의 네트워크 데이터베이스 프로그램은 열람할 수는 있지만 수정은 불가능한 체제로 되어 있다. 도서관, 자료실 등의 문헌 자료를 관리하는 곳이라면, 네트워크를 설치한 후 큰 비용을 부담하지 않고도 설비를 손쉽게 업그레이드할 수 있다.

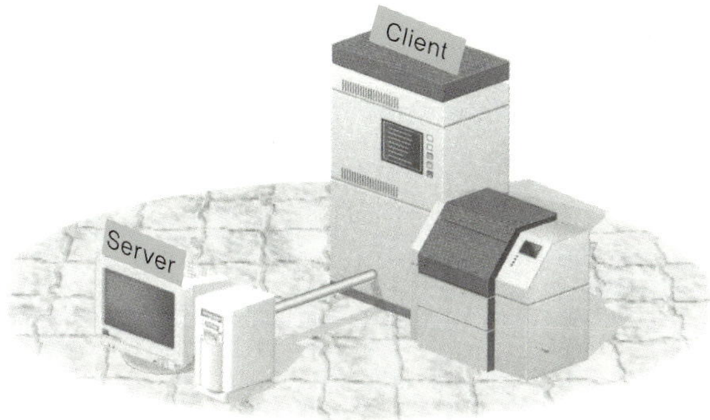

[그림 4-26] 데이터베이스 서비스

4.2.4 프로토콜과 OSI모델

〉〉 프로토콜

프로토콜은 원래 외교상의 언어로서 국가와 국가 간의 교류를 원활하게 하기 위한 외교에 관한 의례나 국가 간에 약속을 정한 의정서이다. 이것을 통신에 적용한 것이 통신 프로토콜이다. 즉 통신 프로토콜은 어떤 시스템이 다른 시스템과 통신을 원활하게 하기 위해서는 무엇을 통신하고, 어떻게 통신하며, 언제 통신을 할 것인가 하는 등의 시스템 간에 사전에 협의된 규약에 따라야 하는데 이러한 규약을 말한다.

예로서 전화의 경우를 생각해 보자. 전화를 걸기 위해 최초에 수화기를 들고 다이얼링하여 상대방이 나오는 것을 기다린다. 상대방이 나오면 "여보세요, XXX양 입니까?" , "네, 그렇습니다" , "저는 YYY입니다" 라고 상대를 확인한 후 용건에 들어간다. 이때 두 사람이 서로 다른 언어를 사용하면 의사소통이 될 수가 없다. 그러나 인간의 대화에서는 말의 전후관계, 상대방의 표정들을 통해 어느 정도 문법에 맞지 않아도 서로 간에 내용을 전달할 수 있다. 이것은 인간이 분석하고 추론하는 지능을 지니고 있기 때문이다. 그러나 컴퓨터의 경우에는 인간의 경우처럼 융통성이 없으므로, 미리 규칙을 정해놓고 이 규칙을 따르지 않으면 통신이 불가능하다. 따라서 컴퓨터가 관여하는 통신에서는 규칙, 즉 프로토콜의 확립이 필수적이다.

[그림 4-27] 프로토콜

〉〉 OSI모델

세계의 각 나라 또는 생산업체마다 제 각기의 통신 구조와 통신 프로토콜을 고안하여 컴퓨터 시스템간의 통신에 이용했다. 그러나 서로 다른 컴퓨터들을 통신회선으로 묶어 상호간에 통신하는 수요가 늘어나면서 시스템간의 호환성 문제가 대두되었다. ISO(국제 표준 위원회) 및 CCITT(국제 전신 전화 자문 위원회)를 중심으로 하여 정립된 개방형 시스템간 상호접속(OSI: Open Systems Interc onnection) 개념은 이러한 호환성의 문제를 해결하기 위한 것이다. OSI의 개방형 시스템간 상호접속을 [그림 4-28]에서 나타낸다.

OSI의 개념을 나타내는 것이 OSI 참조모델이다. OSI참조모델에서는 통신기능을 7개의 계층(Layer)로 나누어 통일시키고 있다. 다른 컴퓨터 상에 있는 두 개의 응용 프로그램이 협력하여 통신을 이루는 작업을 하나의 단위로 처리하기에는 너무 복잡하다. 따라서 문제를 관리 가능한 부분들로 나뉘어져야 한다. 계층 구조(layering)기법은 통신 기능을 수직적인 계층으로 분할하여 각 계층마다 다른 시스템과 통신을 하는 데 필요한 기능들을 수행하도록 하며, 각 계층은 바로 밑의 계층의 기능을 그대로 받아 사용한다. 각 계층은 바로 위의 계층에 서비스를 제공한다. 이와 같이 OSI에 따르는 시스템들은 모델, 서비스, 프로토콜 세 가지를 모두 똑같이 지켜야만 상호접속이 가능하게 된다.

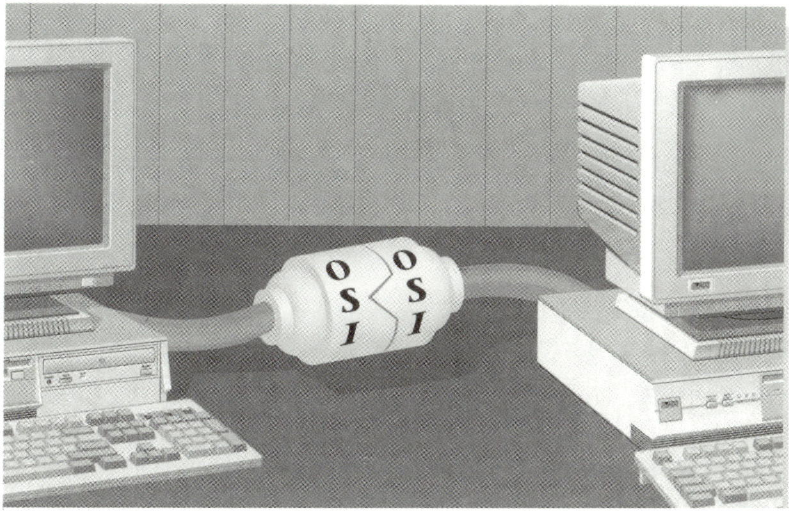

[그림 4-28] OSI의 개방형 시스템 간 상호접속

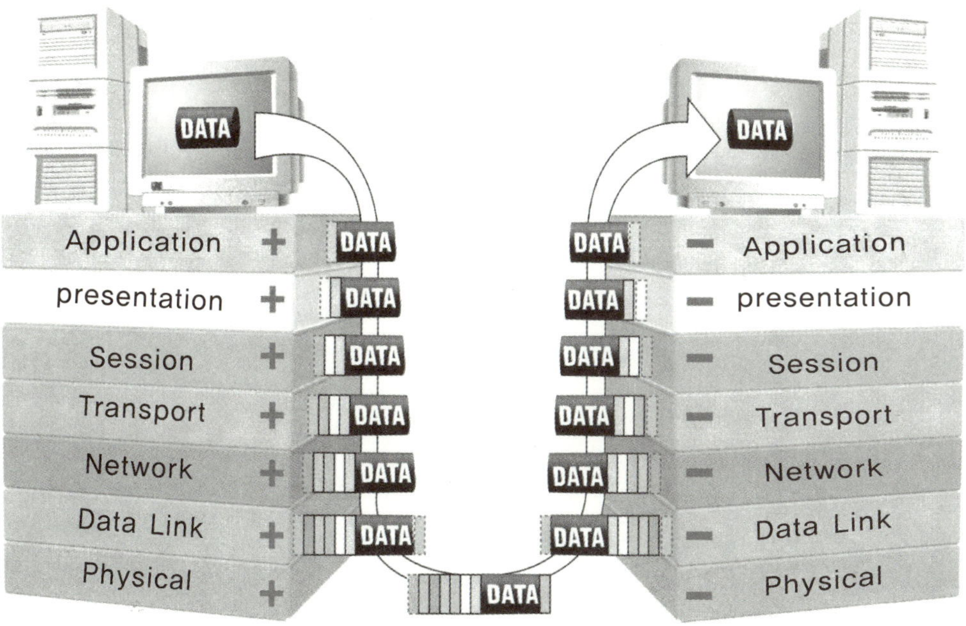

[그림 4-29] OSI 참조 모델의 7계층

〉〉 OSI 모델 7 Layers

OSI 참조모델의 7 계층은 [그림 4-29]와 같다. 이 일곱 계층들은 네트워크 안에서 어떻게 컴퓨터 데이터들이 한 지점에서 다른 지점으로 이동되는가를 정의하고 그 방법을 기술하여 준다. 계층 1, 2, 3의 세 개의 계층은 사용자의 네트워크 인터페이스 프로토콜에 관한 사항으로 어떤 한 사용자가 데이터를 네트워크에 실어서 보내고자 하는 최종 행선지까지 데이터의 훼손 없이 보내는 문제들을 다룬다. 계층 4는 전체의 메세지들이 안전하고 훼손됨 없이 완벽하게 네트워크상에서 움직이는 기능을 수행한다. 계층 5, 6, 7은 사용자/사용자절차 즉 세션, 포멧, 응용프로그램 등에 관한 사항들을 규정하고 정립하는 역할을 담당한다. 각 계층의 개요는 [표 4-1]과 같다.

[표 4-1] OSI -7계층의 기본 역할과 기능

계층		기본 역할	기능
응용 계층		사용자가 OSI 환경에 접근 가능하도록 하며, 분산 정보 서비스를 제공한다.	데이터베이스, 전자사서함, 기타 응용 프로그램
표현 계층		데이터 표현에 차이가 있는 응용 프로세서들이 그 차이에 관계하지 않도록 한다.	데이터 재구성, 코드 변환, 구문 검색
세션 계층	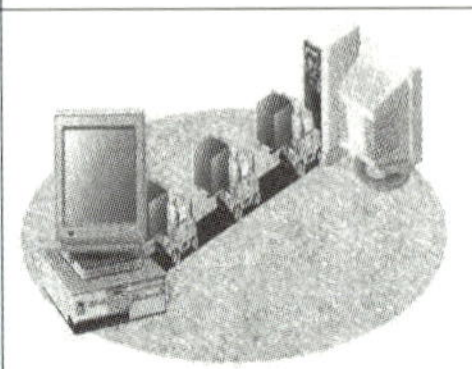	응용 사이의 연결을 설정, 관리 해제하는 통신에 대한 제어 구조를 제공한다.	연결 접속 및 동기 제어, 오류 복구
전송 계층	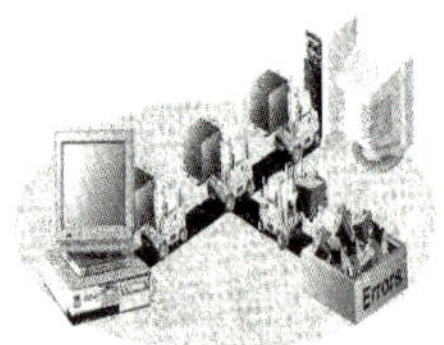	단말 사이에 오류 수정과 흐름 제어를 수행하여 신뢰성 있고 명확한 데이터 전송을 제공한다.	흐름 제어, 네트워크 주소 지정

<table>
<tr><td>네트워크</td><td></td><td>계층상위 계층과의 연결을 설정하고 관리하여 시스템을 연결하는데 필요한 데이터 전송과 교환 기능을 제공한다.</td><td>접속 방식, 오류 검출 정립, 흐름 제어</td></tr>
<tr><td>데이터 링크 계층</td><td>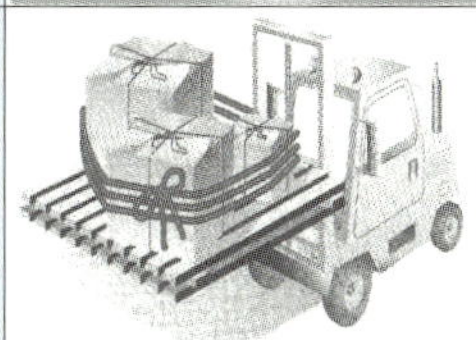</td><td>동기화, 오류 제어, 흐름 제어 등의 물리적인 링크를 통해 신뢰성 있는 정보를 전송하는 기능을 제공한다.</td><td>데이터 재구성, 코드 변환, 구문 검색</td></tr>
<tr><td>물리 계층</td><td>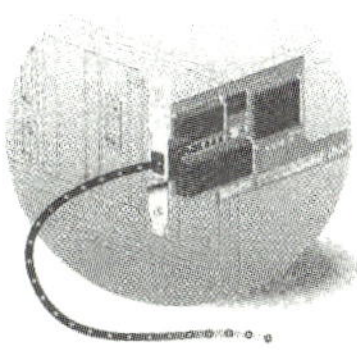</td><td>기계적, 전기적, 기능적, 절차적 특성을 갖는 구조화되지 않은 비트 스트림(데이터 비트)을 물리적 매체를 통해 전송한다.</td><td>케이블 형태, 전송 방식, 신호 형식</td></tr>
</table>

4.3 교환 네트워크 기술

4.3.1 교환 시스템

네트워크의 역할은 데이터통신을 예로 들면 저속도의 사용자 단말에서 보내온 데이터를 집선(트래픽 집속)하여 고속의 하이웨이에 올려 전송하고, 교환 노드에서 교환 접속을 한 후 다시 저속의 사용자 단말에 분배하는 것이다. 이 경우 집선, 분배, 전개의 단계에서 교환 노드는 중요하게 된다. 따라서 교환 노드에서는 노드의 적절한 배치, 노드의 처리 능력, 라우팅, 회선 수 등이 중요한 과제가 된다.

교환 방식으로는 회선 교환 방식과 축적 교환 방식으로 나누어진다. 회선 교환 방식은 호의 발생부터 종료까지 물리적인 회선을 계속 점유하는 방식이다. 축적 교환 방식은 교환기가 축적 기능을 가지고, 어드레스 정보를 가진 패킷(Packet)이나 셀(Cell)이 네트워크상으로 계속해서 전송되고, 그것에 의해 정보의 교환이 일어난다. 축적 교환 방식은 패킷 교환이 기본이 되고 그것이 프레임 릴레이(Frame Relay) 교환, 비동기 전송 모드(ATM) 교환으로 발전된다.

4.3.2 교환기의 역할

복수의 전화기를 자유롭게 연결해 전화를 하기 위해서는 원리적으로 모든 전화기가 회선으로 연결되어 있으면 된다. N개의 전화기가 서로 통화하기 위해서는 n(n−1)/2 개의 회선이 필요하다. [그림 4-30]에서 보여주는 것처럼 5개의 전화기가 자유롭게 통화하려면 n=5이므로 10개의 회선이 필요하다. 전화기의 수가 늘어나면 그것에 따라 회선이 증가하게 된다. 그러나 전화기의 증가에 따라 회선을 늘리는 것은 물리적으로 불가능하다. 여기서 회선을 중앙에 집중시키고 교환해주는 장치를 도입하면 효율적으로 접속할 수 있다. 이것이 교환기의 역할이다.

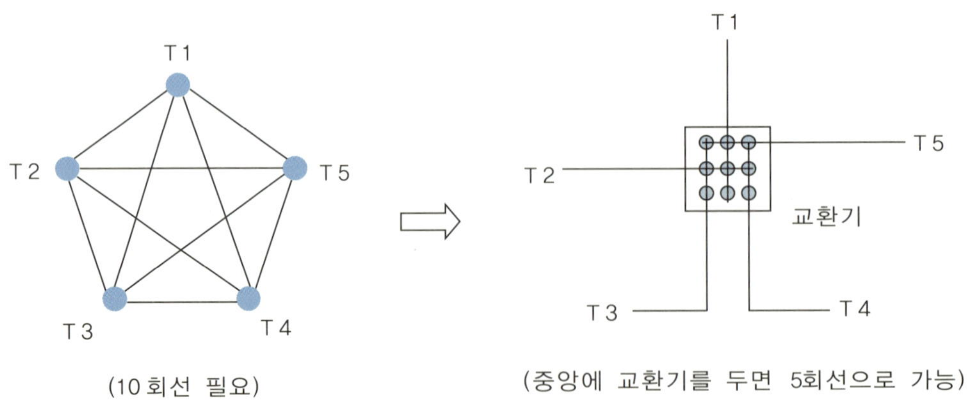

[그림 4-30] 교환기의 역할

4.3.3 교환기의 변천

〉〉 수동교환기

수동 교환기는 교환수가 중개해서 교환하는 것인데, 1902년에 서울과 인천 사이의 통신용으로 처음 한국에 도입되었다.

〉〉 스텝바이스텝 교환기

자동 교환기는 전화기가 발명된 1876년부터 만들려고 시도되었다. 그것은 19세기말에 A.B Strowger에 의해 발명된 스텝바이스텝 교환기의 실용화에 의해 완성되었다. 스텝바이스텝 교환기는 전화기에서 발생하는 직류의 단속신호로 직접 스위치 기구를 구동해서 원하는 상대를 선택하는 구조로 되어 있다.

〉〉 크로스바 교환기

크로스바 교환기는 공통제어 방식의 교환기이다. 통화로를 구성하고 있는 크로스바 스위치를 동작시키기 위해 호출자로부터의 다이얼된 숫자는 신호 통신로를 통해서 레지스터라는 장치에 축적된다. 제어장치는 이 정보에 근거하여 번역장치로부터 접속에 필요한 정보를 얻어 통화상대나 상대국으로의 중계선을 찾아서 크로스바 스위치를 동작시킨다. 이와 같이 제어장치가 각 스위치를 통틀어서 제어하는 방식을 공통제어 방식이라고 한다.

〉〉 전자 교환기

전자교환기는 종래의 크로스바 교환기와 기본적인 기능은 다르지 않으나, 기억장치와 제어장치를 위한 축적프로그램 제어 방식을 취하고 있어서, 고도의 기능과 많은 융통성을 발휘할 수 있다는 특징을 가지고 있다.

(a) 수동교환기

(b) 수동교환기(공전식)

(c) 스텝바이스텝교환기

(d) 디지털교환기

[그림 4-31] 전화 교환기 발전 과정

〉〉 디지털교환기

공간분할과 시분할 교환이라는 새로운 방식을 채택한 교환기가 디지털 교환기이다. 디지털 교환기의 원리는 부호화된 디지털 신호의 시간적 순서를 출력선의 시간적 위치에 대체함으로써 교환 처리가 행해진다.

4.3.4 교환 방식

교환 방식은 정보의 형태 및 교환 방법의 차이에 따라 전화 교환과 데이터 교환으로 분류된다. 또한 데이터 교환은 회선 교환과 축적 교환으로 나눌 수 있다.

- 데이터교환
  - 회선교환
  - 축적교환
    - 메시지교환
    - 패킷교환
    - 프레임릴레이교환
    - ATM교환

〉〉 회선 교환 방식

회선 교환 방식은 전화 연결에 가장 많이 사용하고 있는 방식이다. 호출자와 수신자 사이의 연결을 위하여 네트워크상의 전기적인 경로 또는 회선을 연결시킨다. 회선 연결이 일단 이루어지면 회선의 사용은 독점된다. 사용이 끝나면 회선은 자동적으로 단절이 되며, 다음의 연결 작업을 위하여 대기상태로 들어간다. 그러므로 회선 교환 방식은 전송이 시작되기 전에 전체 경로가 미리 설정되어 있어야 사용 가능하다. 경로상의 정보는 멈추거나 저장되지 않는다.

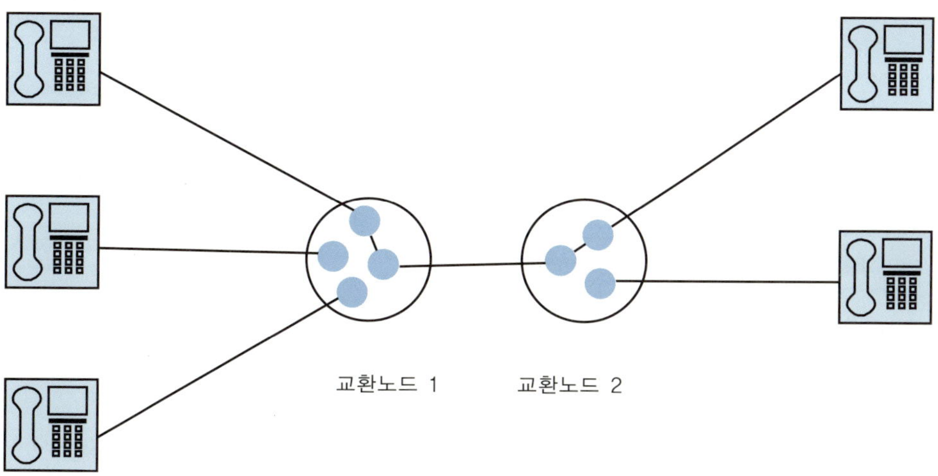

[그림 4-32] 회선 교환 방식

이 방식의 장점으로는 경로 설정 이외에는 별다른 지연이 없으며 고정된 정보 전송률로 데이터를 전송할 수 있다. 반면에 설정된 회선을 독점하므로 통신 중에는 다른 사용자가 그 회선의 일부를 사용할 수가 없다는 단점이 있다. 그러므로 회선 교환 방식은 데이터가 연속적으로 흐르거나 사용시간이 긴 경우에 적절하다. 회선 교환 방식을 [그림 4-32]에서 나타내었다.

〉〉 패킷 교환 방식

패킷 교환 방식은 축적 교환의 일종이며, 패킷 교환은 전송하고자 하는 정보를 작은 단위로 나눈 다음 나누어진 정보 단위, 즉 패킷마다 발신지와 수신지의 주소를 넣어 교환하는 방식이다. 패킷 교환기는 일단 패킷을 수신해서 메모리에 축적하고, 그 주소를 보고 최종 목적지까지 패킷을 전달해 준다. 패킷 교환 방식에서는 회선의 다중 이용, 다른 속도의 통신, 전송에러가 적은 통신이 가능하다. 공중네트워크로서의 패킷 교환네트워크는 CCITT 권고안 X.25를 사용하는 것이 대부분이기 때문에 단순히 패킷 교환네트워크라고 하면 X.25에 의한 교환네트워크를 가리키는 경우가 많다. 패킷 교환네트워크 구조를 [그림 4-33]에서 나타내었다.

패킷 교환에서는 정보 전송을 시작할 때 우선 두 지점 사이에 논리적인 전송로를 설정하고 이후에는 매 패킷마다 송수신자의 주소를 넣지 않고 그 논리적 전송로의 번호만으로 전송을 행하는 방법이 있다. 이 방법을 가상 회선(Virtual Circuit) 방식이라고 한다. 반면에 매 패

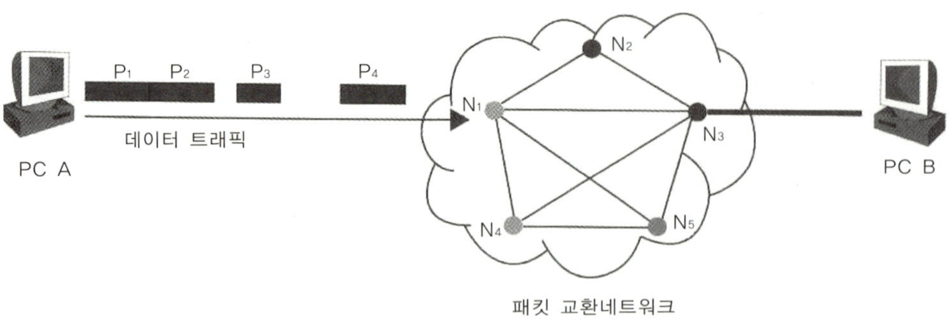

[그림 4-33] 패킷 교환네트워크 구조

킷마다 주소를 넣어 패킷을 구성하는 방식을 데이터그램(Datagram) 방식이라고 부른다. 가상 회선 방식은 많은 양의 데이터를 연속으로 보낼 경우에 적합하며, 데이터그램 방식은 짧은 메시지의 일시적인 전송에 적합하다. 우리 생활과 연관지은 예를 [그림 4-34]과 [그림 4-35]에 나타내었다.

[그림 4-34]는 가상 회선 방식의 예로, 친구 3명이 경부고속국도를 이용하고, 천안 휴게소에서 만나기로 미리 정한 후, 각 3명은 10분 간격으로 서울에서 출발을 했다고 하자. 먼저 도착한 사람은 나머지 두 사람이 올 때까지 기다린 후, 3명이 모두 모이면 추풍령 휴게소에서 다시 만나기로 하고 역시 10분 간격으로 천안 휴게소를 출발한다. 이렇게 계속하면 목적지인 병원에 출발 순서대로 도착하여 모두 만나게 된다. 여기서 통신의 개념을 접목시키면 천안 휴게소 및 추풍령 휴게소를 경유하는 개념이 가상 회선의 설정이며, 각 휴게소가 패킷의 목적지 주소가 되는 것이다. 또한 각 패킷은 보낸 순서대로 목적지에 도착한다.

[그림 4-35]는 데이터그램 방식의 예로, 아무런 약속 없이 단지 부산의 병원에서 만나기로 하고, 각자의 차를 타고 출발을 하는 것과 같다. 즉, 데이터그램 방식은 목적지 주소번호만을 이용하여 각 패킷이 독립적으로 전송이 되기 때문에 출발 순서대로 도착하지 않을 것이므로 목적지에서는 도착한 패킷의 재조립 과정이 필요할 것이다. 전송로에 이상이 생기면 우회하므로 높은 신뢰도의 통신이 가능하다는 장점이 있다.

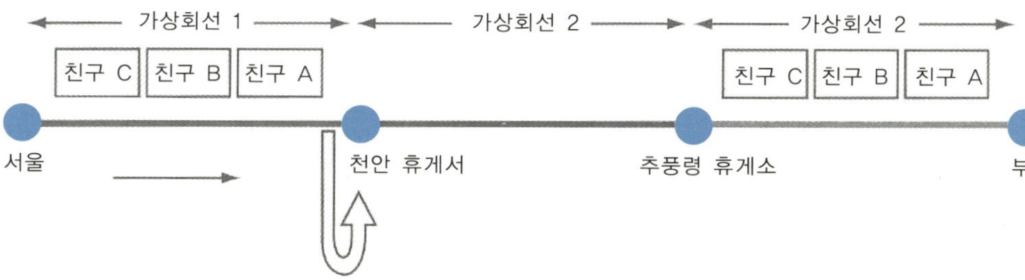

[그림 4-34] 가상 회선 교환 방식

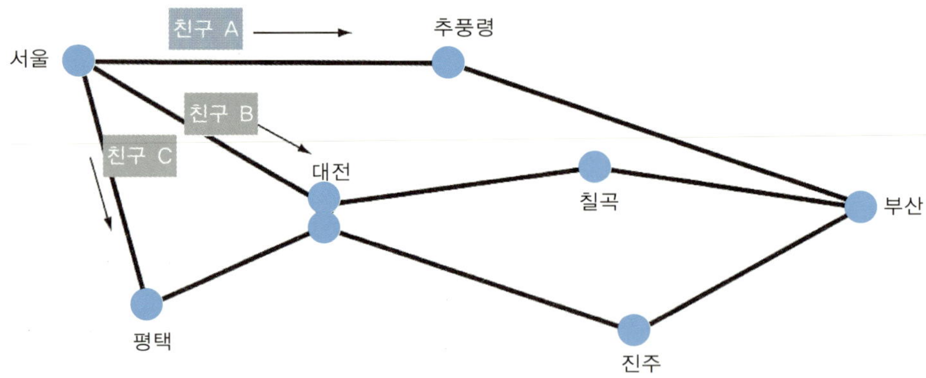

[그림 4-35] 데이터그램 교환 방식

〉〉 프레임 릴레이 교환

프레임 릴레이(Frame Relay) 교환은 프레임의 처리를 간략화 하는 것으로 X.25보다 10배 이상의 고속으로 데이터를 전송하는 새로운 교환 방식이다. 이 방식은 [그림 4-36]과 같이 네트워크의 고속화를 위해 OSI의 네트워크 계층과 데이터 링크 계층에 해당하는 세세한 제어는 생략하고 에러가 있으면 프레임을 그냥 버린다. 에러 정정은 단말기 간에 재전송 제어를 하므로 2 Mbps까지의 고속의 통신이 가능하다. 현재의 고속 디지털 회선이나 N-ISDN과 ATM에 의한 B-ISDN의 중간에 위치하는 새로운 데이터 교환 방식이다.

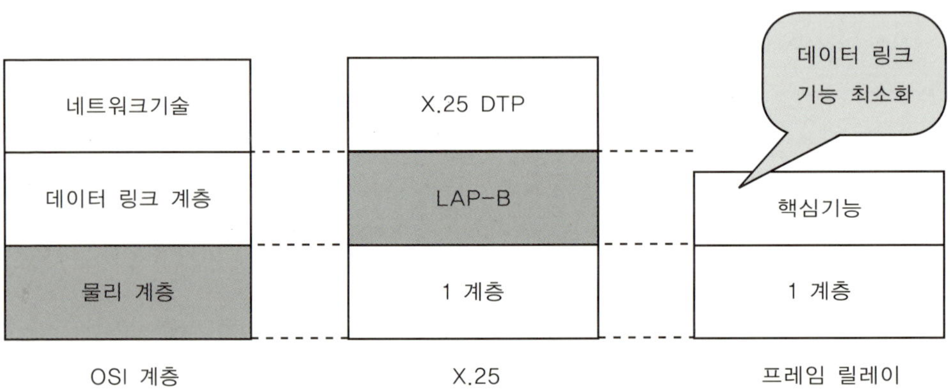

[그림 4-36] X.25와 프레임 릴레이의 기능 비교

〉〉 비동기 전송 모드 교환 방식

비동기 전송 모드(Asynchronous Transfer Mode, 이하 ATM)는 B-ISDN의 전송 모드이고 회선 교환이나 패킷 교환의 장점을 취한 형태의 전송 방식이다. ATM은 음성, 데이터, 영상, 방송 등의 모든 형태의 정보를 종합적으로 고속 교환해 주는 방식으로, 지금까지 개발된 모든 교환 기술을 종합한 기술로 떠오르고 있다. 정보를 셀(Cell)이라는 고정 크기의 패킷으로 나누며 주소 등과 같은 제어 정보와 이용자 정보로 구성된다. 셀을 전송하기 위해 송신측은 메시지를 셀 크기에 맞추어 나누어 제어 정보를 추가하여 전송하고, 수신측에서는 이들 셀을 다시 조합하여 원래의 정보를 재생한다. B-ISDN에서는 셀의 크기를 5바이트의 헤더(제어정보)와 48바이트의 이용자 정보를 합하여 53바이트의 고정 크기로 셀의 크기를 정하였다. 그러나 B-ISDN의 표준이 아닌 경우에 셀의 크기는 4바이트에서 256바이트까지 다양하다.

셀의 크기에 따라 제어 정보의 오버헤드가 차이가 나므로 셀의 크기는 중요한 의미를 가진다. 송신자가 메시지를 셀 크기로 나눌 때 보통 맨 마지막 셀은 꽉 채워지지 않게 되는데, 셀의 크기가 클수록 사용되지 않는 셀의 부분이 많아지게 되어 낭비가 생긴다.

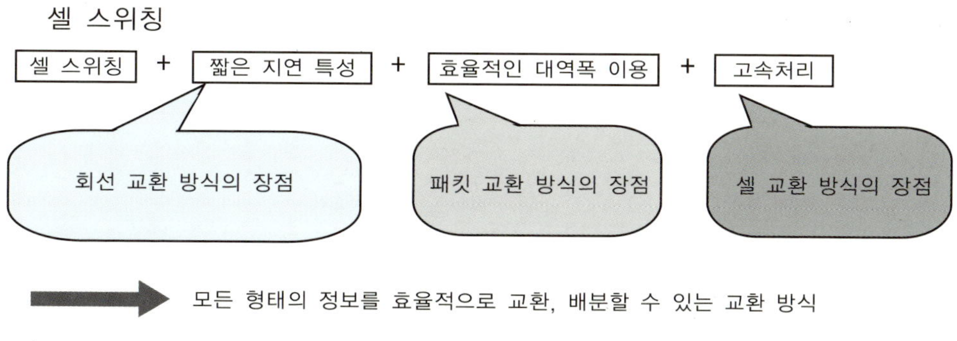

[그림 4-37] ATM에서의 셀 스위칭

4.4 가입자네트워크

4.4.1 가입자네트워크 개요

가입자네트워크란 가입자에게 서비스를 제공하기 위해 가입자와 네트워크를 연결하는 통신구간을 말한다. 1980년대 컴퓨터의 보급이 본격화되면서 일반 전화 가입자네트워크를 이용하여 단순히 음성전화뿐만 아니라 데이터 전달을 위해 사용하였다. 이러한 시도로 아날로그 전화 모뎀을 사용하는 방법과 ISDN을 사용하는 방법이 개발되었다. ISDN(Integrated Services Digital Network)은 종합 서비스(Integrated Service)와 디지털통신네트워크(Digital Network)의 두 가지 개념을 기반으로 하는 종합정보통신네트워크이다.

ISDN은 디지털 기술을 기반으로, 데이터는 물론 오디오, 영상 등 다양한 형태의 통신미디어를 통합적으로 처리하고, 정보 처리 기술을 통신네트워크에 도입하므로 좀 더 다양한 통신 서비스를 실현하는 것을 목적으로 하고 있다. 인터넷 사용이 상용화됨에 따라 사용자들의 고속 접속 회선에 대한 요구가 급속히 커졌으며 이에 대한 대체 기술이 필요하게 되었다. 고속 서비스를 제공할 수 있는 대체기술로 유선 매체를 이용하는 디지털 가입자 회선(Digital Subscriber Loop, 이하 DSL), 동축 케이블, 광섬유 기술(FTTL)과 무선을 이용하는 WLL, B-WLL, IMT-2000 등 다양한 기술이 있다.

[표 4-2] 기존 전화네트워크와 ISDN

비교 항목	기존 전화네트워크	ISDN
가입자 전송선로 및 방식	기존 전화선 / 아날로그	기존 전화선 / 디지털
회선전송속도	33.6/56 Kbps	128Kbps
인터넷/PC통신	모뎀	ISDN
동시성	전화와 통신의 동시 사용불가	전화와 통신의 동시 사용가능

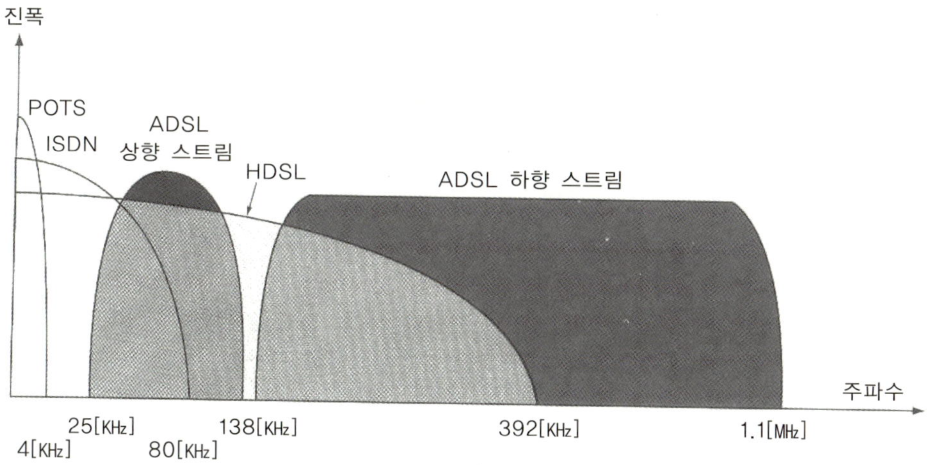

[그림 4-38] xDSL의 주파수 분포 비교

4.4.2 가입자네트워크의 고속화

〉〉 디지털 가입자 회선(xDSL)

xDSL(Digital Subscriber Line)은 대규모의 고속 인터넷 접속 시장의 수요를 충족시키기 위한 고속 모뎀 기술이다. 기존의 전화회선으로는 4 Km 이내 거리에서 최대 56 Kbps의 속도만을 구현할 수 있다.

이 한계를 극복한 것이 xDSL기술이고, 여기에는 ADSL, HDSL, SDSL, VDSL 등 여러 종류의 기술이 포함된다. 이들 기술은 동일한 회선으로 인터넷을 사용하면서 전화를 걸고 받을 수 있다. xDSL의 주파수 분포를 [그림 4-38]에서 비교하였다. 주로 사용되는 비대칭형 전송 방식인 ADSL과 단거리에서 초고속 데이터 전송 방식인 VDSL에 대하여 알아보자.

▶ ADSL

ADSL(Asymmetric Digital Subscriber Line)은 비대칭적 설계 때문에 더욱 실용적이다. 이는 전송거리가 더 길뿐 아니라, 대부분의 어플리케이션들이 상향 전송보다는 하향 전

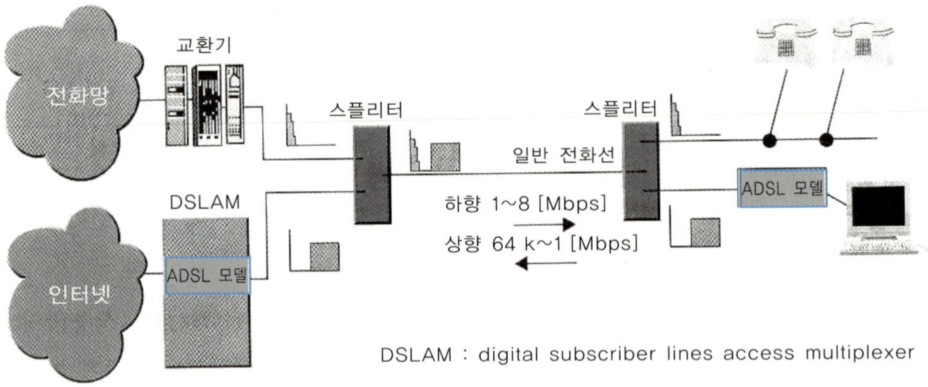

[그림 4-39] ADSL 회선의 구성도

송의 요구량이 많기 때문이다. ADSL기술은 상향 전송보다 하향 전송에 더 많은 대역폭을 요구하는 인터넷 접속과 같은 곳에 적합하다. 하향 전송률의 범위는 1.5 ~ 9 Mbps이며 상향 전송률의 범위는 16 ~ 640 Kbps로 규정되어 있다. ADSL의 데이터를 한 쌍의 전화선을 사용하여 5.5 Km까지 전송할 수 있다. ADSL 장비의 설치 방법은 기존의 전화선에 고대역 신호분리기(Splitter)를 연결한 후 하나의 선은 전화기에, 그리고 또 하나의 선은 ADSL 모뎀으로 연결이 되어 컴퓨터의 LAN 카드에 연결이 되었다. ADSL 회선의 구성도를 [그림 4-39]에서 나타내었다.

▶ VDSL

VDSL(Very high data rate Digital Subscriber Line)은 ADSL과 마찬가지로 비대칭 모드이다. VDSL의 전송거리는 0.3~1.4 Km로 제한되어 있지만 전송속도에 있어서는 한 쌍의 전화선을 통하여 하향전송 13~53 Mbps, 상향전송 1.5~2.3 Mbps의 대역폭을 제공한다. 이러한 뛰어난 전송속도 때문에 VDSL기술은 HDTV에 응용될 수 있다. ADSL과 VDSL의 구성 비교를 [그림 4-40]에서 나타낸다.

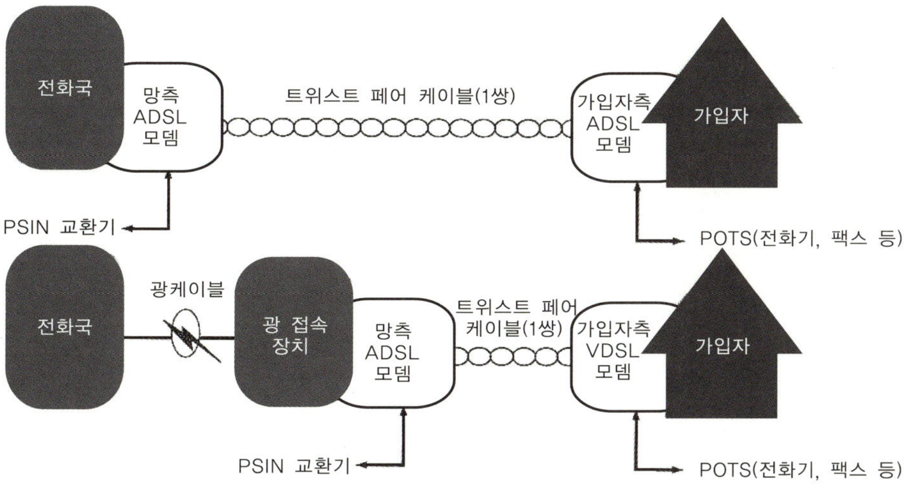

[그림 4-40] ADSL과 VDSL의 구성 비교

〉〉 케이블 모뎀

케이블 TV(Cable TV, 이하 CATV) 네트워크는 방송국에서 가입자측으로 TV 신호를 분배하기 위해 설계된 네트워크로 이것을 초고속 가입자네트워크로 이용한다. 가입자는 이미 설치된 CATV 회선에 케이블 모뎀을 연결하고, PC LAN 카드에 연결함으로써 10~40 Mbps의 속도로 인터넷 서비스를 받을 수 있다.

이 서비스의 특징은 가입자들이 자기 컴퓨터 LAN 카드에 케이블 모뎀을 연결함으로써, 회사나 연구소 등에 설치된 LAN 상에서 인터넷을 사용하는 것과 동일한 서비스를 고속으로 받을 수 있다는 것이다. 따라서 사용자들은 매월 일정액의 서비스료를 내고 무제한으로 인터넷 서비스를 받을 수 있다. 또한 기존의 전화 모뎀과 달리 전화나 TV를 동시에 시청하면서 고속 인터넷 서비스를 받을 수 있다. 케이블 TV 네트워크와 케이블 모뎀을 [그림 4-41]에서 나타내었다.

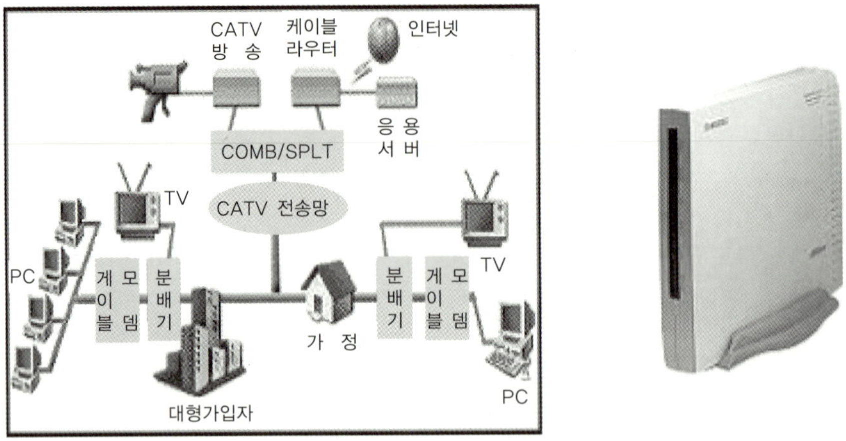

[그림 4-41] 케이블 TV네트워크와 케이블 모뎀

〉〉 선로의 광케이블화

가입자 선로가 광섬유로 교체된다면 초고속의 멀티미디어서비스를 제공받을 수 있는 장점이 있음에도 불구하고, 광케이블이 가입자 선로에 적용되기 위해서는 많은 현안들이 해결되어야 한다. 그 중에서도 가정까지 광케이블을 포설하는 데 엄청난 비용과 시간을 필요로 한다는 것이다. 따라서 한꺼번에 일반 가입자의 선로를 교체하는 것이 아니라 FTTL(Fiber To The Loop) 전략을 도입하는 것이다.

FTTL에는 FTTO(혹은, FTTB), FTTC, FTTH이 있다. FTTO/B(Fiber To The Office/Building)는 서비스 수요가 많거나, 기존의 케이블로는 감당하기 어려운 도심지역에 피더까지 광케이블로 설치하는 것이고, FTTC(Fiber To The Curb)는 좀 더 좁은 지역 또는 대단위 주거단지에 원격 노드까지를 광케이블을 연결하는 것이다. 그리고 FTTH(Fiber To The Home)는 중앙국에서 가입자 집까지 모두 광케이블화 되는 경우이다. FTTH는 초고속 통신을 위한 광통신화의 최종적인 목표이다. FTTH 네트워크 개념도를 [그림 4-42]에서 나타내었다.

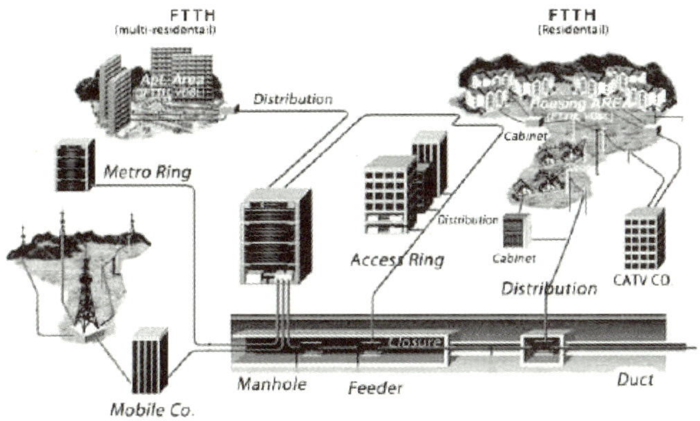

[그림 4-42] FTTH 네트워크 개념도 (출처:초고속정보통신 인증위원회)

4.4.3 무선 가입자네트워크

무선 가입자네트워크란 전화국의 교환기와 가입자 사이를 기존의 유선선로 대신 무선을 이용하여 가입자네트워크를 구성해 주는 것을 말한다. 무선을 이용한 가입자네트워크의 구축은 신속한 설치가 가능하고, 가입자 수요에 탄력적인 대응이 가능하여 초기 투자 비용의 절감효과가 있으며, 관리해야 할 유선 매체가 없으므로 유지보수 비용을 절감할 수 있다. 또한 지진, 홍수, 해일 등 자연재해로 통신네트워크가 파손되었을 때에도 신속히 복구가 가능하기 때문에 기존의 유선네트워크의 백업(Back-Up) 시스템으로도 고려되고 있다. 최근에는 KT에서 제공하는 '네스팟' 이라는 무선 가입자네트워크가 서비스되고 있다.

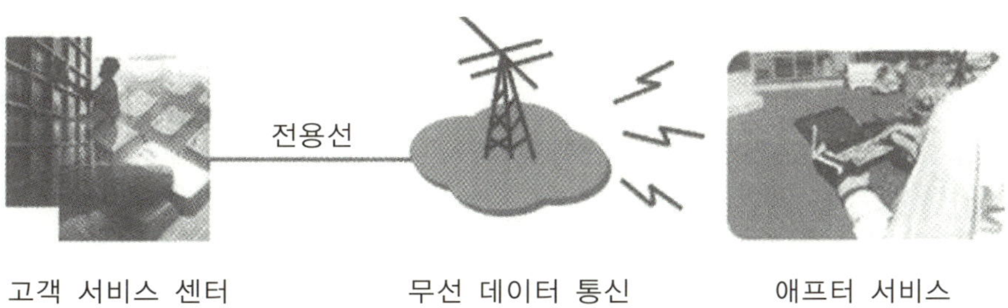

[그림 4-43] 무선 데이터 통신네트워크

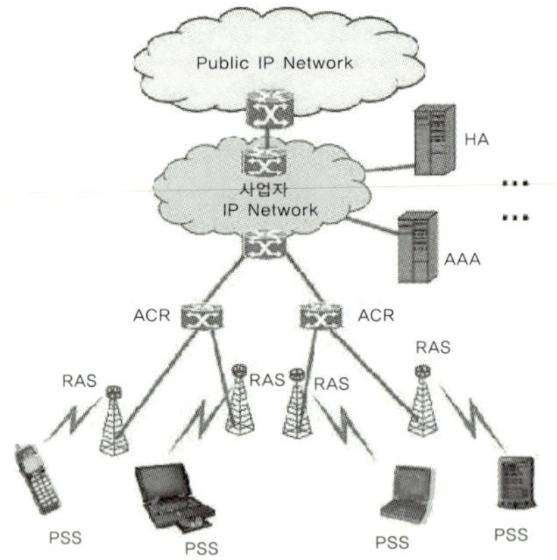

[그림 4-44] 와이브로 서비스 (출처: 동아일보)

와이브로(Wireless Broadband Internet)란 휴대용 단말기를 이용하여 정지 및 이동 중에 언제 어디서나 고속의 전송속도로 인터넷에 접속하여 다양한 정보 및 콘텐츠 사용이 가능한 대표적인 무선 서비스이다. [그림 4-43]에서 무선 데이터 통신네트워크, 와이브로 서비스는 (그림 4-44]에서 나타내었으며, 가입자네트워크 서비스의 비교를 [표 4-3]에서 나타내었다.

[표 4-3] 가입자네트워크 서비스의 비교

	전송속도	서비스 종류	이용 가능 장소	비용
일반 전화선	~ 56Kbps	전화, 데이터통신 인터넷 접속 등	전국	낮다
일반 전화선 +ASDL	Upstream :16K-1Mbps Downstream :1.5M-8Mbps	음성전화 + 데이터 통신인터넷 접속 등	일부 전화국에서는 제공 안 됨	비교적 낮다
동축 케이블	10Mbps (대역 공용)	케이블TV+ 인터넷 접속	일부 지역	비교적 낮다
광섬유	150Mbps까지	전화, ISDN 전용선 인터넷 접속 등	일부 지역	높다
무선	6,50,150Mbps 등	전용선, 전화 인터넷 접속 등	일부 지역	낮다

4.5 인터넷

4.5.1 인터넷의 개요

인터넷(Internet)이란 전세계의 컴퓨터들이 하나로 연결되어 있는 지구상에서 가장 큰 정보통신 네트워크(global network)이다. 인터넷은 특별히 정해진 통신규약을 이용하여 전세계의 통신네트워크를 하나의 통신네트워크로 연결했음을 의미하는 "네트워크들의 네트워크(networks of network)"으로도 불린다. 각 컴퓨터들이 보유하고 있는 정보를 전세계 어느 곳에서든지 네트워크가 연결된 사용자들에게 원하는 정보를 제공해 줄 수 있다. 천리안이나 하이텔, 나우누리 등의 일반 컴퓨터 통신네트워크는 개개의 이용자들과 하나의 컴퓨터 통신네트워크를 구성 요소로 가지는 반면, 인터넷은 수천만 명에 이르는 이용자들은 물론 천리안, 하이텔 등의 여러 나라의 대형 컴퓨터 통신네트워크들도 구성 요소가 된다. 인터넷의 개념을 [그림 4-45]에 나타내었다.

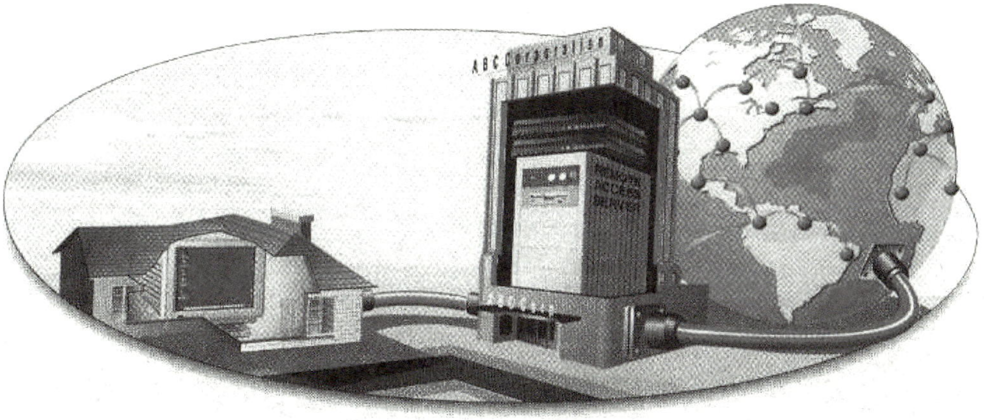

[그림 4-45] 인터넷

4.5.2 인터넷의 특성

세계 각지에 국지적으로 구성되어 있는 LAN이나 WAN들을 서로 연결해 놓은 LAN들의 집합이다. 여러 개의 네트워크를 하나로 연결하기 위해 라우터나 게이트웨이 등을 이용하고, 연결 매체로는 전화선, 전용선, 해저 케이블, 통신위성 등이 사용된다. 인터넷은 다양한 정보 자원의 자유로운 분산과 공유를 한다.

4.5.3 인터넷의 역사

〉〉 세계 인터넷의 역사

1960년대 미국과 소련은 군사적으로 서로 우위를 차지하려고 경쟁을 하고 있을 때이다. 이때 소련에서는 최초의 인류 우주선인 Sputnik을 쏘아 올렸다. 이에 자극을 받은 미국은 ARPA(Advanc-ed Research Project Agency)라는 기관을 만들고 각종 군사적 기술개발을 하게 된다. 1960년대 말 ARPA에서는 데이터를 주고받는 실험을 하게 되는데, 이것을 'ARPAnet Project' 라고 한다. 이 Project의 목적은 전화선을 이용해 멀리 떨어져 있는 곳에 있는 컴퓨터들 사이에 통신을 하기 위한 것이었다. 특히 Project의 주관심 분야는 원거리에 있는 컴퓨터의 조작과 파일 교환, 시스템의 공유 방법 등이였다. ARPAnet은 계속 발전을 하여 1975년 미국방부 산하 DCA(the Defense Communications Agency)로 운영이 이관되었다. 그리고 이때 DDN(Defence Date Network)라는 네트워크를 구성하게 된다. DDN은 NCP(Network Control Protocol)을 사용했는데, 이는 매우 제한적이라서 새로운 방법을 찾기 시작했는데 마침내 TCP/IP(Transmission Control Protocol/Internet Protocol)라는 프로토콜을 만들게 되었다.

1983년에 TCP/IP프로토콜을 바탕으로 인터넷이 시작되었는데, 그 당시 ARPANET은 MILNET과 ARPANET으로 분리되어 각각 독립적으로 인터넷에 포함되었다. 이와 같이 ARPANET이 둘로 나뉘어 인터넷을 형성할 때 미 국방성의 DCA는 모든 ARPANET 호스트들이 TCP/IP 사용을 의무화하고 패킷 교환 소프트웨어를 변경하여 이를 적용토록 하였다. 결국 모든 ARPANET 호스트들은 TCP/IP 프로토콜을 사용한 인터넷 환경에서의 상호 통신

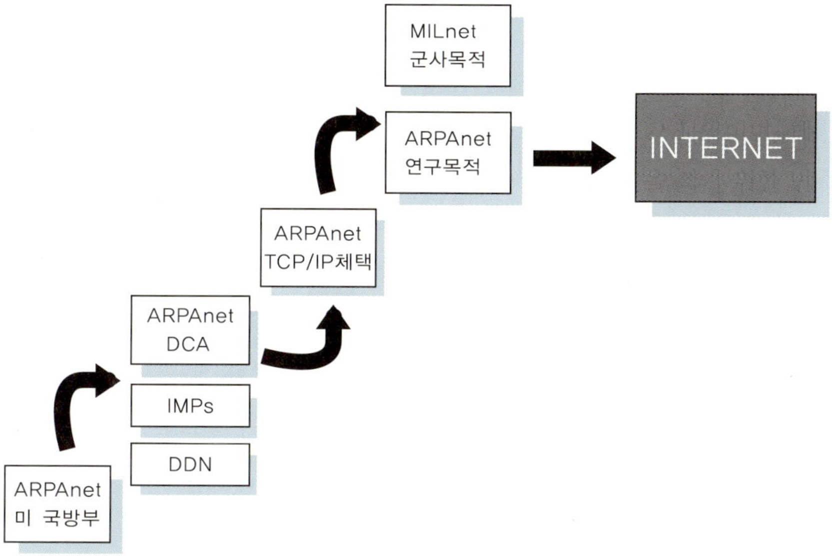

[그림 4-46] 인터넷의 발전 형태

이 이루어지게 되었고, 이로써 TCP/IP 인터넷의 표준 프로토콜로 자리잡게 되었으며 보다 많은 호스트와 게이트웨이가 기존의 통신네트워크에 아무런 영향을 주지 않고 인터넷에 연결될 수 있게 되었다. 이후 세계 각국의 학술 연구네트워크들을 상호 연동하는 세계 최대 규모의 국제 학술 연구네트워크로 발전하였다. 특히 연구 개발을 위한 유닉스 시스템에서 TCP/IP를기본적으로 제공하여 가장 저렴한 가격으로 신뢰성 있는 전산네트워크를 쉽게 구축할 수 있다는 장점으로 인하여 인터넷은 미국의 대학, 연구소, 정부기관을 중심으로 확산되었으며 지금은 세계 최대 규모의 컴퓨터 통신네트워크로 발전하였다.

우리나라에서는 1982년에 서울대학교와 전자통신연구소와의 시스템 네트워크(SDN:System Development Network) 연결을 시초로 하여 1987년에 "전산네트워크 보급 확장과 이용 촉진에 관한 법률"을 제정해 정부 주도의 국가 기간네트워크를 구축하기 시작하였으며, 1990년에 인터넷 프로토콜(TCP/IP)을 통해 KAIST와 하와이 대학의 연결로 본격적인 인터넷 시대에 돌입하게 되었다. 그 후 1993년에 한국통신이 일반인을 대상으로 인터넷 상용 서비스를 시작하였으며, 2000년부터 인터넷 전용선이 가정에 보급되어 비약적인 발전을 하고 있다.

4.6 인터넷 프로토콜

4.6.1 TCP/IP

인터넷에서는 TCP/IP라는 공통된 언어 규약을 사용한다. 소규모의 네트워크 안에 포함된 컴퓨터들 사이의 통신에는 TCP/IP를 사용하지 않을 수 있지만 인터넷처럼 광범위한 네트워크에서는 TCP/IP를 사용한다. TCP/IP는 어떠한 장치도 프로그램도 아니며, 서로 다른 컴퓨터들 사이에 인터넷을 통해 정보를 주고받기 위해 정해 놓은 통신 규약이다.

[그림 4-47]에서 나타낸 것처럼 TCP/IP도 OSI처럼 계층형 구조로 모두 네 계층으로 이루어져 있으며, 각 계층의 주요 기능은 [표 4-4]와 같다.

[표 4-4] TCP/IP프로토콜 모음의 각 계층별 주요 기능

계층	기관
응용 프로세스 계층	응용 프로세스 간의 정보 교환
전달 계층(TCP/UDP)	호스트 간의 메시지 단위의 정보 교환 및 관리
IP 계층	통신전담 프로세서 간의 네트워크를 통한 패킷 교환
네트워크 접속 계층	단위 네트워크 내에서의 패킷 및 신호

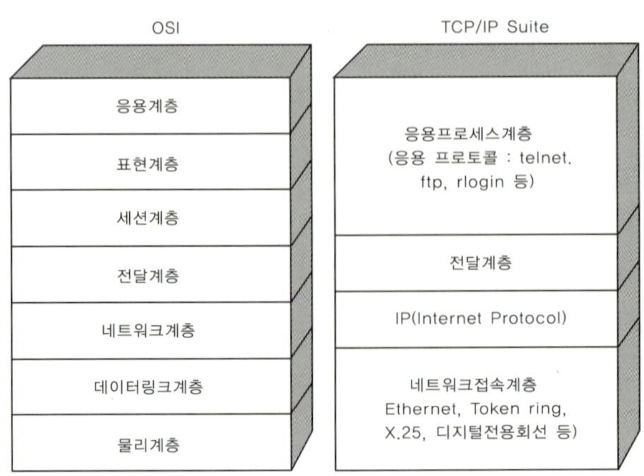

[그림 4-47] OSI와 TCP/IP 구조 비교

4.6.2 SLIP/PPP

인터넷은 TCP/IP라는 프로토콜을 사용하는 여러 컴퓨터들을 연결한 것이다. 따라서 전용선을 사용하는 사용자들은 TCP/IP 드라이버만 설치하면 바로 인터넷을 사용 할 수 있다. 그러나 모뎀을 통해 인터넷 서비스 업체 컴퓨터에 접속한 사용자들은 TCP/IP를 지원받지 못하므로 모뎀으로 접속한 사용자들이 TCP/IP를 사용하는 것처럼 해주는 장치가 필요하다.

SLIP(Serial Line Internet Protocol)과 PPP(Point to Pont Protocol)는 모뎀을 사용하여 전화선으로 접속한 사용자들이 마치 TCP/ IP를 지원하는 컴퓨터에 연결되어 있는 것처럼 만들어 주는 프로토콜이다.

4.7 IP 주소와 도메인 네임

4.7.1 IP 주소

어떤 사람에게 전화를 걸려면 전화국에서 인정한 유일한 전화번호가 있어야 다른 사람과 통화를 할 수 있는 것처럼 인터넷에 접속한 컴퓨터는 인터넷에서 지정하는 유일한 주소가 필요하다. 이를 IP 주소(IP address)라 한다. 이러한 IP 주소는 0~255사이의 숫자 4개를 구분점(.)으로 구분하여 사용한다. 예를 들어 포털사이트 야후의 네임서버 IP 주소는 211.233.50.130(ns0.yahoo.co.kr), 211.233.50.131(ns2.yahoo.co.kr)로 표시한다. IP 주소는 고유한 것으로 2대 이상의 컴퓨터가 같은 IP 주소를 가질 수 없다.

또한 이러한 IP 주소는 사용자가 임의로 사용하는 것이 아니라 IP 주소를 전문적으로 부여해 주는 기관이 따로 존재한다. 대표적인 인터넷 주소 부여 기관은 InterNIC(Network Information Center: 국제네트워크정보센터)이며, 현재는 각 대륙별, 국가별 NIC기구를 운영하고 있다.

우리나라는 KRNIC(한국네트워크정보센터)에서 인터넷 주소를 관리하고 있다. IP 주소체계는 네트워크 그룹의 크기에 따라 5 클래스로 구분되며, 그 중 사용자가 이용할 수 있는 것

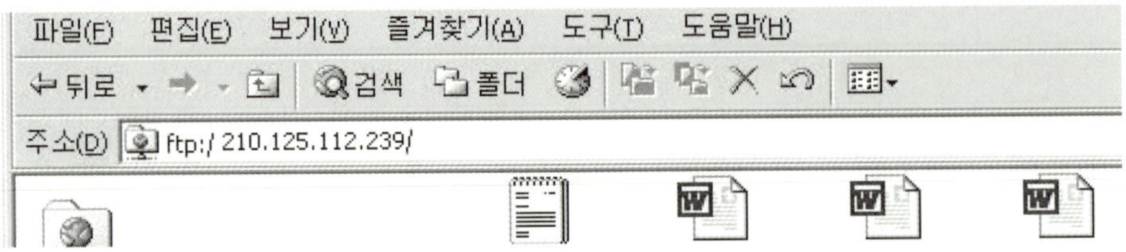

(a) ftp 서버의 IP주소

(b) 웹 서버의 도메인 네임

[그림 4-48] IP 주소와 도메인 네임

은 클래스 A, 클래스 B, 클래스 C 3단계이다. [그림 4-48]에서 (a)는 ftp 서버로 쓰인 컴퓨터의 IP 주소를 보여주며, (b)는 웹 서버로 쓰인 컴퓨터의 도메인 네임을 보여 준다.

현재 사용되고 있는 IP 주소체계인 IPv4의 한계를 보완하기 위해 새롭게 개발된 것이 IPv6이다. IPv4는 32비트 주소체계에 42억개의 주소수를 가지고 있지만 IPv6은 128비트의 주소체계에 무한개의 주소수를 가지고 있다고 할 수 있다. 이는 폭발적으로 늘어나는 인터넷 사용자를 위해 설계되었다. 장점은 네트워크 속도의 증가, 특정한 패킷 인식을 통한 높은 품질의 서비스 제공, 데이터 무결성과 비밀의 보장 등을 들 수 있다.

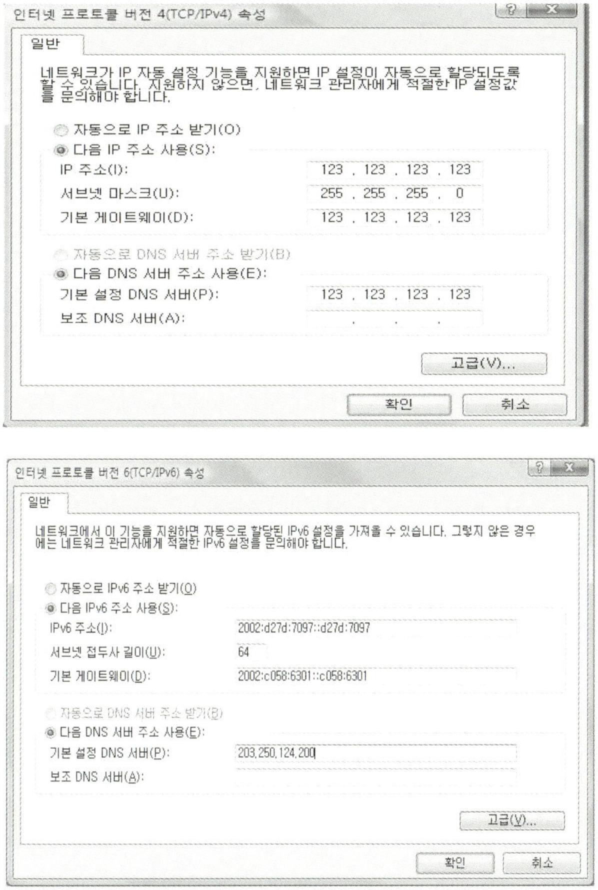

[그림4-49] IPv4와 IPv6의 헤더 구조

4.7.2 도메인 네임(Domain Name)

IP 주소는 203.241.132.36와 같이 숫자로 만들어졌기 때문에 사람이 기억하기 매우 어렵다. 그래서 숫자로 된 IP 주소를 잘 사용하지 않고, 그 대신 yahoo.co.kr, microsoft.com, digital.com 같은 형식으로 표기되는 별명을 사용한다. 이 별명을 도메인 네임(Domain name)이라고 부르며, 이와 같은 도메인 네임은 전세계 어디에도 같은 것이 있어서는 절대로 안 된다. 도메인 네임은 실제 데이터가 전송될 때에는 DNS(Domain Name System)에 의해 IP 주소로 변환되어 사용된다. 도메인 네임은 계층 구조로 이루어져 있으며 IP 주소와 마찬가지로 점(.)으로 구분되어 있다. 그러나 반드시 4개로 구성할 필요는 없다. 점으로 분리된 각각의 필드는 서브 도메인(Sub Domain)이라고 하며, 서브 도메인들의 계층 구조는 오른쪽에서부터 시작된다. 도메인 네임의 형식을 [그림 4-50]에서 나타내고 있다.

현재 2단계 도메인은 편리성으로 인해 3단계 도메인과 병행해서 사용되고 있다. 예를 들면 www.pknu.ac.kr에서 www.pknu.kr으로 2단계 도메인 사용이 가능하다.

〉〉 최상위 도메인 (Top Level Domain)

가장 오른쪽에 위치한 필드로 국가 코드 또는 기관 코드를 나타내는 경우가 대부분이고, 국가 코드는 두 자리의 영문, 기관 코드는 세 자리의 영문으로 표기한다. 미국의 경우는 대부분 기관코드를 최상위 도메인으로 사용하며 그 밖의 나라들은 국가 코드를 최상위 도메인으로 사용한다. [표 4-5]에 최상위 도메인(Top Level Domain, 이하 TDL)을 나타내었다.

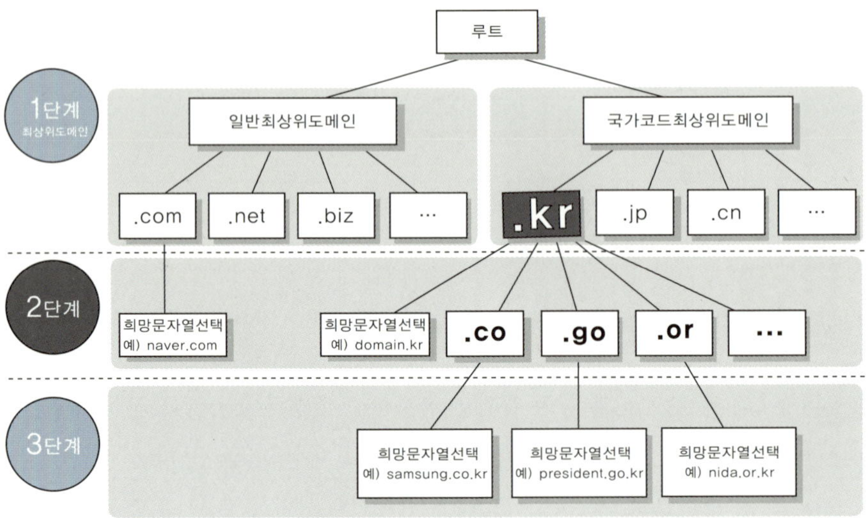

[그림 4-50] 도메인 네임의 형식 (출처: 한국인터넷진흥원)

〉〉 도메인 네임의 주소 형식

▶ 1단계 도메인 (국가)

1단계 도메인은 일반적인 최상위 도메인이다. 최상위 도메인인 kr은 국가코드 ISO 3166에서 정의된 인터넷 도메인 체계에서의 한국을 나타내는 도메인 이름을 의미한다.

[표 4-5] 최상위 도메인의 분류

국가명		TLD	생성 목적	TLD	생성 목적
au	호주	edu	교육기관	info	제한없는 사용
fr	프랑스	com	이익 단체, 기업	biz	비즈니스
jp	일본	gov	정부기관	name	개인
de	독일	mil	군사기관	pro	회계사, 법조인, 의사
kr	한국	org	그 외 단체/기관	aero	항공수송사업
cn	중국	net	네트워크 관리기관 또는 게이트웨이	coop	협동조합
uk	영국	int	정부간 국제조약에 의해 설립된 기관	museum	박물관

[표 4-6] kr 도메인의 2단계 도메인

2단계 도메인	해당 영역	2단계 도메인	해당 영역
co	영리	mil	국방조직
ne	네트워크	ac	대학/대학원
or	비영리	hs	고등학교
re	연구	ms	중학교
pe	개인	es	초등학교
go	정부기관	sc	기타 학교

▶ 2단계 도메인 (분류)

2단계 도메인은 기관의 성격을 분류한 11개의 도메인과 개인을 위한 1개의 도메인, 그리고 지역명을 기초로 한 16개의 지역 도메인이 있다. [표 4-6]에 예를 나타내었다.

▶ 3단계 도메인

3단계 도메인은 상호명, 상표명을 근거로 하여 전체 이름 또는 영문 약자 등으로 도메인 이름 신청자가 정하여 사용할 수 있다.

4.7.3 전자우편 주소

인터넷을 사용하는 사람의 전자우편 주소는 그 사람이 인터넷 서버로 사용하는 컴퓨터의 도메인 네임과 그 사용자 아이디(ID)를 사용해 표시해야 한다. 사람 ID와 도메인 네임 사이에는 '@'를 넣어 표시한다. 여기서 @는 영문으로 "at"을 의미한다.

▶ 형식

사용자 아이디(ID) @ 도메인 이름

예) yahoo의 도메인 네임은 yahoo.co.kr이므로 yahoo에서 superman이란 아이디를 사용하는 사람의 인터넷 주소는 superman @yahoo.co.kr 이다.

4.7.4 URL

URL(Uniform Resource Locator)은 인터넷상의 각종 정보의 형태와 위치를 담고 있는 표준 주소이다. 웹 브라우저를 사용하여 특정 인터넷 사이트나 홈페이지를 찾아가 원하는 정보를 보기 위해서는 반드시 URL을 알아야 한다. URL은 웹 브라우저가 읽어올 문서가 있는 컴퓨터의 위치와 컴퓨터 안에 있는 디렉토리 위치, 파일 이름을 표시한다.

인터넷에서 정보를 서비스하는 컴퓨터들은 정해진 포트를 통해서 데이터를 주고받는다. 프로토콜의 종류에 따라서 디폴트로 사용하는 포트번호가 미리 정해져 있기 때문에 포트번호가 명시되지 않으면 정해진 번호를 사용하게 된다. 만약 특정한 프로토콜을 사용하는 정보

서비스가 디폴트 포트번호를 사용하지 않는다면 URL에서 포트번호를 반드시 기재해 주어야 정확한 정보의 위치가 된다.

인터넷 서버에 자료를 요청하는 방법에 따라 http, ftp, gopher, telnet, news 등의 프로토콜을 사용하며, WWW에서는 보통 http를 사용한다. URL의 부분별 의미를 [표 4-7]에 나타낸다.

[표 4-7] URL의 부분별 의미

예) http://www.daum.net/Mail-bin/login.html

http: : http 프로토콜을 사용함을 표시
http 대신 ftp, gopher, news 등 사용 가능
// : 인터넷 서버에서 정보를 가져온다는 것을 표시
www.daum.net/ : 서버 이름을 도메인 이름 형태로 표시
숫자 형태로 된 IP Address를 사용해도 무방
Mail-bin/ : 서버에 있는 디렉토리 경로 이름을 표시
Login.html : 가져올 정보를 담고 있는 파일 이름을 표시

▶ 형식

프로토콜://호스트이름[:포트번호][/디렉토리경로]

CHAPTER

05 멀티미디어 통신

CHAPTER 05 멀티미디어 통신

5.1 멀티미디어

5.1.1. 멀티미디어 정의

멀티미디어(multi-media)라는 용어는 애플컴퓨터의 전 회장이었던 스티브 잡스에 의해 1980년대 초에 처음으로 사용된 것으로 알려져 있다. 이 용어는 1990년대에 들어서면서 관련 기술의 발전, 정보 욕구의 확대, 다양한 응용 기술의 발전에 힘입어 이제는 일반인에게까지 익숙한 용어가 되었다.

멀티미디어가 중요한 의미를 갖는 이유는, 인간에게는 시각, 청각, 촉각, 후각, 미각 등의 이른바 오감이라는 것이 있어서 이를 통합적으로 인지하여 사물이나 상황을 파악하는데 반해 기존의 컴퓨터에서는 단순히 시각적 문자만을 보여주는데 그쳤기 때문이다. 멀티미디어가 가능해지면 강한 표현력을 지니는 컴퓨터 응용 프로그램을 만들 수 있으며, 이는 교육에서 이해도를 증진시켜 주고, 회사에서의 작업효율을 높여주며, 가정에서는 컴퓨터조작을 쉽게 해 주며, 개인에게 즐거움을 주는 등의 파급효과를 낳게 된다.

2000년대에는 초고속 정보통신망이 일반 가정에까지 보급되어 가정용 멀티미디어의 변화가 예상되며, 영상전화, 원격회의, 원격쇼핑, 가상현실의 기술까지 발전할 것으로 예상된다.

멀티미디어는 다수를 의미하는 "멀티(multi)"와 정보전달의 매체를 의미하는 "미디어(media)"의 합성어이다. 멀티미디어는 정보 표현을 위한 텍스트(text), 오디오(audio), 영상(image), 그래픽(graphic), 비디오(video) 등과 같은 표현 미디어와 정보 전달을 위한 통신매체(인터넷, 초고속정보 통신망 등), 고전적인 매체(라디오, TV 등), 축적수단(CD 타이틀 등) 등의 전달 미디어를 총칭하는 것으로 볼 수 있다. 결국 멀티미디어는 사용자의 관점에 따라 그 정의가 약간씩 달라질 수 있다고 할 수 있으나 다양한 미디어를 효과적으로 사용하여 만들어진 정보의 전달이라는 공통적인 특징을 가지고 있다. 즉, 멀티미디어는 “인간과 인간 사이에 문자, 그래픽, 이미지, 애니메이션, 소리 및 동영상과 같은 미디어 데이터를 하나의 객체로 조합하여 효율적으로 정보를 표현, 저장, 전달하는 기술” 이다.

현재 멀티미디어는 텍스트, 오디오, 영상 등의 디지털화와 컴퓨터의 발전 그리고 네트워크의 발전과 밀접하게 관련되어 있으며 접근하는 분야에 따라 다양하게 정의되고 있다. 멀티미디어의 정의를 [그림 5-1]에 나타내었다.

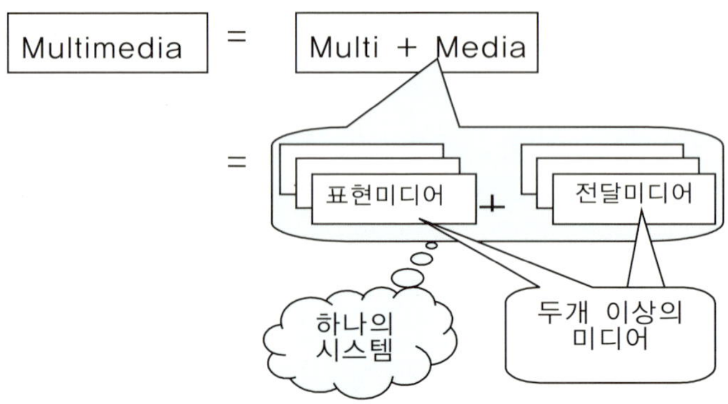

[그림 5-1] 멀티미디어의 정의

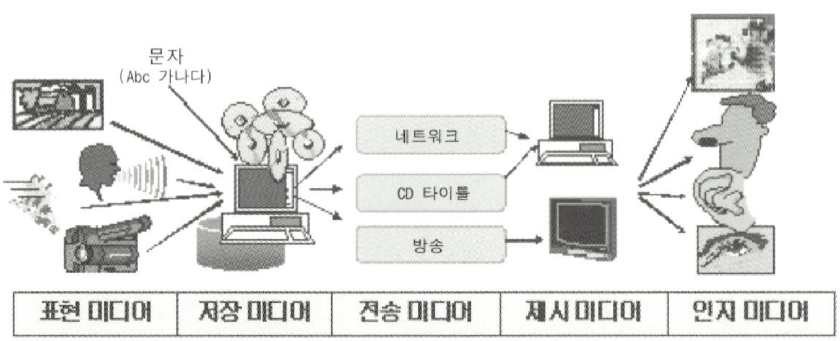

표현 미디어(Represntation Media): 문자, 그림, 애니메이션, 소리/음성, 동영상
저장 미디어(Storage Media) : CD-ROM, HDD, FDD..
통신 미디어(Communication Media): Computer Network, Broadcasting System
제시 미디어(Presentation Media): Computer Moruitor, TV, Speaker
인지 미디어(Perception media): 인간의 오감

[그림 5-2] 미디어데이터의 형태

멀티미디어 데이터의 생성에서 최종 사용자까지 전달되는 과정을 다음과 같이 5단계로 구분할 수 있다.

표현 미디어는 데이터의 생성에 관련된 미디어이다. 예를 들면 “안녕하세요”라는 인사말은 글씨로 표현할 수 도 있고, 그림이나 애니메이션으로 인사하는 모습을 표현할 수 도 있고, 동영상을 비디오로 촬영하여 보여줄 수도 있다.

저장 미디어는 표현 미디어로 생성된 멀티미디어 데이터가 컴퓨터에서의 처리, 편집, 재생을 위하여 저장 매체에 보관된다. 일반적인 저장 매체로 CD-ROM, 하드 디스크, DVD 등 생성된 데이터를 보관하는 미디어이다.

전송 미디어는 컴퓨터 네트워크가 정보통신 기술의 발달과 더불어 멀티미디어 전송 매체로 중요한 위치를 차지하고 있고, 이동통신방송 등이 있다.

제시 미디어는 최종 사용자에게 무엇을 어떻게 보일 것인가에 관한 것으로 전통적인 매체인 TV, 라디오, 음향기기, 컴퓨터 모니터 등에 관련된 미디어이다.

인지 미디어는 인간의 오감에 해당하는 것으로 제시 미디어의 선택에 의해 결정된다. 그러나 인지미디어에 해당하는 인간의 오감에 대한 선택은 인지의 정도에 많은 영향을 주기 때문에 표현 미디어의 선택에 중요한 요인이 된다.

멀티미디어의 특징은 다음과 같다.

- 멀티미디어는 텍스트, 오디오 그리고 영상 등 여러 가지 미디어의 집합이다. 하나의 시스템에서 둘 이상의 미디어를 동시에 사용한다. 정보 처리 방식으로 디지털 압축 및 복원 기술을 사용한다. 저장 매체나 네트워크를 이용해 양방향 정보 교류가 가능하다. 정보의 전달 및 획득 과정에서 사용자가 스스로 원하는 정보를 선택하여 원하는 형태의 정보를 살펴보고, 또 가공하여 새로운 정보의 창조가 가능하다.
- 멀티미디어는 디지털로 표현된다. 문자만이 아닌 소리, 이미지, 동영상 등의 다양한 데이터를 아날로그가 아닌 디지털로 변환하여 처리한다. 상호작용이 가능하다. 즉, 적절한 시스템을 통하여 개별 미디어를 조작, 편집할 수 있다.
- 멀티미디어 정보는 컴퓨터 시스템을 사용하여 획득, 저장, 처리 및 표현된다.

5.1.2. 멀티미디어 소스

미디어 소스는 개별 미디어가 제작된 근원을 가리키는 것이 아니라 멀티미디어 타이틀 또는 정보가 저장되어 있고 정보를 얻기 위하여 접근해야 할 대상을 가리킨다.

〉〉 CD

오디오, 사진, 그래픽 등과 같이 큰 용량의 디지털 데이터는 기존 저장 매체로는 수용할 수 없었으며, 임의 접근, 대량 분배 등의 요구로 인해 광 저장 매체가 급속한 진보를 이루게 되었다. 가장 대중적인 성공을 거둔 것이 바로 CD(Compact Disk)이다.

CD는 매우 가벼우며 반영구적이고 저가에 대량 생산될 수 있으며, 고음질 오디오를 74분 분량만큼 또는 디지털 데이터를 650 Mbyte 이상 저장할 수 있는 특징을 지니고 있다. 초기에는 데이터 전송속도가 150 Kbps 정도였지만 이후 꾸준히 속도가개선되어 최근 52배속까지 출현하였다. 52배속이면 전송속도가 150 K × 52 = 7.8 M, 즉 초당 7.8 Mbps가 된다

이러한 CD 기술은 음반 시장의 CD-DA(Compact Disk Digital Audio), 컴퓨터 시장의 CD-ROM(Compact Disk Read Only Memory), 가정용 CD-I(Compact Disk

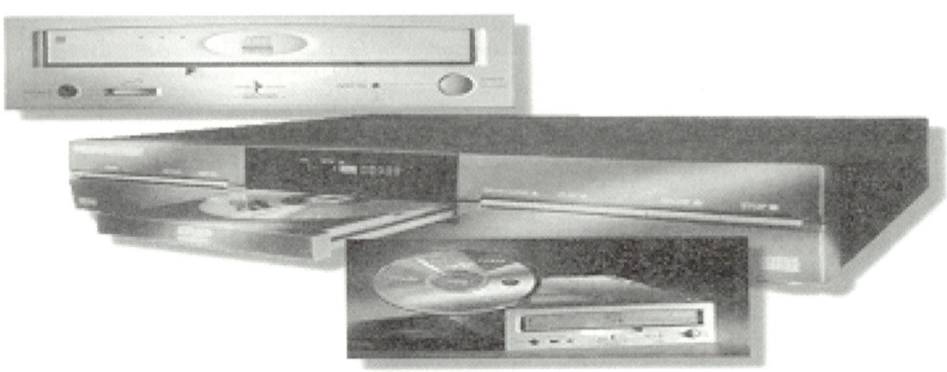

[그림 5-3] CD 플레이어와 CD-ROM 드라이브

Interactive) 등 다양한 형태로 응용되고 있다. 이 외에도 사용자가 기록할 수 있는 매체로 CD-R(Compact Disk Recordable), CD-RW(Compact Disk Rewritable) 등이 있다.

CD는 직경 12 cm, 15 mm의 회전축 구멍, 두께 1.2 mm의 디스크 모양이며, 데이터가 저장되어 있는 면에는 아주 얇은 알루미늄 막이 입혀져 있고, 레이블을 찍기 위한 면에는 보호 플라스틱이 입혀져 있다.

〉〉 DVD (Digital Versatile Disc, Digital Video Disc)

멀티미디어 서비스에 비디오가 포함되기 시작하면서 CD의 한계는 바로 드러났다. 650Mbyte라는 용량은 사운드를 보관하기에충분하지만 MPEG-1 수준의 비디오는 1시간 이상을 기록하기 어렵다. DVD는 CD의 이러한 용량의 한계를 극복하기 위한 수단으로 등장하였다.

DVD는 CD에 비해 저장 용량을 충분히 하기 위해 여러 가지 방법을 사용한다. CD와 같은 크기이지만 트랙 간의 간격이나 피트의 길이가 CD에 비해 절반 이하이다. 즉, DVD는 CD에 비하여 기록밀도가 훨씬 높아 CD의 약 7배 정도인 4.7 Gbyte의 용량이며 MPEG-2 수준의 비디오 133분 길이의 영화를 수록할 수 있다. 한 면을 두 개 층으로 나누거나 양면을 모두 사

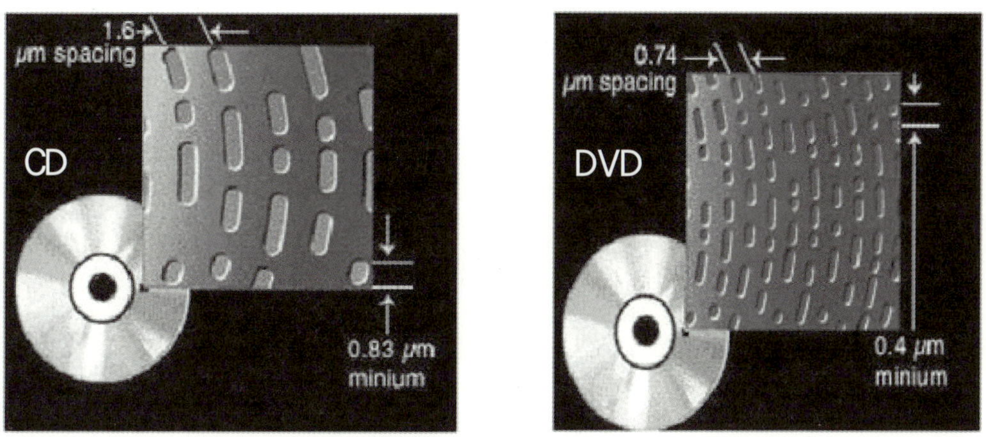

[그림 5-4] CD와 DVD의 물리적 특성 비교

용하면 용량을 최대 17 GB까지 늘리는 것이 가능하다. [그림 5-3]과 [표 5-1]에서 CD와 DVD의 특성을 비교하였다.

DVD 반사층은 금 또는 은을 섞어서 레이저를 반사하는 층을 형성하며, 금은 은에 비해 변화가 적어 데이터 보존율이 뛰어나다. 우리가 보는 기록층의 색상은 반사층과 연료층의 색상 혼합으로 나타나게 된다. 대부분의 DVDR은 반사층으로 은박을 사용하고 있으며, 염료층은 파란색에 가깝다. DVDR도 염료의 종류가 많아지면 몇 가지 색상이 추가될 수있다.

이러한 DVD 기술은 영화 시장의 DVD-video, 음반 시장의 DVD-audio, 컴퓨터 시장의 DVD-ROM 등 다양한 형태로 응용되고 있다. 이 외에도 사용자가 기록할 수 있는 매체로 DVD-R, DVD-RAM, DVD-RW 등이 있다.

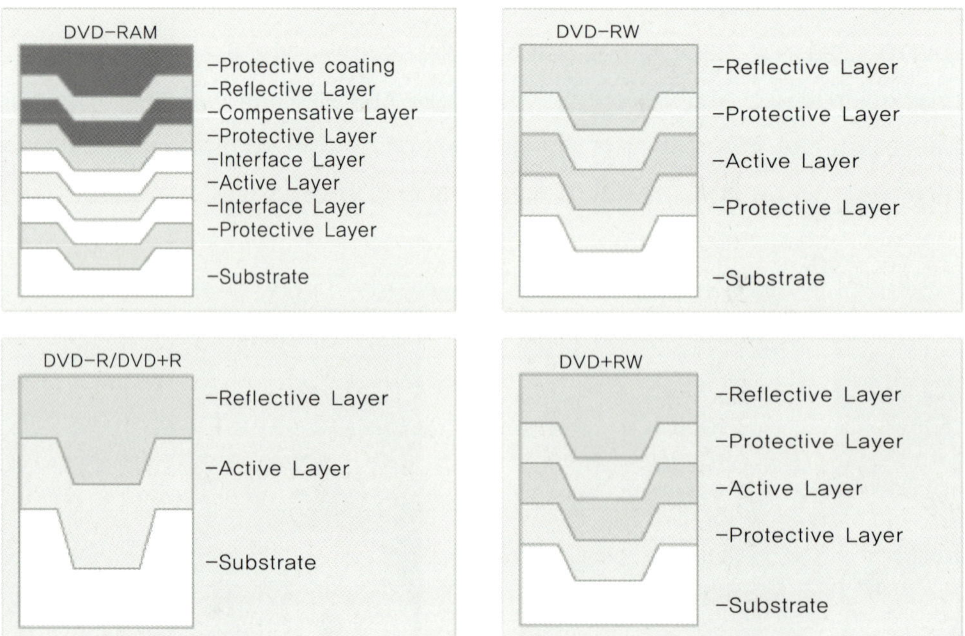

[그림 5-5] DVD종류별 물리적특성 (출처: ACRO CIRCLE사 홈페이지)

[표 5-1] DVD구조

DVD-R 구조	저장용량
DVD-5 (Single side / Single layer) 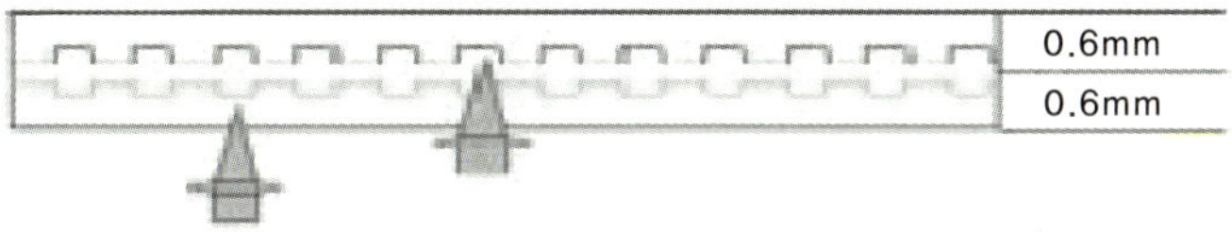 	4.38 GB (4.7)
DVD-9 (Single side / Dual layer) 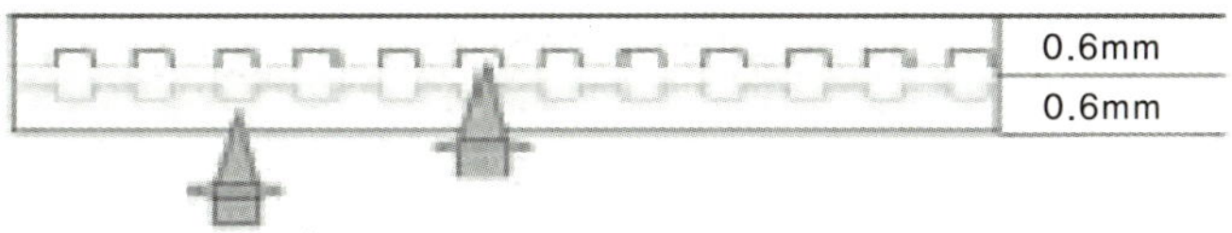 	7.95 GB (8.54)
DVD-10 (Dual side / Single layer) 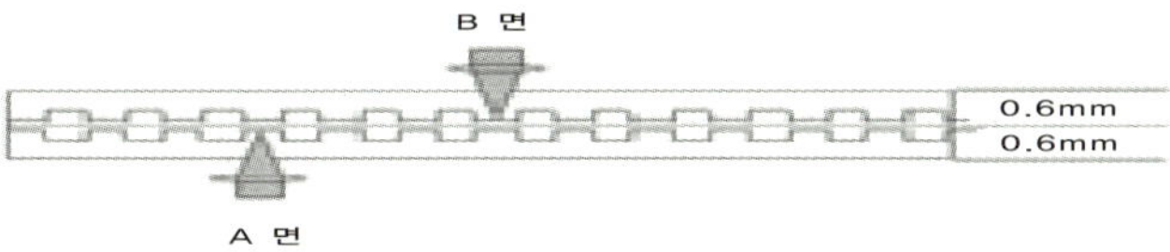 	8.75 GB (9.4)
DVD-18 (Dual side / Dual layer) 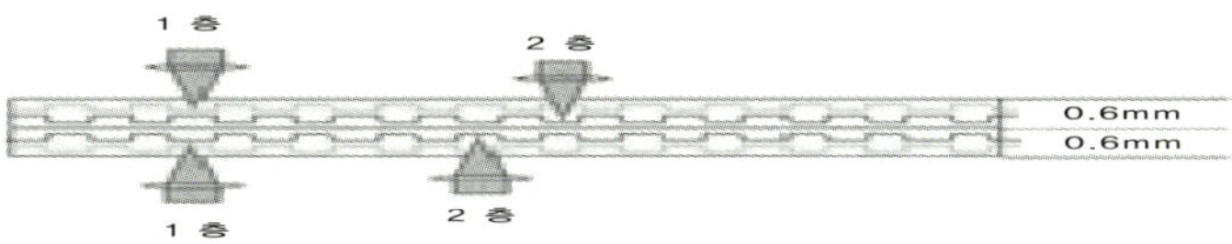 	15.9 GB (17.08)

DVD 기록내용에 따라 단면-단층(Single side-Single layer), 단면-복층(Single side-Dual layer), 양면-단층(Dual side-Single layer), 양면-복층(Dual side-Dual layer)의 구조로 나눌 수 있다.

DVD의 지역코드는 DVD의 재생을 지역별로 나누어 관리하는 방식을 말한다. 각 지역별로 유통되는 DVD타이틀의 수요와 판매량 관리하며, 영화산업 보호, 불법복제, 불법유통 등을 막기 위해 제작되었다.

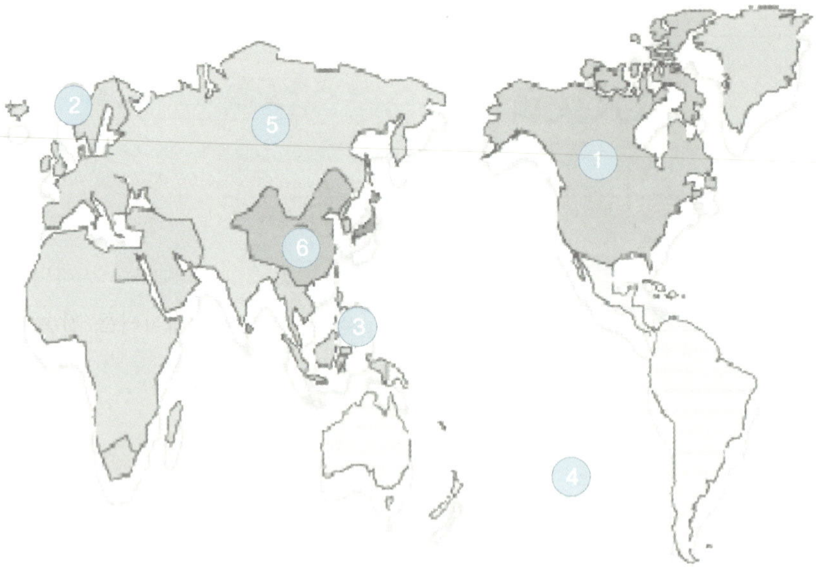

[그림 5-6] 지역별 코드

[표 5-2] 지역별 코드

코드번호	주요지역
1	미국, 미주지역, 캐나다
2	유럽, 일본, 그린란드, 이집트, 중동, 남아프리카
3	한국, 대만, 동남아시아
4	멕시코, 남미, 오스트레일리아, 뉴질랜드
5	러시아, 서유럽, 인도, 아프리카
6	중국
7	미확정
8	국가간을 비행하는 비행기나 선박내
0	지역에 상관없이 재생가능

〉〉 블루레이 디스크 (Blue Ray Disc)

블루레이디스크는 렌즈를 통과한 레이저가 광디스크에 세밀하게 조사(照射)돼 데이터 저장밀도 증가에 큰 영향을 미치는 개구수(NA: Lens numerical aperture)가 0.85로 디스크 한쪽면에 두 개의 기록층을 만드는 단면복층기록 기술을 적용할 경우 데이터를 현재 DVD보다 10배 많은 50G까지 저장할 수 있다. 현재 DVD와 CD의 개구수는 각각 0.6과 0.45이다. 개구수가 높은 만큼 트랙피치도 DVD의 절반도 안되는 0.32 ㎛로 매우 조밀하다. 이 기술을 이용해 광드라이브를 만들 경우 초당 11.12 Mbps와 7 Mbps의 데이터를 전송하는 DVD-ROM · CD-ROM 드라이브보다 3~5배 가량 빠른 36 Mbps의 속도로 데이터를 전송할 수 있다.

HD DVD 세계표준인 블루레이디스크는 650 ㎚ 파장의 적색레이저를 사용하는 현재의 DVD보다 훨씬 조밀한 405 ㎚의 청자색 레이저를 사용하며, 0.1 ㎜의 기록층을 가진 두께 1.2 ㎜ 직경 12 ㎝의 디스크에 현재의 DVD보다 약 5~6배인 23.3G · 25G · 27G 등을 저장할 수 있다.

[Sony사의 Blue-ray 레코더]

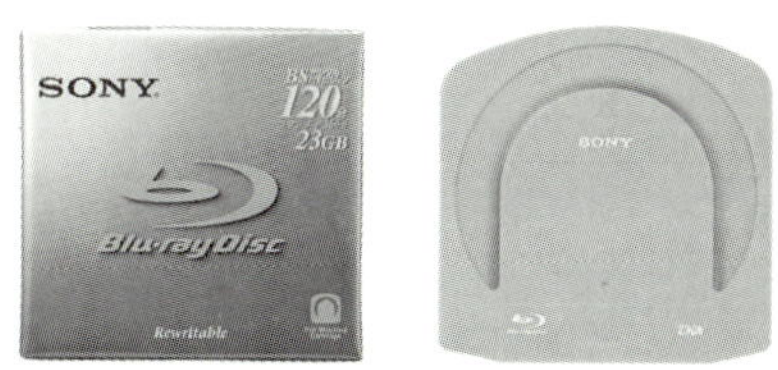

[Sony사의 Blue-ray Disc]

[LG Blue-ray 레코더]

[그림 5-7] 회사별 Blue-ray 레코더

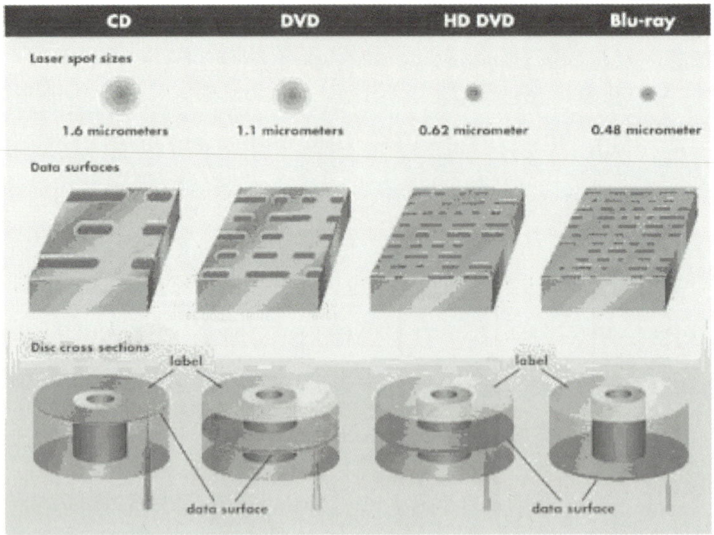

[그림 5-8] 광 디스크 드라이버(Optic Disc Driver, ODD)

DVD포럼이 책정한 DVD의 후속이 되는 대용량 광디스크 규격으로 TOSHIBA와 NEC가 공동으로 제안 한 AOD(Advanced Optical Disk) 사양을 베이스로 하고 있으며, 2003년 11월에 승인되었다.

[표 5-3] 광 저장 창치의 세대별 특성

항목	CD	DVD	Blue-ray
디스크 크기/두께	120 mm / 1.2 mm	120 mm / 1.2 mm	1.2 ㎜ / 12 ㎝
저장 장소	단면	양면	단면
저장용량	~650 MB	4.7 GB(단면), 8.5 GB(양면)	23.3G / 25G / 27G
자료 전송률	150 KBps(배속)	1.32 Mbps(배속)	36 Mbps(배속)
레이저 파장	780 nm	650 nm 또는 635 nm	405 ㎚의 청자색 레이저

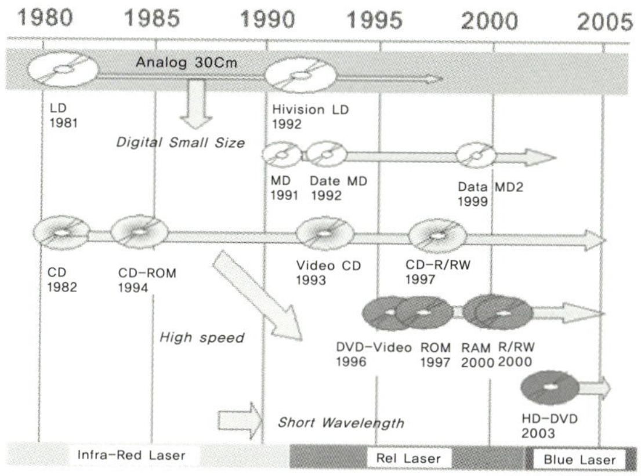

[그림 5-9] 광 디스크 드라이버(Optic Disc Driver, ODD)의 변천사

HD DVD는 DVD규격을 기초로 본격적인 HD 방송시대를 대응하기 위해 개발된 디스크 미디어 규격이다. DVD와 같은 모양이며, 지름 12 ㎝, 두께 1.6 ㎜ 둥근 플라스틱이다. 읽기에 사용하는 레이저 파장은 405나노미터 청색 레이저이다. CD나 DVD보다도 파장이 짧은 레이저를 사용해 보다 고밀도 기록이 가능하다. HD DVD는 단층으로 15GB, 복층은 30GB 용량을 가지며, 세 개 층으로 45GB 용량 저장이 가능하다. 미디어를 보호하는 보호층은 DVD와 같은 0.6 ㎜다.

HD DVD의 최대 특징은 현행의 DVD규격과의 높은 호환성에 있다. HD DVD는 블루레이 디스크(Blue-ray Disc)와 치열한 차세대 DVD 경쟁을 벌여왔으나, TOSHIBA가 공식적으로 사업철수를 밝혀 역사 뒤안길로 사라질 운명에 처했다.

〉〉 인터넷 멀티미디어

CD를 이용한 멀티미디어 타이틀이 확산되기 시작할 즈음 인터넷과 월드 와이드 웹이 대중화되기 시작하였으며, 웹의 인기에 힘입어 단시간 내에 다양한 멀티미디어 정보가 제공되었다. 인터넷에서 멀티미디어 제공 방식을 보면 HTML 문서 내에 여러 미디어를 포함한 하이퍼미디어 형태와 방송, 영화처럼 실시간에 전송되는 형태로 구분할 수 있다. 최근에는 스트리밍 기술이 개발되어 인터넷 방송과 같은 서비스 분야도 보편화되어가고 있다.

[그림 5-10] 인터넷

5.1.3. 멀티미디어 응용

멀티미디어의 응용분야는 컴퓨터와 인간공학적 결합, 비즈니스분야, 통신 분야와 가상현실 분야 등 다양하다. 21세기에는 많은 정보들이 멀티미디어 콘텐츠의 성격을 가질 것이고, 따라서 멀티미디어 정보는 지식사회를 이끄는 원동력이 될 것이다.

멀티미디어 응용분야는 최근 정보통신 기술의 발전과 더불어 다양하다. 출판, 통신, 가전, 컴퓨터분야 등 산업 전반에서 활용되고 있다.

〉〉 멀티미디어 타이틀

대용량 저장 매체를 이용하여 목적에 따른 내용(contents)을 담은 타이틀 형태로서 기업의 소개(kiosk), 교육(edutainment), 게임(entertainment), 광고(advertisement), 가상실험(simulation), 신문/잡지, 간행물, 특허, 대량정보 타이틀 등 사회 전반에 걸쳐 다양하게 활용할 수 있다.

CD-ROM 타이틀 저작도구를 이용한타이틀은 기존의 멀티미디어 저작도구를 이용하여 제작한 타이틀로 일정한틀을 벗어나기 힘들며 일반적으로 재생을 위한 엔진이 함께 요구된다.

프로그램 언어를 이용한 타이틀은 각종 미디어들을 프로그램으로 직접 제어하여 구성한 타이틀로 유연하고 강력한 구성이 가능하나, 해당 프로그램 분야의 전문적인 지식과 기술을 요구 되고, 제작 시간이 많이 소요되는 단점이 있다

웹 저작도구를 이용한 타이틀은 웹 고유의 미디어 서비스 기능을 활용하여 구축한 타이틀로 웹 브라우저를 통해 어디서나 재생이 가능하며, 제작이 비교적 쉽다는 장점 때문에 최근에는 널리 활용되고 있다.

통신형 멀티미디어는 컴퓨터 네트워크를 이용한인터넷(Internet)과 PC 통신에 의한 홈서비스 및 멀티미디어 응용 분야 로서 다음과 같은 서비스들이 있다. 화상 회의(Video Conference System), 멀티미디어 그룹웨어(Groupware), 원격 교육(Distance Education), 주문형 비디오(VOD: Video On Demand), 원격 의료(Distance Medical Service), 대화형 TV(Interactive TV), 협력 작업(CSCW: Computer Supported Cooperative Work), 인터넷(Internet), 재택근무 그리고 개인용 휴대통신 등에 적용된다. 초고속 정보 통신망을 이용한 서비스로는 홈뱅킹, 홈쇼핑, 전자학습, 전자 민원 서비스, 원격 진료, 전자신문, 영상회의 등에 활용된다.

가전 분야로 비디오 폰, 게임기 등 가정에서 사용하고 있는 기기들에 음성 및 영상을 통한 사용안내 등이 점차로 채택되어가고 있는 실정이다.

멀티미디어는 정보화 사회를 이끌어가는 핵심적인 기술로서 존재하고 있으며, 앞으로도 멀티미디어는 인간사회의 변화를 주도하고 인간 사회의 편리성을 제공하는 수단으로서 지속적으로 진화하고 발전할 것이다.

5.2 미디어 표현

이 절에서는 텍스트, 오디오, 영상 미디어의 표현 방법과 압축방법을 설명한다. 텍스트는 문자를 표현하는 가장 기본적인 미디어이고, 오디오는 사람의 음성이나 자연 또는 악기소리를 말하고 사람 간의 정보 전달이나 음악, 전자오락의 현실감 부여 등에 이용된다. 영상은 그림이나 그래프 등을 말하며 많은 정보를 함축적으로 표현할 수 있다.

이들 미디어가 복합적으로 이루어진 멀티미디어의 경우는 데이터의 양이 너무나 방대하여 컴퓨터에 저장하거나 네트워크를 통하여 전송하는 경우 많은 시간과 자원이 소요된다. 그러므로 자원의 효율화를 위해 데이터의 크기를 줄이는 압축 기술은 대단히 중요하다.

5.2.1 텍스트의 표현

〉〉 ASCII코드

ASCII는 미국에서 표준으로 제정한 코드이다. 원래 7비트 총128가지 코드로 되어 있으나 오류 검출이 가능한 데이터 통신을 위하여 패리티(parity) 비트를 추가하여 8비트로 되었다. 현재 세계적으로 가장 많이 쓰이고 있다.

〉〉 유니코드

나라마다 서로 다른 코드 체계를 사용하게 되면 정보의 교류가 어렵게 되고 세계 시장을 대상으로 하는 소프트웨어 개발자들에게는 커다란 부담을 안기게 된다. 인터넷의 대중화로 누구나 전세계 대부분의 웹 페이지에 쉽게 접근할 수 있으나 코드 체계의 문제가 해결되지 않으면 무용지물이 된다. 물론 비트맵 방식으로 글자를 출력하게 되면 보는 데에는 일단 문제가 없지만 각각의 문자를 수백 비트로 표현하게 되면 전송량이 늘어나게 된다. 이러한 문제점을 해결하고자 제안된 것이 표준화된 유니코드이다.

한글 낱자를 표현하기 위해 4바이트 또는 간편하게 2바이트를 쓴다. 조합형처럼 2바이트로 한글의 11,172자를 모두 표현한다. 따라서 만국 공통의 체계를 지향하는 유니코드는 언어

[그림 5-11] 유니코드

확장이 용이하다. 또한 언어 코드 문제가 해결되므로 국산 SW로 세계 시장에 진출하기도 훨씬 수월하다.

〉〉 폰트

문자를 화면이나 프린터로 출력하기 위해서는 각 문자의 모양과 크기가 미리 정해져 있어야 하고, 정해진 내용을 올바르게 출력할 수 있어야 한다. 이때 문자 모양을 표현하기 위하여 일관된 형태로 각 문자의 모양과 크기를 정한 것을 폰트(font)라고 한다. 폰트는 제작하는 방법에 따라 크게 비트맵(bitmap) 폰트와 벡터(vector) 폰트로 구분한다.

▶ 비트맵 폰트

비트맵 폰트는 개념적으로 생각했을 때 사각형 모양의 픽셀로 이루어진 비트맵 위에 만들고자 하는 글자 모양대로 픽셀들을 칠하는 방식이다. 이때 픽셀이 칠해진다 함은 픽셀에 대응되는 비트의 값을 1로 만드는 것을 의미한다.

이처럼 정해진 크기의 비트맵상에 문자 모양에 따라 점의 집합으로 작성하는 방식으로써, 단순히 픽셀의 값/위치를 기록하는 방법으로 빠르고 간단하나 확대/축소를 하면 모양이 심하게 왜곡된다. 타임즈-로마체(Times-Roman)가 대표적인 예이다.

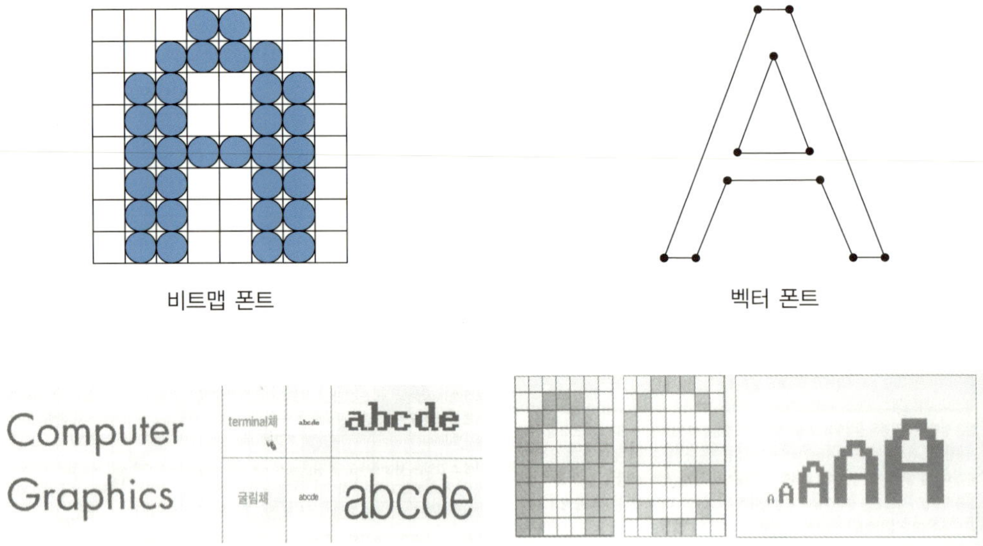

[그림 5-12] 비트맵 폰트와 벡터 폰트

▶ 벡터 폰트

문자의 외곽선을 수학적으로 모델링하여 수식으로 나타낸 형태이다. 수학적 계산을 통해 함수의 매개변수 값을 바꾸거나, 함수의 변수 값을 크거나 작게 함으로써 비교적 손쉽게 문자 모양을 변형시킬 수 있다. 따라서 한 종류의 폰트를 제작하는 작업만으로도 여러 가지 형태의 모양을 갖는 폰트를 갖는 셈이다. 벡터 폰트의 이런 특성 때문에 이를 트루 타입(true type) 폰트라고 한다.

벡터 폰트는 크기를 변화시킬 수 있어 하나의 폰트로 모든 크기를 표시할 수 있는 장점이 있으나 아주 작은 글자를 표현하고자 할 경우에는 오히려 비트맵 폰트가 더 아름다울 수 있기 때문에 폰트의 선택에 주의가 필요하다. 현재 대부분의 폰트는 벡터 폰트로 되어 있으며 고품질의 인쇄를 위하여 많은 서체가 개발되고 있다.

〉〉 텍스트 데이터 형식

대표적인 형식으로는 다음과 같은 것들이 있다.

▶ TXT

운영체제에서 기본적으로 제공하는 텍스트 편집기를 사용하여 만들어지는 파일 형식이다. ASCII 코드 또는 한글 코드만으로 구성되어 있기 때문에 모든 텍스트 편집기나 워드프로세서에서 읽을 수 있고 단순한 텍스트 정보를 교환하기 위한 파일 형식이다.

▶ DOC

마이크로소프트의 MS워드를 사용하여 작성되는 문서 형식이다. 그래픽 효과, 그림 및 특수 기호, 서식 정보, 탭, 줄 간격 등 워드에서 필요한 모든 정보를 포함하고 있다

▶ HWP

아래아한글 워드프로세서에서 사용하는 문서 형식이다. 다른 워드프로세서의 경우 완성형 코드를 사용하는 데 비해 조합형 코드를 사용한다. 그래픽 정보, 서식 정보, 탭 등 워드프로세서에 필요한 모든 정보를 포함하고 있다

▶ HTML (HyperText Markup Language)

인터넷 웹 문서의 표준형식으로 단순한 텍스트 파일 형식을 보기에는 적절하지 않을 수 있다. 그러나 인터넷의 발전으로 모든 워드프로세서는 결과를 HTML 형식으로 저장할 수 있도록 수정되고 있어, RTF 형식보다 호환성이 높은 텍스트 문서 포맷의 위치를 차지하고 있다.

▶ PDF (Postscript Definition File)

플랫폼과 무관하게 텍스트 문서를 사용할 수 있도록 한 최초의 시도인 어도비의 아크로뱃(Acrobat) 전용 문서 포맷이다. 보통의 문서는 여러 가지 폰트를 함께 사용한다. 문서를 읽고자 하는 사용자가 해당 폰트를 설치하지 않았다면 문서는 처음의 의도대로 화면에 표시되지 않는다. 이러한 문제를 해결하기 위해 폰트 간 약간의 차이는 무시하더라도 사용된 글자

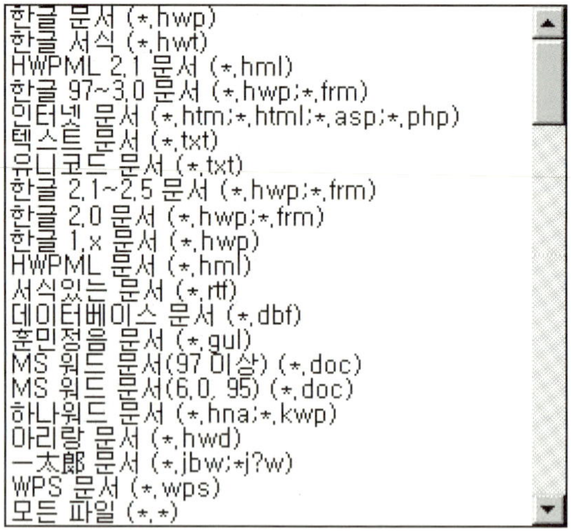

[그림 5-13] 여러 가지 텍스트 데이터 형식

의 크기, 폰트의 특징을 표시하여 나름대로 원래의 문서에 가깝도록 표시할 수 있도록 한 것이다. HTML은 레이아웃 정보를 정확히 전달하지 못하는 데에 비해 종이에 인쇄되는 모양을 그대로 유지할 수 있다. 인터넷에서 많은 PDF 포맷의 파일이 유통되고 있다.

5.2.2 오디오의 표현

오디오(Audio)란 "듣다"란 의미의 라틴어 "audire"에서 유래되었다. 흔히 가청주파, 저주파(audio frequency)의 약칭으로, 일반적으로는 사람이 들을 수 있는 음역 내의 음성 및 그것을 변환한 전기신호를 다루는 방식 또는 시스템을 가리킨다.

〉〉 디지털오디오 (Digital audio)

아날로그오디오를 A/D(analog-to-digital)변환기를 통하여 0과1이라는 디지털 숫자로 변환한 후 디지털형태로 변조된 데이터를 다시 D/A변환기를 통하여 아날로그오디오로 변환한다. 대표적인 예로 CD음악이다. CD음악을 원음에 가깝게 재생하기 위해서는 많은 기억

공간을 차지하게 되며 13분정도의 음악이 차지하는 공간은 대략 30MB정도가 된다. 아날로그오디오에 비해 고음질, 고신뢰성을 가지며 높은 메모리와 하드디스크 용량과 CPU성능을 필요로 한다.

〉〉 미디

미디(MIDI: Musical Instrument Digital Interface)정보를 보관하는 파일 포맷을 뜻하기도 한다. 즉, 어떤 악기로 음악을 연주하는 데 필요한 정보를 저장해 놓고 이를 신디사이저에 보내 음의 고저 장단을 제어하는 방식이다. 각 채널에 하나씩 할당된 여러 악기에 동시에 신호를 보냄으로써 중주, 협주 효과를 낼 수 있다. 다시 말해서 미디 파일은 악기 연주 과정을 일련의 이벤트로 표현한 것이다. 디지털 방식으로 전자악기 간의 음표 정보를 전달하는 프로토콜로부터 출발하였다. 악보에 그려진 음표가 연주자에게 연주 방법을 지시하는 것을 볼 수 있듯이 미디 정보는 신디사이저 키보드, 드럼 머신 등 전자악기에 연주 방법을 지시한다고 볼 수 있다. 파형 코딩과 달리 음을 다양하게 편집, 합성하기가 쉽다. 표준 미디는16채널 128개 악기의 소리를 낼 수 있다.

[그림 5-14] 신디사이저 키보드

[표 5-4] 미디의 종류

번호	소리
1~8	피아노
25~32	기타
33~40	베이스
41~48	현악기
57~64	관악기
105~112	전통악기
113~120	타악기

〉〉 돌비디지털(Dolby Digital) vs DTS(Digital Theater System)

극장용 영화 음향으로 가장 많이 사용되는 돌비디지털은 1992년 돌비 연구소에서 이전의 영화 음향이었던 돌비 프로로직을 발전시켜 5.1채널의 디지털 사운드로 발표하였다. 흔히 PC계열의 용어나 LD등에 표기된 AC3(Audio-Code 3)로 돌비사의 세 번째 디지털 오디오 프로젝트라고 해서 AC3라고 불려졌지만, 1996년 이후 새로운 로고와 명칭을 돌비 디지털로 변경하여 불려지게 되었고 이전의 돌비 프로로직의 리어 채널이 모노였던 것을 좌우 분리가 가능하도록 스테레오로 변환하였으며, LFE채널을 포함시켰다. 최초로 돌비 디지털이 적용된 영화로는 1992년 '베트맨' 이며 현재 가장 많은 영화들이 돌비 디지털을 채택하고 있습니다.

DTS는 돌비 디지털과 같은 5.1채널 극장 오디오 포맷의 일종으로 극장에서 DTS의 첫 포문을 연 작품은 스티븐 스필버그의 '쥬라기 공원' 이며 극장가에서는 어느 정도 돌비 디지털과 동급의 포맷 형식으로 인정받고 있다. 현재는 돌비 디지털의 강력한 경쟁자로 돌비 디지털에 비해 후발주자이기는 하지만 제원과 스펙상으로는 돌비 디지털을 훨씬 능가하는 면을 보인다. 하지만 돌비 디지털의 경우도 인간의 가청 주파수를 넘어서는 주파수 대역폭을 가지고 있기 때문에 보통의 시스템에서는 그 차이를 일반적으로 차이를 느낄 수 없다.

보충학습 : 5.1채널 스피커

소리를 들려주는 각 방향의 5개의 스피커(가운데, 왼쪽, 오른쪽, 왼쪽 서라운드, 오른쪽 서라운드)와, 저음을 강조해 주는 1개의 서브 우퍼로 구성되며 여러방향 소리를 표현할 수 있어 보다 생동감 넘치는 영상을 감상할 수 있다. 일반적으로 영화 감상의 용도로 가장 많이 쓰인다.

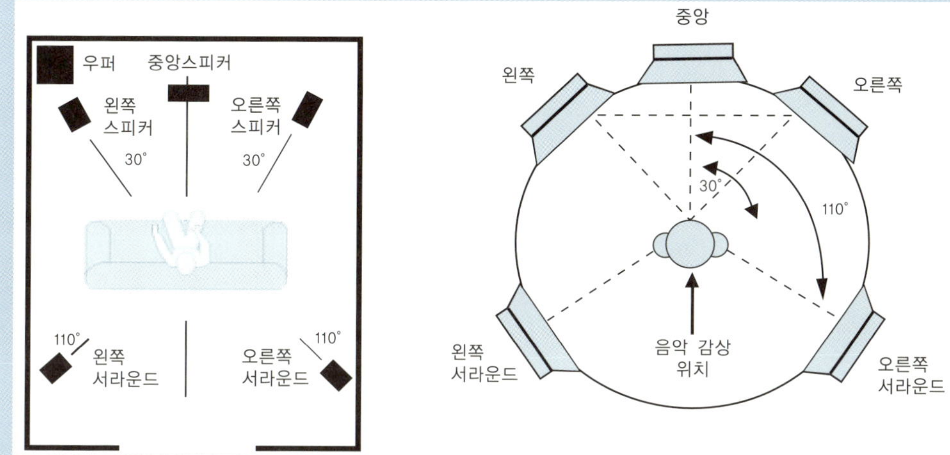

[그림 5-15] 서브우퍼를사용한 5.1채널의 멀티채널 오디오 시스템 구성형태

〉〉 오디오 압축

▶ MP3 (MPEG-1/2Layer3)

MP3란 MPEG(Motion Picture Experts Group: 동영상 전문가 그룹) Audio Layer-3의 줄임말로, 비디오 압축 규격인 MPEG의 한 종류로 보통 컴퓨터에서 사용하는 음악 파일이다. 컴퓨터에서 일반적으로 사용하는 Audio 파일인 WAV, MIDI 등에 비해 그 음질이 전혀 손색이 없을 정도로 좋다.

MP3로 알려진 MPEG 오디오 압축 방식은 사람의 귀의 특성을 최대한 활용한 것이다. 우리 귀는 아주 작은 소리는 들리지 않으며 다른 큰 소리에 의해 함께 전달되는 같은 주파수의 작은 소리 역시 들리지 않는다. 따라서 이러한 주파수의 소리 데이터는 버릴 수 있다. 이를 마스킹(masking)이라 한다.

현재 들리는 소리를 기준으로 주파수 대역을 여러 개로 나누어 각각 다른 마스킹 레벨을 사용한다면 불필요한 정보를 기록하지 않아도 되는데 MP3는 이러한 특징을 활용한 것이다.

〉〉 오디오 데이터의 형식

▶ WAV

PC에 장착되는 가장 대표적인 사운드 저장용 포맷으로 웨이브 방식을 사용하는 모든 사운드에 적용할 수 있다. PCM 방식과 같이 압축하지 않은 사운드와 ADPCM과 같은 압축 방식 모두를 지원한다. 마이크로소프트에서 사용하는

▶ SND

애플의 매킨토시, 썬의 워크스테이션 등에서 사용되는 웨이브 방식의 파일 포맷이다.

▶ MPEG

압축 효과에 비해 우수한 음질을 얻을 수 있어 인터넷을 통한 사운드 데이터의 전송을 가능하게 만든 포맷으로 사용 빈도가 급격히 증가하며 전용 플레이어가 등장하는 등 가전제품에서도 이를 지원하고 있다.

▶ AIFF

애플의 매킨토시에서 사용되는 사운드 포맷으로 사운드 데이터 자체와 데이터의 기록 방식을 함께 포함하고 있어 일반적인 웨이브 파일의 기록에 사용된다. PC에서 사용하기 위해서는 데이터의 바이트를 인텔 CPU에 적합하도록 변환해야 하며 따라서 PC 환경에서는 사용되지 않고 있다.

▶ RA

RealAudio 압축 방식을 사용한 웨이브 파일 포맷으로 웹의 스트림 방식을 사용한다.

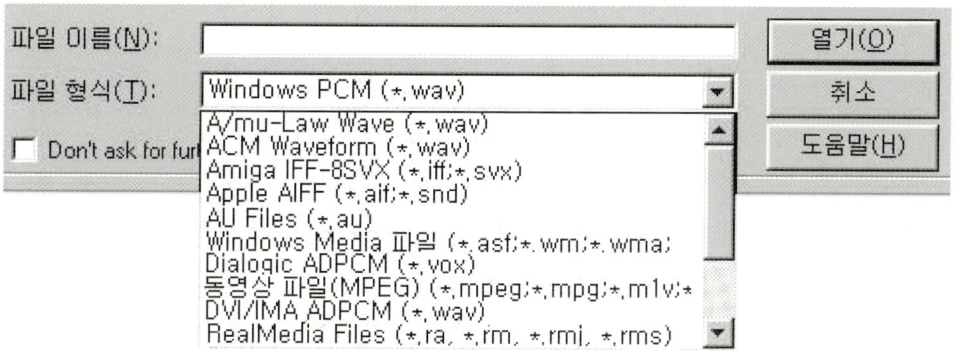

[그림 5-16] 여러 가지 오디오 데이터 형식

▶ WMA

윈도우 미디어 플레이어의 표준 포맷이다. MP3와 같은 수준의 압축을 지원하고 있으며 파일 구조에서 저작권 정보를 갖고 있어 CD 내용을 WMA 포맷으로 변경할 경우 다른 시스템에서는 해당 재생의 재생을 막는 장치를 갖고 있다.

5.2.3 영상의 표현

영상(image)이란 인간의 감각기관 중에서 눈을 통하여 인지되는 매체를 일컫는 말이다. 소리와 더불어 멀티미디어를 구성하는 가장 중요한 요소로서, 다른 매체보다 그 전달 효과가 우수하기 때문에 영상 매체를 이용한 다양한 응용들이 개발되고 있다. TV를 비롯하여 VTR이나 영화, 컴퓨터를 통하여 생겨난 컴퓨터 그래픽스, 애니메이션, 디지털 비디오 등이 있다.

〉〉 비트맵 방식

점을 이용하여 그림을 그리는 방식으로 픽셀을 만든 후 내부에 색상을 채워 이미지 표현한다. 영상이 자연스러우며 색조에 깊이가 있고, 부드러운 질감이 난다. 주로 사진이나 회화이미지에 적당한 방식이다.

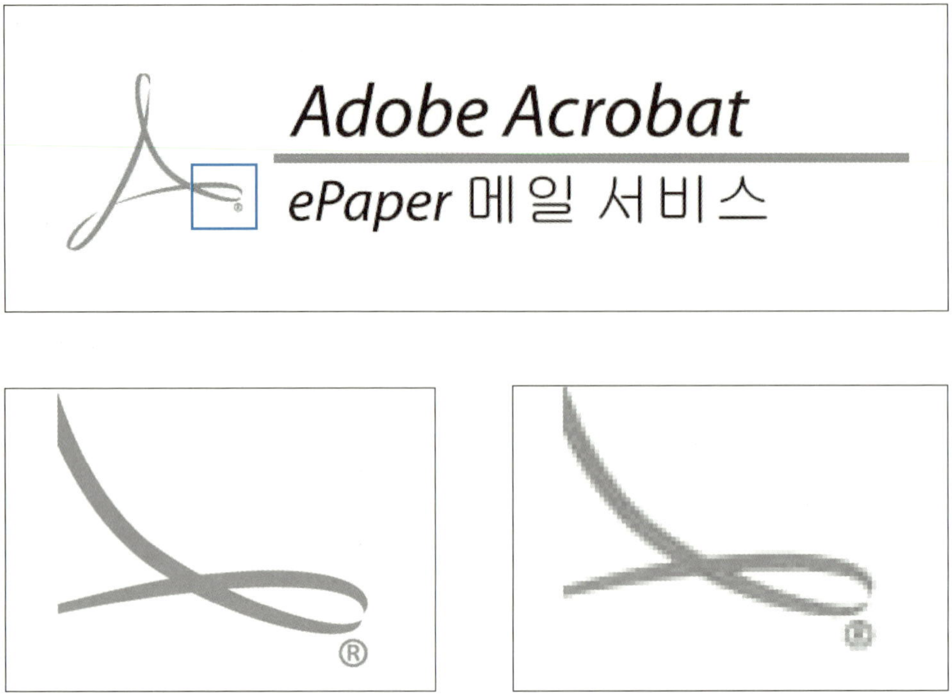

벡터영상　　　　비트맵영상

[그림 5-17] 벡터영상과 비트맵 영상 (출처: Adobe사)

〉〉 벡터방식

이미지를 점과 곡선을 이용해서 외곽선을 만든 후 내부를 색상과 패턴으로 채우는 방식이다. 적은 용량으로 확대, 축소, 회전 등의 다양한 조작이 가능하나, 복잡한 이미지 표현이 힘들고 연산속도가 느린 단점이 있다.

(1) 정지영상

〉〉 영상의 표현

[표 5-5] 색의 디지털 표현

비트수(n)	색상수(2^n)
1	1
2	4
4	16
8	256
16	65,536
24	16백만
32	16백만

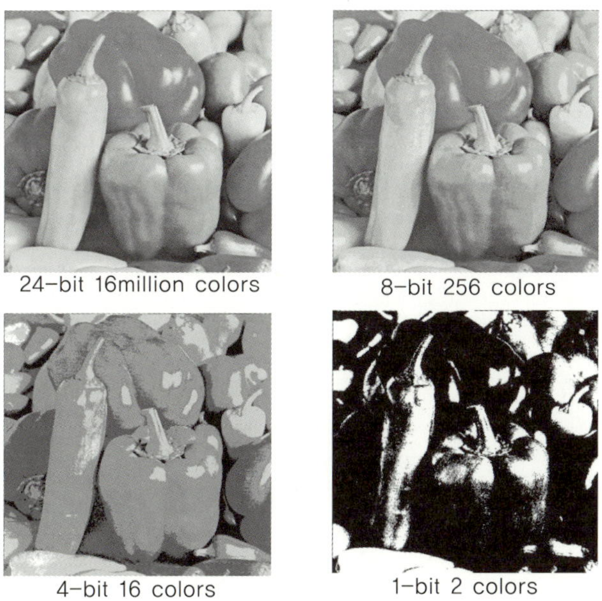

[그림 5-18] 비트 수에 따른 영상의 표현

〉〉 영상의 부호화

▶ RGB (적녹청) 모델

빛의 삼원색인 빨강, 초록, 파랑의 강도 배합으로 색을 생성하는 모델이다. 세 가지 색을 모두 같은 비율로 합치면 무채색인 회색이 된다. 세 가지 색 모두 100%를 합하면 흰색이 된다. 컴퓨터의 CRT 모니터 디스플레이에 RGB 전자총으로 바로 전달할 수 있어서 편리하다.

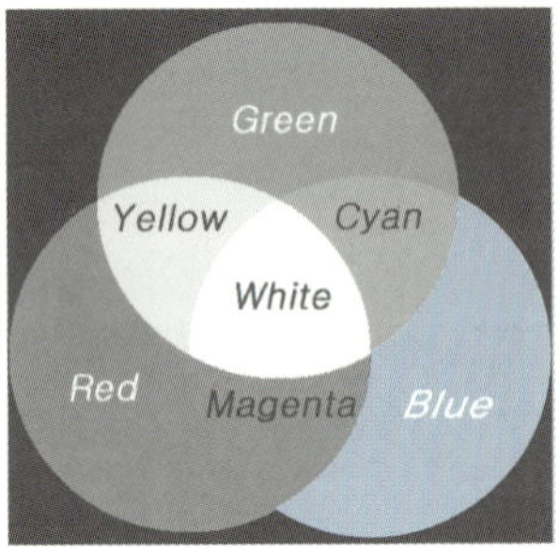

[그림 5-19] RGB 모델

▶ CMYK 모델

물감의 삼원색 청록(Cyan), 심홍(Magenta), 노랑(Yellow)에다 검정(Black)을 추가한 색상 모델이다. RGB 색상 모델과 비슷하나 감산형(subtractive) 색상 공간이라는 점이 다르다. 컬러 인쇄에 쓰이는 모델이다.

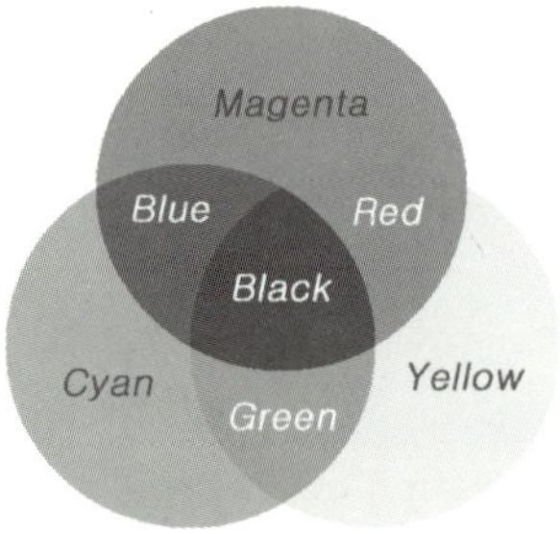

[그림 5-20] CMYK 모델

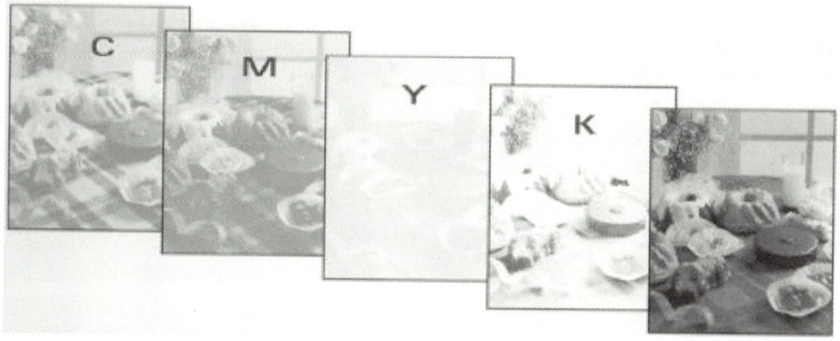

[그림 5-21] 프린터에서 색이 합성되는 과정

▶ YCbCr 모델

인간의 시각 시스템(HSV: Human Visual System)은 색상(chrominance)이 휘도(luminance)에 비해 다소 둔감하다. RGB 모델에서는 세가지 컬러 모두가 중요하기 때문에 동일한 크기로 데이터를 저장하지만 YCbCr 모델의 경우 컬러정보에서 휘도(Y)를 분리하고 휘도를 색상(CbCr)보다 많은 정보로 표현함으로써 컬러를 보다 효과적으로 표현할 수 있다. Y만 이용하면 흑백영상이 가능하므로 흑백 TV와의 호환성 때문에 컬러 TV에 이 방식이 사용된다.

〉〉 영상 데이터의 형식

▶ BMP

마이크로소프트에서 지원하는 가장 단순한 파일 포맷으로 가장 기본이 되는 포맷이다. 모든 이미지 편집 프로그램과 대부분의 워드프로세서에서 지원을 하며, 압축하지 않기 때문에 파일 용량이 크다는 단점이 있다. 8/16/24비트로 무압축 방식이다.

▶ GIF

팔레트를 사용하는 8비트 컬러만을 지원하는 대표적인 압축 포맷으로 사진의 경우는 압축효과가 크지 않으나 일러스트레이션용으로 제작된 그래픽 파일의 경우에는 압축 효과가 높다. 소규모의 파일 크기를 중요시하는 웹에서 JPEG포맷과 함께 가장 널리 사용되며, 1989년에 개정된 GIF89 포맷에는 256개 컬러 중 투명색(transparent color)을 지정할 수 있다. 1~24비트 컬러를 사용하고, LZW압축지원을지원한다.

▶ JPEG

JPEG이미지는 RGB모드와 CMYK모드를 지원하며 비트맵 이미지를 가장 효율적인 압축 방법으로 줄일 수 있다. 이 압축은 이미지의 질을 손상시키면서까지 파일을 압축하기 때문에 '손실 압축' 이라고도 한다. 파일 용량이 적어야 하는 웹 디자인에 많이 사용되고 통신을 이용하여 이미지를 교환할 때에도 즐겨 사용한다.

▶ PNG

PNG파일 포맷은 웹 디자인에서 GIF대체용으로 개발되었다. PNG로 저장된 이미지는 다운로드 중에 전체적인 윤곽을 먼저 보여주고 점점 세밀해지도록 지정할 수 있다. 이미지의 크기는 Paint shop, Adobe등 이미지 편집기 툴에서 변경 가능하다.

▶ EPS (Encapsulated PostScript)

포스트스크립트 언어에서 사용되는 그래픽 파일 형식이다. EPS 파일은 바이너리 또는 ASCII 형식 둘 모두로 만들어질 수 있다. EPS는 대체로 화면에 나타내기 위해, 그림 데이터가 비트맵 형식으로 수록되어 있는 파일임을 암시한다. 이와는 반대로 일반 포스트스크립트 파일은 그림을 프린터로 출력하기 위한 포스트스크립트 명령어만을 가지고 있다. 포스트스크립트 파일은 확장자가 ".ps"로 끝나므로 쉽게 구분할 수 있다.

▶ PDF (Portable Document Format)

Adobe사에서 개발한 파일포맷으로 아크로뱃리더에서 사용하며, 각종 멀티미디어 표현, 압축이 가능하며 레이아웃과 폰트정보 전송 및 고품질의 출력물에 유용하다. 운영체제에 상관치 않으며 모든 인쇄장치에서 인쇄 가능하고, 어디든 게시, 배포 가능하다. 소스파일보다 작은 사이즈로 저장가능하며 보안옵션이 설정되어 있다. 한해 4천억달러이상의 시장이 형성되어있다.

[그림 5-22] PDF 파일 (출처: adobe, 국제신문사)

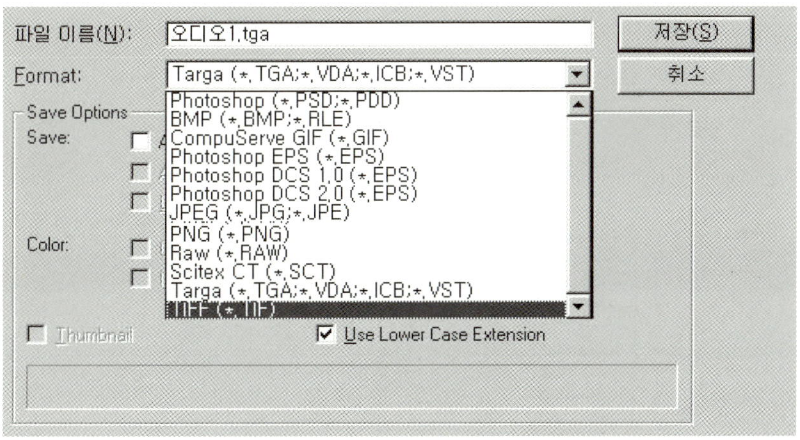

[그림 5-23] 여러 가지 영상 데이터 형식

(2) 동영상

디지털 비디오가 등장하기 이전의 아날로그 영상은 아날로그 방식의 텔레비전으로 대표된다. 컴퓨터가 지역과는 무관하게 같은 방식을 사용하는 것과는 달리, 텔레비전은 지역에 따라 서로 다른 방식을 사용한다.

〉〉 NTSC와 PAL

아날로그 텔레비전 방식은 크게 미국 중심의 NTSC 방식과 유럽 중심의 PAL 방식으로 구분된다. 우리나라는 미국이나 일본과 같이 NTSC 방식을 사용하는데, 이 경우 텔레비전의 주사선은 525개를 사용한다. 아날로그 텔레비전은 디지털 비디오와 달리 하나의 프레임을 두 개의 필드로 나누어 보여준다. NTSC방식의 경우 초당 30프레임을 보여준다. 하나의 프레임은 짝수번째의 주사선과 홀수 번째의 주사선으로 나누어져 홀수 번째의 프레임을 먼저 보여준 다음 처음으로 돌아와 짝수 번째의 프레임을 보여주는 일을 반복하며 이를 비월(interlaced) 방식이라 한다.

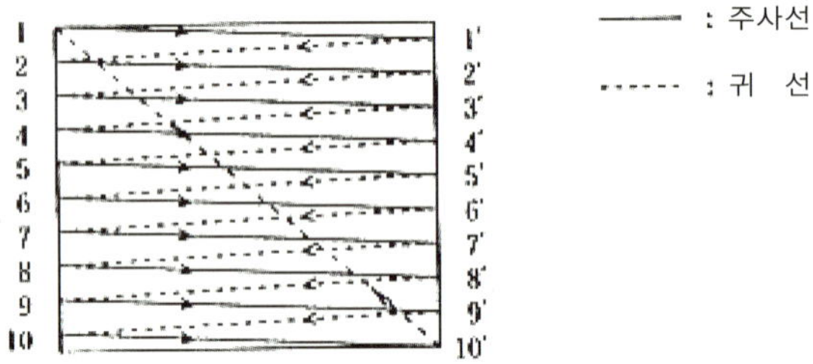

[그림5-24] 순차 주사

〉〉 HDTV

디지털 TV는 1980년대에 보다 선명한 화질의 방송을 위해 생겨났다. 디지털 방식이므로 양방향 대화를 할 수 있으며, 이를 이용하여 다양한 응용 서비스를 개발할 수 있다.

해상도에 따라 현재 TV와 같은 화질의 표준 방식 SDTV와 보다 고화질의 HDTV로 구분할 수 있는데, HDTV(High Definition TeleVision)는 주사선의 수가 현행의 두 배 화면의 가로대 세로의 비율이 16 : 9(현재 4 : 3), 화질은 35 mm, 영화의 음질은 CD 수준을 목표로 하였다. MPEG-2 파일 형식과 압축 표준을 사용한다. HDTV가 일반화되면 집에서도 영화를 제대로 즐길 수 있게 될 것이다.

〉〉 DMB

DMB(Digital Multimedia Broadcasting) 서비스는 '가지고 다니는 TV' 개념의 고정 및 이동 방송서비스라고 할 수 있으며 내용면에서는 CD 수준의 오디오, 영상뿐만 아니라 데이터 방송도 포함하는 멀티 미디어 방송 서비스이며 전송 수단에 따라 지상파 DMB와 위성 DMB로 구분된다. 수신방법은 전용단말기 또는 휴대폰 등에 DMB 수신기능을 채용한 결합 단말기(휴대폰, 자동차, PMP)로 DMB 방송을 수신하며 이미 출시되어 일부는 판매가 호조를 이루고 있다. DMB의 시작은 지상파 DTV의 이동 수신 불가능으로 인해 유럽의 오디오만 제공하는 형태(DAB)에 멀티미디어 부분을 추가하는 방식으로 이동 방송서비스를 제공한다. 우리나라의 경우 위성 DMB의 경우 2004년 5월에 상용서비스를 시작하였고, 지상파 DMB의 경우 2005년에 수도권 서비스가 이후 5대권역으로 사업자 선정후 방송을 시작하였다.

〉〉 동영상 데이터 형식

▶ AVI 파일 (avi)

윈도우에서 별도의 플러그인 없이 사용할 수 있는 형식. 사용하기에는 편리하나 압축률이 낮아 파일 용량이 크다.

▶ QuickTime (mov)

애플컴퓨터의 압축 기술에 의한 동영상 형식. 최근에 mp4파일을 재생하는데 사용서도 동영상을 볼 수 있다.

▶ MPEG 파일 (mpg)

압축률이 높은 MPEG 기술로 만든 동영상 파일 형식.

▶ RealVideo

실시간 비디오 전송이 가능한 형식으로 RealAudio 에 비디오 기능을 추가한 것. 보통 인터넷 실시간 또는 라이브 방송이나 뮤직 비디오에 사용된다.

[그림 5-25] 퀵타임의초기화면과 파일재생화면 (출처: apple사)

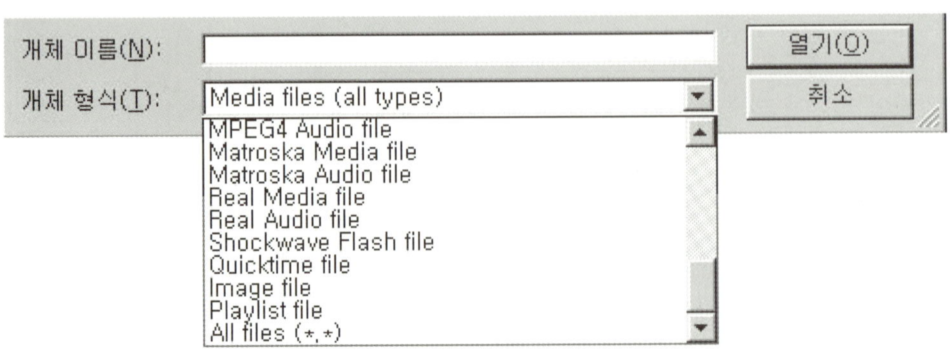

[그림 5-26] 여러 가지 동영상 데이터 형식

보충학습 : 세상에서 최고로큰 HDTV

일본 도쿄의 경마장에 설치된 HDTV로 가로 66m 세로 11m의 길이이며 일본 미쯔비시에서 제작하였다. 한눈에 경마장에서 질주하는 경마들과 기수 상황들을 파악할 수 있다.

5.2.4 멀티미디어 압축

(1) 표준화단체

최근 멀티미디어 관련 여러가지 코덱들을 사용하고 있다. 현재 사용되고 있는 압축 코덱들로는 JPEG, MPEG1/2/4, H.26x, MP3, AAC, WMA, WMV, AC-3와 같은 많은 코덱들이 존재한다. 이러한 코덱은 ISO/IEC와 ITU-T 등의 국제 표준기구에서 제정한 JPEG, MPEG1, MPEG2, MPEG-4, H.261, H.262, H.263, H.264, MP3, AAC등과 Microsoft, Dolby등의 회사에서 제안하여 사용하고 있는 WMA, WMV, AC-3와 같은 코덱들이 있다. 하지만 기업들이 독자적으로 표준안을 제안하면 호환이 어려워지므로 이들 기업에서 국제기구에 표준안으로 제안하여 국제표준으로 만드는 경우도 있다.

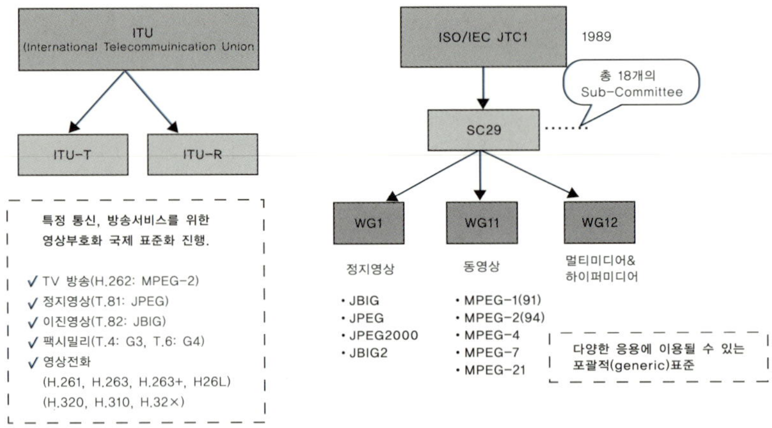

[그림 5-27] 영상부호화 관련 국제 표준화 기구

이들 가운데 가장 대표적인 국제 표준화 기구인 ISO(International Organization for Standardization)는 산업 전 분야에 대한 표준화 활동을 하는 기구이고, ISO/IEC (International Electrotechnical Commision)는 영상압축 ISO내에서 전자/통신 관련 표준을 담당한다. ITU(International Telecommunicaiton Union)는 통신 표준안 연구로 특화된 기구로써 전화(화상전화)와 관련된 표준기구이다. ISO/IEC와 ITU-T 두 진영은 독립적으로 영상압축 표준화 작업을 진행하였다. ISO/IEC진영은 원래 독립적으로 영상압축을 진행하였고, ITU-T 진영은 통신 분야의 전송을 목적으로 한 압축을 목적으로 하였다. 그러나 점차적으로 두 표준화 기구간 목적이 같아지면서 두 개의 압축 표준에 대한 호환의 문제가 발생하게 되었다. 따라서 최근에는 이두개의 국제 표준화 기구에서 공동 개발한 영상압축 표준화 방법이 발표되었다.

(2) 압축의 필요성

압축은 정보의 중복 표현을 피하고 보다 간결하게 표현하는 과정이라고 정의하며, 정보의 시간적, 공간적, 통계적 중복성을 최소화함으로써 이루어진다.

멀티미디어 데이터를 압축하지 않고 컴퓨터에 저장하거나 네트워크를 통해 다른 기기에 전송하는 데는 많은 자원이 소모된다. [표 5-6]은 각종 미디어의 정보량을 나타낸다.

[표 5-6] 각종 미디어의 정보량

정보		데이터량
전화 음성	8 k sample/s, 8 bit/sample	64 kbps
CD 음악	44.1 k sample/s, 16 bit/sample, 2 ch(stereo)	1.4112 Mbps
컬러 사진	800*600 pixel, 24 bit/pixel	11.52 Mbit
비디오 회의	352*240 pixel, 24 bit/pixel, 15프레임/초	30.4128 Mbps
비디오 CD	352*240 pixel, 24 bit/pixel, 30프레임/초	60.8256 Mbps
TV 방송	720*480 pixel, 24 bit/pixel, 30프레임/초	248.832 Mbps
HDTV	1280*720 pixel, 24 bit/pixel, 59.94프레임/초	대략1.33 Gbps

이 영상정보를 CD-ROM에 담는다면 30초의 영화를 싣기도 힘들다. 오늘날의 멀티미디어 데이터가 대용량화되어가고 있으며 그것을 그대로 저장하거나 전송하기에는 용량이 너무 크기 때문에 압축이 필요한 것이다.

이러한 압축 방법에는 데이터 전송 과정에서 데이터의 품질이 보존되지 않는 손실 부호화(lossy coding) 방식과 전송을 마치고 수신 측에서 원래의 데이터와 동일하게 복원이 가능한 무손실 부호화(lossless coding) 방식이 있는데 멀티미디어 정보 압축에는 미디어의 품질에 손실이 전혀 또는 별로 없으면서 가능한 많이 압축할 수 있는 방법으로 손실 압축과 무손실 압축을 혼합한 혼합 방식이 사용된다.

▶ 압축률

- 압축률 = 원 데이터의 크기/압축된 데이터 크기.
  압축률은 미디어 품질의 저하와 관계가 있다.
- bpp(bits per pixel) = 압축된 데이터 비트 수/픽셀 수.
  이 측도에 따르면

Bpp	Quality
0.25~0.5	보통 화질
0.5~0.75	좋은 화질
0.75~1.0	우수 화질
1.0~2.0	원본과 동일

[그림 5-28] 압축률에 따른 영상의 표현

〉〉 정지영상 압축

정지영상 압축의 대표적인 방법으로는 GIF와 JPEG가 있다.

▶ GIF (Graphics Interchange Format)

PC 통신에서 영상 파일의 전송 시간을 줄이기 위해 미국의 컴퓨서브(CompuServe) 사에서 개발한 압축 방식이다. 무손실 LZW(Lempel-Ziv-Welch) 알고리즘을 사용한다. GIF는 수평으로 픽셀을 읽고 압축하기 때문에 수평으로 같은 색을 갖는 그래픽 이미지인 경우 압축 효과가 크다.

원래 이미지 256Kbyte　　JPEG 6Kbyte　　JPEG2000 6Kbyte

[그림 5-29] 기존 방식과 JPEG2000방식과의 비교

▶ JPEG (Joint Photographic Exports Group)

컬러 정지사진의 압축을 위해 1992년에 제정된 국제 표준 방법 중 하나이다. 여기에는 무손실 압축과 손실 압축의 두 가지 모드가 있는데, X-레이 의료 영상과 같이 픽셀 하나하나가 중요한 곳에는 무손실 압축을 이용하고 그 외의 경우에는 손실 압축을 많이 이용한다. 영상데이터를 저장하는 데 가장 일반적으로 사용되고 있으며 JPEG2000기술을 사용하여 보다 적은 데이터로 보다 좋은 화질을 구현하였다.

〉〉 동영상 압축

동영상 압축은 앞뒤 프레임과의 차이를 이용하여 시각적으로 변화가 작은 부분은 표현 정보를 줄이고 변화가 많은 부분만을 집중적으로 자세히 표현한다. 일반적으로 기준이 되는 프레임에 대하여 차이값을 기록하는 예측 부호화 기법과 앞뒤 관련 프레임을 분석하여 화소의 위치 보정을 통한 예측 부호화 기법이 사용된다. 이런 방법을 이용한 형식으로는 MPEG, JPEG-movie, QuickTime, VfW, DVI, Indeo 등이 있다. 이 중 대표적인 형식인 MPEG에 대해 알아보자.

▶ MPEG

1988년 시작된 동영상 표준이다. 1988년 캐나다 오타와에서 논의가 시작된 MPEG는 MPEG-1에서 발전되어 왔다. 동영상과 오디오 압축 다중화에 관한 표준을 제정한다. 현재 TV 방송, 컴퓨터, CATV, HDTV, VOD 등을 위한 동영상 압축, 오디오 압축에 대한 국제적 표준으로 자리잡고 있다. 압축률은 응용 분야, 대상에 따라 50 : 1 ~ 200 : 1까지 가능하다.

1) MPEG-1

1991년 영상전화, 영상회의를 위해 제정된 동영상 압축 표준인 H.261과 JPEG를 토대로 동영상 표준의 제정이 시작되었는데, 그 표준이 MPEG-1이다.

MPEG-1의 목적은 기본적으로 CD-ROM에 가정용 TV, VHS 화질의 비디오와 CD 음질의 소리를 저장하는 것으로, 1.5 Mbps 이내의 압축을 목적으로 하고 있다.

MPEG-1 표준은 시스템 적합성 검사 부문을 포함한 총 네 부분으로 되어 있다. 주요 부분은 시스템, 비디오, 오디오 부분으로 나뉜다. 시스템부는 여러 개의 비디오나 오디오 스트림을 결합하여 하나의 스트림을 만드는 방법을 제시한다. 결합된 하나의 스트림은 저장이나 전송에 매우 효율적이다.

비디오부는 압축된 비디오 영상들의 부호화를 위한 기술에 대한 부분으로 대략 1.5 Mbps 전송속도를 위하여 구성되었다. 이 기술은 매우 포괄적이기 때문에 다양한 분야에서 응용이

[표 5-8] MPEG-1과 MPEG-2의 비교

구분	MPEG-1	MPEG-2
해상도	360×240×30	720×480×30 1,920×1,080×60
주사 방식	순차주사	순차주사, 비월주사
전송률	1.5 Mbps	2 ~ 45 Mbps
전송로	오류 없는 환경	오류 많은 경우 포함

가능하다. 높은 압축률을 위하여 다양한 기술이 들어간다.

오디오부는 압축된 오디오 데이터 스트림을 구성하는 표준으로 세 개의 계층으로 이루어져 있다. 높은 계층일수록 고품질과 고압축률을 실행할 수 있으나 하드웨어의 규모가 커진다. 현재 인터넷에서 널리 사용되고 있는 MP3 압축 방식은 CD 수준의 오디오를 약 12 : 1 정도로 압축하는데 이것이 바로 계층 3이다.

2) MPEG-2

MPEG-1은 전송속도가 1.5 Mbps로 제한되어 있어 더욱 높은 비트율에서 고화질의 실현을 위한 표준의 필요성이 대두되었다. 이렇게 해서 MPEG-2의 최초 목표는 5 ~ 10 Mbps 정도에서 현행 TV 품질을 실현하는 것이 되었다. 그러나 후에 다시 MPEG-3로 표준화하기로 한 HDTV와 관련된 작업이 통합되어, HDTV도 이 표준을 이용하게 되었다. 따라서 MPEG-2는 20 Mbps 이상의 고화질 구현이 가능하다. 이 방식은 1995년에 표준화되었다.

MPEG-2 표준은 높은 화질의 영상을 제공할 수 있기 때문에 MPEG-1보다 훨씬 다양한 영역에 적용될 수 있으며, 특히 통신가전 등 많은 산업 분야에서 큰 주목을 받고 있다. MPEG-2 표준은 멀티미디어 응용 서비스에 필수적인 CD-ROM, 디지털 오디오 테이프(DAT), 컴퓨터 하드 디스크, 디지털 비디오 레코더 등과 같은 디지털 저장 매체와, 디지털통신 채널뿐 아니라, 위성, 케이블, 지상파에 의한 디지털 방송 매체 등을 그 응용 대상으로 삼고 있다.

현재 DVD(Digital Video Disk)라는 비디오 디스크에 이용되어 비디오 테이프보다 고화질의 화면을 제공한다. 또한 MPEG-2는 컴퓨터 멀티미디어 응용, 멀티미디어 통신, 디지털 오디오 방송, HDTV 방송 등에 사용될 수 있다. 우리나라의 디지털 TV 방송과, 미국의 ATV 방식에서는 MPEG-2 표준을 그 핵심적 기술로 채택하여 사용하고 있다. 또한 여러 전달 매체들이 복합적으로 결합된 VOD(Video On Demand), 홈쇼핑, 영화 등에도 이용될 수 있다.

3) MPEG-4

MPEG-4는 MPEG-1과 MPEG-2의 기능을 바탕으로 사용자와 서버 간의 양방향 통신이 가능하고, 이동통신 등에서 발생하는 에러를 극소화하며 통신, 컴퓨터, 방송기기 등을 통합하는 것을 목표로 한다. MPEG-4는 실시간 영상, 음성통신이 주요 기술이 되는 영상전화, 영상회의 등의 분야에 적용할 수 있다. 또한 영상, 음성 프로그램 재생, 대화형 멀티미디어 데이터베이스, 멀티미디어 비디오 텍스, 슬라이드 쇼 등에도 응용할 수 있다. 그 밖에 가정이나 학교에서 모니터링을 위해 사용될 수 있으며, 멀티미디어 전자우편, 교육용 비디오, 대화형 훈련, 오락 등 매우 다양한 응용분야로 확장이 가능하다.

4) H.264

최신 비디오 압축 표준인 H.264(MPEG-4 Part 10/AVC)는 미래의 비디오 표준기술로 등장하였다. H.264 기술은 ISO/IEC와 ITU-T가 공동으로 설립한 JVT(Joint Video Team)에 의해 공동 개발 및 발표한 표준으로 지금까지의 비디오 압축 기술 중 최고의 고효율 압축 방법이다. H.264는 JPEG 포맷과 MPEG-4 표준과 비교했을 때 화질의 손상 없이 각각 80%와 50% 이상으로 디지털 비디오 파일 사이즈를 줄일 수 있다. 이는 비디오 파일을 훨씬 적은 저장 공간에 저장할 수 있음을 의미한다. 다른 관점에서 보면 같은 파일 크기를 갖는다면 기존의 방법보다 훨씬 높은 화질을 가진다는 의미이다. 통신업계와 IT업계의 표준화 기관들에 의해 공동으로 정의된 H.264는 기존의 표준들보다 더욱 광범위하게 채택되고 휴대전화기와 디지털 비디오 재생기 등 새로운 전자장치에 도입되어 있으며, 실수요자들로부터 이미 빠른 호평을 받고 있다. H.264는 또한 효율성 높은 압축 기술이 화질을 손상시키지 않고 큰 파일 사이즈와 비트속도를 줄일 수 있기 때문에 고 해상도 HD(high definition) 서비스로 빠르게 전환되고 있다. HDTV와 HD-DVD와 Blue-ray DVD 플레이어 등의 HD 장비의 보급이 빠르게 증가되고 있으며, 관련 HD 콘텐츠 또한 빠르게 증가되는 추세에 있다.

5.3 멀티미디어 응용 서비스

5.3.1 교육 분야

현재 우리 교육은 주입식 교육에서 탈피하여 참여하는 교육과 열린 교육 그리고 재택 수업에 대한 필요성이 대두되고 있다. 이와 같은 현실에 적응하기 위한 방안의 하나로서 다양한

CD-ROM 타이틀을 활용한 컴퓨터 네트워크 수업이 필수적이다.

특히, 멀티미디어를 활용한 교육용 응용 소프트웨어를 코스웨어(course ware)라고 하는데, 이는 컴퓨터를 매개로 하는 교수 자료(computer-based instructional material)라고 할 수 있다. 좀더 포괄적인 의미로 코스웨어란 컴퓨터를 통한 상호작용적인 교수 전달이라는 점에서 보조수업을 지칭하는 것으로 간주되기도 한다.

요즈음 학생들이 요구하는 교육 수준은 시각적 효과를 극대화한 다양한 내용을 언제, 어느 때나 필요한 시간에 얻을 수 있기를 바라고 있다. 이와 같은 요구에 부응하기 위해서는 교육 서비스 또한 다양하게 편성되어야 하며, 내용 역시 Edutainment(Education + Entertainment) 식으로 제공되어야 한다. 현재 교육시장의 수요는 매년 새롭게 창출되고 있으며, 그 변화의 폭도 다양화되고 있다. 이것은 곧 멀티미디어 데이터에 대한 요구를 의미하며 이에 대한 잠재성도 무한하다고 할 수 있다.

[그림 5-30] 교육용 타이틀 (출처: 아니코닉스 사 등)

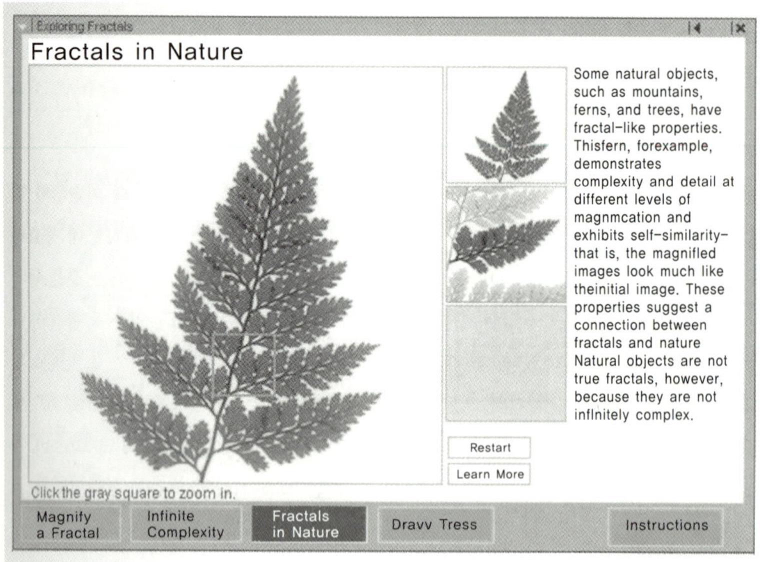

[그림 5-31] 백과사전-원리를 실험으로 보여주는 화면

5.3.2 영상회의

데스크탑 회의 시스템의 이용 예로서, 회사에서는 원격지에 있는 지사와 본사 간의 의사소통을 원활하게 해주어 시시각각 변하는 상황에 빠르고 효율적인 의사 결정을 내릴 수 있게 해준다. 또한 전문의가 없는 지방에서 대학병원이나 종합병원의 전문의에게 진단을 의뢰하는 것이 있다. 데스크탑 회의 시스템으로 진찰하면서 환자의 진료 기록 카드 외에 X선 사진이나 컴퓨터 단층 촬영(CT: Computed Tomography) 영상 등의 정지영상, 위장의 카메라 영상 등을 송신함으로써 원격지에서도 진단이 가능하다.

통신회선의 고속화, 대용량화가 진전되면 보다 정보량이 많은 고정밀 화상 데이터를 전송할 수 있기 때문에 의료는 물론 기타 여러 가지 분야에서 이용이 증가하게 될 것이다. 구체적으로는 건축회사의 설계 협의, 은행의 창구 업무, 온라인 쇼핑, 메이커의 제품 디자인 회의, 영어회화 스쿨 등을 들 수 있다. 영상회의 시스템을 구현한 대표적인 예로는 CU-SeeMe, MeetingPoint, ClassPoint 등이 있다.

[그림 5-32] 영상회의 사례

5.3.3 가상현실

가상현실(virtual reality)은 컴퓨터가 만들어낸 가상의 세계를 현실과 같이 만들어내어, 현실에 구애받지 않고 인체의 모든 감각기관이 인위적으로 창조된 세계에 몰입되어 자신이 바로 그곳에 있는 것처럼 느끼게 하는 것을 말한다.

따라서 가상현실 기술이란 컴퓨터상에 3차원으로 모델들을 형상화하여 그 환경 속에서 탐색(navigation)하고 상호작용 (interaction)하며 주도적으로 환경을 이끌어 나갈 수 있는 제반 기술을 총칭한다.

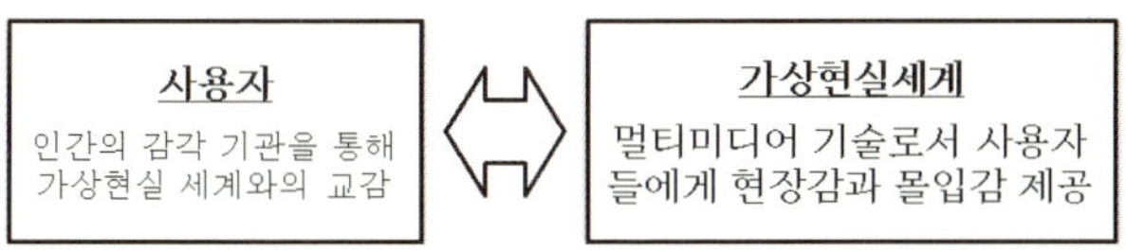

[그림 5-33] 사용자와 가상현실 세계와의 상호작용

이러한 기술을 이용하여 사용자에게 현실감을 주기 위해서는 현실과 똑같은 환경(공간, 소리, 촉감)을 제공해야 하므로 이의 주요 미디어 처리를 다루는 멀티미디어 기술은 가상현실 구현에 있어서 필수 불가결의 요소라 할 수 있다.

이와 같이 가상현실은 "자신이 마치 그곳에 실재하는 듯한" 착각을 느끼게 하는 것이 구현 목표이며 이를 위해서는 다음과 같은 장비 및 기술들이 사용된다.

〉〉 가상현실 입출력장치

가상현실 시스템 구축을 위한 주요 구성 기술로서, 머리 위치 추적, 영상 디스플레이, 오디오, 촉감 및 손 위치 추적 등에 관한 기술을 말한다.

- 이미지 생성기(Image Generator)
- 제어장치(Control Devices)
- 3D 위치 추적장치
- 스테레오 비전
- 헤드 장착 디스플레이(HMD; Head Mounted Display)
- 데이터 장갑(Data Glove)
- 바디 슈트(Body Suit)

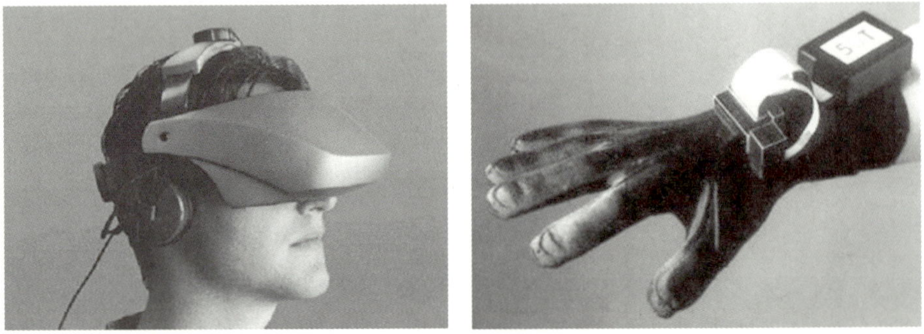

[그림 5-34] 헤드 장착 디스플레이와 데이터 장갑

이러한 장치에 사용되는 주요 기술로는 다음과 같은 것들이 있다.

- 디스플레이 장치에는 사물을 무수한 다각형(주로 삼각형)의 조합으로 표현하여 입체감을 느끼게 해주는 다각형 처리 기술, 2차원 비트맵 이미지를 3차원 물체에 덧씌우는 텍스처 매핑 기술과 곡선, 대각선의 거칠게 보이는 부분을 부드럽게 처리하는 bilinear filtering 기술 등이 있다.
- 입력장치에는 물체에 충격이 발생될 때 진동을 사용자에게 전달하는 Force Feedback 기술이 있다. 또한 오디오 장치에는 4개 이상의 스피커를 사용하여 위치, 사건에 대한 현장감 넘치는 소리를 전달하는 위치 오디오(positional audio) 기술 등이 사용된다.

〉〉 가상현실 활용 분야

가상현실 기술은 매우 다양한 응용 분야에서 사용될 수 있고, 적용되는 응용 분야의 요구에 따라 컴퓨터는 다양한 성격의 가상세계를 생성할 수 있다.

▶ 의학

초음파, 자기공명(MRI), CT 등의 3차원 데이터를 이용하여 환자의 상태나 환부에 대한 정보를 실제 환자의 영상과 합성하여, 정확한 의료 진단과 의사의 수술을 도와주는 시스템이 주류를 이룬다. 가상영상과 실세계 영상의 정합도를 초정밀하게 향상시키는 것이 이 분야의 최대 관심사항이다.

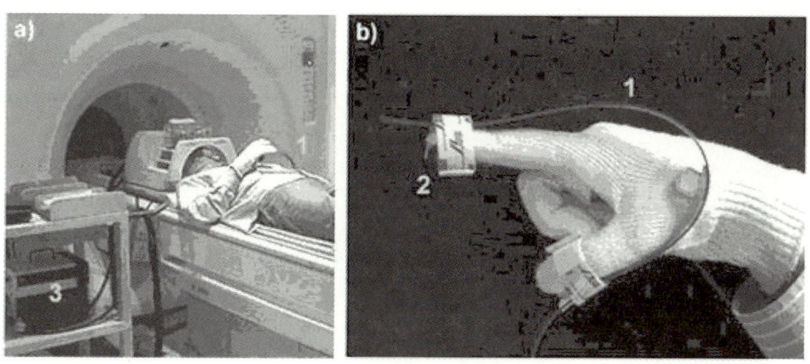

[그림 5-35] 의료정보

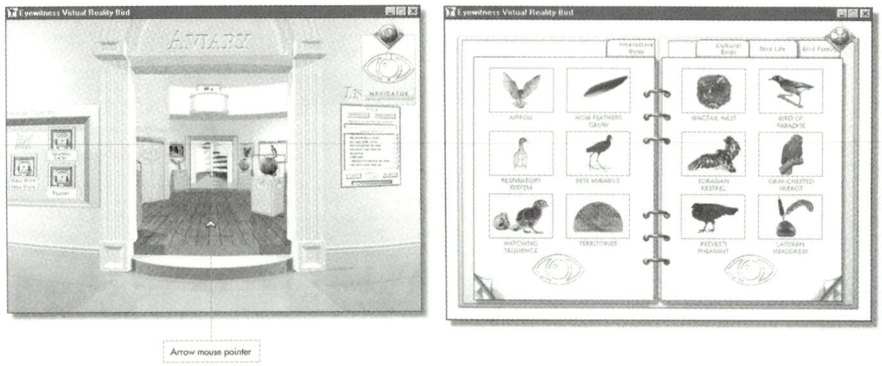

[그림 5-36] 사이버 과학 박물관

▶ 기계조립 및 보수

문자 중심의 매뉴얼을 이용한 기존의 방법을 대체하여 실제 기계 장비를 보며 See-Through 방식의 HMD에 투영되어 나타나는 조립에 관한 절차, 설명이 각 해당 부품에 일치되어 사용자에게 제공된다. 미국 보잉사에서의 항공 설비 조립, 콜롬비아 대학에서의 레이저 프린터에 대한 유지/보수 시스템이 개발되고 있다.

▶ 주석 (Annotation) 및 정보 가시화

가장 대중화가 예상되는 분야로서 도서관에 책에 관한 정보, 상점에서의 상품 설명, 각 기계 부품에 대한 이름과 용도 등을 안내해 주는 시스템이 개발 중이다. 상점에서의 상품정보, 거리안내 및 위치정보를 제공하는 네비게이션 시스템이 이 분야에 속한다.

▶ 오락 (Entertainment)

실제 촬영 스튜디오를 제작하지 않고 컴퓨터에서 생성한 스튜디오의 객체와 출연자를 합성하여 실제 환경에서 제작된 것과 같은 영상을 제작하는 데 이용된다. 이들 게임 분야에서도 가상현실 기술을 적용한 제품이 등장되고 있다.

[그림 5-37] SF 영화 (출처: 배급사별 홈페이지 참조)

▶ 도시 계획 및 건축

시설물의 유지/보수 과정에서 건물에 내장된 전선이나 가스관 등 겉으로 보이지 않는 정보를 컴퓨터에서 생성하고, 실제 보수될 현장 건물 영상과 중첩하여 시설 관리자에게 제공할 수 있다. 또한 기존의 2차원 조감도를 이용한 영향 평가를 대체하여 실제 지형에 대한 영상에 3차원 렌더링된 건물 영상을 정합하여 살펴봄으로써 보다 현실성 있는 건축 계획에 이용될 수 있다.

[그림 5-38] 놀이공원

5.3.4 게임

산업적인 측면에서 첨단 게임산업은 미래의 핵심산업이 될 것으로 예상된다. 따라서 마이크로소프트, SGI, AT&T 등 과거에는 게임과 아무런 관련이 없는 세계적인 회사들도 게임산업에 속속 참여하고 있다.

〉〉 게임 기술의 3요소

미래의 게임을 발전시킬 원동력이 되는 세 가지 요소는 3차원 그래픽, 네트워크, 가상현실 기술이다.

이미 3차원 그래픽은 1995년을 기점으로 2차원에서 3차원 게임기로의 전환이 이루어졌으며, 현재에는 보다 높은 영화와 같은 수준의 3차원 그래픽과 현장감 있는 사운드가 기본적으로 구현되고 있다. 일반적으로 게임 프로그램은 최대, 최고의 더 나은 컴퓨팅 환경을 계속 요구하기 때문에 하드웨어 개발의 견인차 역할을 해왔다고 해도 과언이 아니다. 네트워크 게임은 모뎀과 전화선을 통해 컴퓨터를 연결한 온라인 게임을 중심으로 발전해 왔다. 그리고 현재 인터넷을 통한 온라인 게임이 점점 큰 규모의 시장으로 성장하고 있다.

▶ 3차원 컴퓨터 그래픽 기술

영화에서의 3차원 컴퓨터 그래픽 기술은 인디펜던스 데이, 쥬라기 공원, 터미네이터, 매트릭스 등에서 보여준 특수 효과 기술을 통해 일반인에게도 친숙하게 느껴지고 있다. 그러나 뛰어난 컴퓨터 그래픽을 구현하기 위해서는 예술과 기술의 결합이 잘 이루어져야 한다.

3차원 컴퓨터 그래픽 하드웨어는 반도체의 발달에 힘입어 1995년 게임 전용기에 일대혁명을 가져왔으며 PC에서도 3차원 그래픽 반도체의 성능은 영화 정도의 세밀한 표현을 게임에서 구현하기 위해서는 1,000배 이상의 계산속도 증가가 요구되는 만큼 향후 계속 발전될 것으로 전망된다.

[그림 5-39] 3차원 컴퓨터 그래픽

▶ 네트워크-온라인 게임 기술

최근 통신망을 통하여 다수의 사람들이 동시에 참여할 수 있는 온라인 게임의 이용자들이 늘어나고 있는데, 특히 인터넷을 통한 MUD와 MUG, Siera와 AT&T의 "상상 네트워크(Imagination Network)" 등이 큰 인기를 끌고 있다. 마이크로소프트는 현재 네트워크 망을 넓혀 모뎀을 이용, 게임을 즐기는 사람들의 게임기가 동시에 작동할 수 있도록 하였고, 게임 전용기 개발사인 3DO는 전화회사인 US West, 대형 미디어 회사인 타임워너와 합작으로 초당 150 MByte를 동축 케이블 망으로 각 가정에 공급하는 실험을 했다. 이로써 기존 TV 케이블 망보다 1,000배나 많은 게임정보가 각 가정으로 전달될 수 있게 되었다.

[그림 5-40] 워크래프트와 디아블로의 한 장면 (출처: 블리자드엔터테인먼트)

[그림 5-41] 파이널 판타지의 한 장면 (출처: 스퀘어 에닉스 제펜)

▶ 네트워크-인터넷 게임 기술

월드 와이드 웹(WWW)의 등장으로 컴퓨터를 이용한 통신이 놀라운 속도로 발전함에 따라 현재 인터넷을 통한 게임과 멀티미디어의 구현이 주류가 되고 있다. 현재 인터넷의 변화와 발전을 주도하고 있는 기술로는 JAVA, VRML, MBONE을 들 수 있다.

〉〉 가상현실 기술

가상현실은 컴퓨터 시스템을 이용하여 생성한 인공의 세계에 인간이 몰입하여 실시간으로 보고 듣고 만지며 대상물을 능동적으로 조절하는 현실감을 체험하는 것이다. 최근에는 미국의 인터넷기업 '린든 랩' 이 2003년에 개발한 가상현실게임 '세컨드라이프' 와 같은 서비스가 제공되고 있다. 이 서비스는 게임이라고 보기는 좀 애매모호한 3D 가상현실 커뮤니티로 미국에서 큰 열풍을 일으키고 있으며 전 세계에서 이용하는 사람은 1000만명을 넘는다. 세컨드라이프 가입은 무료이며 사용자는 세컨드라이프에서 자신이 평소에 상상하던 인물을 창조하고 그 인물이 되어 살아볼 수 있다. 아주 높은 자유도를 이용하여 여러 가지 상황들을 경험해 볼 수 있다. 한국에서도 이 서비스를 제공하고 있으며 전 세계 기업들이 이 공간에 진출해 있으며 신제품등을 시연하고 실제로 이 제품을 사용해 볼수 있다. 기업의 연구 인력은 사이버공간에서 자유롭게 회의를 진행하고 있으며 대학들은 사이버 캠퍼스를 개설해 놓았으며 정치인들이 선거 캠프를 마련해 놓고 있다.

[그림 5-42] 세컨드라이프의 가상세계에서의 결혼식 (출처: 린든랩 사)

5.4 멀티미디어 정보사회

5.4.1 지적 재산권

최근 인터넷과 정보통신의 급격한 발달로 그 무엇보다도 '지적재산권'에 관한 규제가 강화되고 있다. 지적재산권은 산업적, 과학적, 문학적 및 예술적 분야 등에서 지적활동으로부터 나오는 법적인 권리를 의미하는 것으로, 크게 "산업재산권"과 "저작권"으로 분류된다. "산업재산권"은 특허에 의해 발명품을 보호하고 상표법과 무역관련법 및 의장법에 의해 상업적 이익을 보호하며, 부정경쟁방지 조항까지 포함한다. "저작권"은 일정기간 동안 문학이나 음악, 예술 분야의 정신적 창작물의 이용을 허용 또는 금지시키기 위하여 작가와 정신적 창작물의 창작자들에게 일정한 권리를 인정해 주는 것이다. 이러한 지적 재산권은 시장 지배의 수단 또는 신규시장으로의 진입 장벽의 수단으로 사용되고 있다.

〉〉 저작권 (Copyright)

2001년 미 법원이 인터넷 무료 음악 사이트인 냅스터에 대해 불법판결이 내림으로써 정보의 바다 인터넷에는 저작권 관련 공방과 소송이 가속화되기 시작했다.

저작권을 음악, 영화, 책, 소프트웨어 등 인류의 지적, 창작 활동을 뒷받침하기 위하여 저작권자에게 부여하는 독점적 권리이다. 각국에서는 관련 법률을 잇따라 시행하고 있지만 문제는 그렇게 간단하지 않다는 것이다. 저작권법은 저작권자의 권리를 보호함으로써 그 노력에 대한 보상을 주는 것이지만 인류의 지적 창작 활동과 정보의 자유로운 흐름을 촉진하는 공익과는 배치하는 것이기 때문이다.

축음기, 라디오나 MP3 등이 출현할 때 그랬던 것처럼 역사적으로 새로운 기술이 탄생되면 저작권 소유자들은 긴장하고 그 기술의 진보에 저항하여 자신들의 이익을 지키기 위해 많은 투쟁을 해왔다.

인터넷이 등장하면서 무한한 정보, 컨텐트가 너무도 편리하게 원하는 즉시 얻을 수 있게 되었다. 바로 이러한 점 때문에 인터넷에 한 번 공개되기만 하면 전세계 사람들이 동시에 즐길 수 있을 정도로 무한 복제가 가능하게 되었다. 거기다가 냅스터 등을 통하여 이미 공짜사용에 익숙한 네티즌들의 생각을 바꾸어 돈을 내도록 하는 것이 쉽지 않을 것이기 때문이다.

〉〉 카피레프트 (Copyleft)

"정보는 자유를 원한다."

본질적으로 자동화된 방법으로 어떤 정보나 자료를 복사해서 제공한 사람은 잃는 것이 없으며, 오히려 두 사람이 모두 정보를 갖게 되어 사실상 더 큰 가치가 생성된다. 이 것이 공개소스 운동 GNU(GNU is Not Unix)의 철학이다.

카피레프트의 탄생은 "과연 지식에 대한 배타적 권리가 성립하는가? 자신의 지식이 자신만의 것이라고 주장할 수 있는 근거는 어디에 있는가?" 라는 근원적 질문에 관한 의문에서 그 출발하였다. 또한 역사적으로는 60년대 히피문화나 20세기의 대부분을 차지한 좌파주의 등에서 그 '정신' 을 찾아볼 수 있다.

카피레프트를 최초로 제안한 GNU의 정의는 다음과 같다. "카피레프트는 모든 사람이 프로그램을 다시 배포할 수 있는 자유, 수정할 수 있는 자유를 프로그램의 복사본과 함께 얻을 수 있게 만드는 법적인 방법이다. 즉 프로그램의 소스코드에까지 자유롭게 접근할 수 있어야 함을 의미한다. 일반적인 소프트웨어 회사들은 이런 자유를 빼앗는데 저작권을 사용한다. 이제 우리 소프트웨어 공유자들은 카피레프트를 이런 자유를 유지하는데 사용한다."

그들은 카피레프트란 말을 내세우고있다. 어떤 프로그램을 카피레프트하기 위해서는 우선 그것에 대하여 저작권을 부여한다. 그 다음 그 프로그램이나 파생 프로그램에 대해 사용, 변경, 재배포할수 있는 유통 조건을 첨가한다. 이 모든 행위가 그 유통조건이 변경되지 않는 한 가능하다는 단서가 붙는다.

독점 저작권자들이 저작권을 이용하여 사용자들의 자유를 구속하는데 반해 거꾸로 자유를 보증해 주기 위해 저작권을 사용한다는 것이다. 권리명을 카피라이트에서 카피레프트로 바꾼 것도 이 때문이다.

〉〉 라이센스 (License)

일반적으로 시중에서 구입하는 소프트웨어는 상업용 소프트웨어의 범주에 속한다. 소프트웨어를 구입하게 되면, 그 소프트웨어의 사용권을 구입한 것이지 그 소유권을 사들인 것은 아니다. 저작권 소유 회사로부터 사용 허가를 취득하는 것이다. 라이센스 약정서의 조건과 제약들은 프로그램마다 조금씩 다르므로 주의해서 읽어둘 필요가 있다. 일반적으로 상업용 소프트웨어의 약정서에는 다음과 같은 사항들이 명시된다.

- 소프트웨어는 컴퓨터 프로그램 보호법의 적용을 받는다.
- 소프트웨어의 보관용 사본을 만들 수 있지만, 그 백업 사본은 원본에 문제가 생겼거나 파괴되었을 경우가 아니면 사용할 수 없다.
- 소프트웨어의 변경이 허락되지 않는다.

라이센스는 지적 산물의 소유권자가 허용된 범위 안에서 사용할 수 있는 권리를 부여하는 것이다. 라이센스에는 기계별 라이센스, 네트워크 및 기업 라이센스 등이 있다. 기계별 라이센스는 기계마다 소프트웨어를 따로 구입해야 한다는 것이다. 여기에는 각종 소프트웨어묶음의 슈트 라이센스, 출력과 관련한 프린터 폰트 및 CPU 별로 구분하는 폰트 라이센스가 있다. 한편 기업 라이센스에는 제한된 수의 사용자가 동시에 사용할 수 있다는 다중 사용자 라이센스, 그리고 한 사이트의 모든 사용자가 쓸 수 있는 사이트 라이센스가 있다.

라이센스와 관련하여 인터넷 비즈니스 전략에 맞춰 다양한 배포 소프트웨어의 종류가 있다. 간단히 살펴 보면

▶ 셰어웨어

셰어웨어(Shareware)는 트레이드 쇼, 게시판, 또는 사용자끼리의 전달 등의 방법을 통해 제한적이거나 완전한 버전의 소프트웨어를 자유롭게 배포함으로써 유통되는 소프트웨어를 의미한다. 고객들은 소프트웨어가 필요한가의 여부를 결정하기 위해 검토할 목적으로 잠정적으로 프로그램의 사본을 얻을 수 있다. 셰어웨어는 그 프로그램을 마음에 들어 계속 사용하기를 원한다면 개발자에게 프로그램의 가격을 지불해야 한다. 프로그램을 계속 가지고 있으면서 대금을 지불하지 않는다면 컴퓨터 프로그램 보호법 위반 행위로 간주된다.

▶ 프리웨어

프리웨어란 라이센스 요금 없이 무료로 배포되는 소프트웨어이다. 셰어웨어와 비슷하게 배포되지만 최종 사용자가 대금을 지불 할 필요는 없다. 하지만 위반해서는 안돼는 사용상의 라이센스가 없는 것은 아니다. 즉 프리웨어는 영리를 목적으로 배포할 수 없으며 원본 프리웨어에서 파생된 모든 응용 프로그램 역시 프리웨어로 지정됩니다.

〉〉 디지털 저작권 관리 (Digital Rights Management, DRM) 와 소프트웨어 저작권 관리 (SRM)

DRM은 디지털 콘텐트를 암호화해서 불법 사용을 방지하는 것이다. 컨텐트를 불법적으로 사용하는 것을 방지하기 보다는 복제는 자유롭게 허용하되 사용료를 내지 않고는 컨텐트를 볼 수 없도록 하는 것이다.

DRM은 컨텐트 생산자에서 고객에 이르는 과정에서 지적 재산권을 보호하고 안전한 지불

방법을 제공하며 다양한 유통 모델을 지원하는 일련의 기술을 말하며 콘텐트 암호화, 전자 대금 지불, 컨텐트 추적 및 요금 징수, 지불옵션 등 생산자를 위한 다양한 비즈니스 모델 등과 같은 요소가 포함된다.

SRM은 실행 파일(.EXE)만 암호화해서 소프트웨어 불법 복제는 가능하지만 불법 사용을 차단하는 것. 요금을 지불함으로써 허가받은 사용자(판매사로부터 암호 복호키를 받은 사용자)만이 이용할 수 있다.

〉〉 워터마크 (Watermark)

전세계를 한데로 묶어주는 인터넷이 생활화되어가고 본격적으로 디지털 시대가 도래하면서 다량의 다양한 정보를 누구나 너무도 쉽게 접할 수 있게 되었지만 그 전부터 잠재해 있던 역기능 하나가 불거져 나왔다. 바로 각종 컨텐트와 소프트웨어가 널리 불법 복제되고 있다는 것이다. 이전 아날로그 시대와 달리 디지털 정보의 경우 화질이나 음질의 손상 없이 마음대로 무한히 반복해서 복제를 할 수 있다. 그리고 수많은 사람들에게 순식간에 유포할 수도 있다. 이런 상황에서 인터넷 컨텐트 사업자들이 저작권에 대해 관심을 가지는 것은 너무도 당연한 일이다.

워터마킹의 기원은 중세로 거슬러 올라간다. 중세 이탈리아의 종이 제작자들이 그들이 제작한 종이가 마르기 전에 제작자 표식을 해두었던 것에 유래한다. 오늘날에는 지폐나 수표 등에 활용되고 있다. 영상이나 소리 등의 미디어에도 이와 같은 표식을 하여 불법 복제, 가공

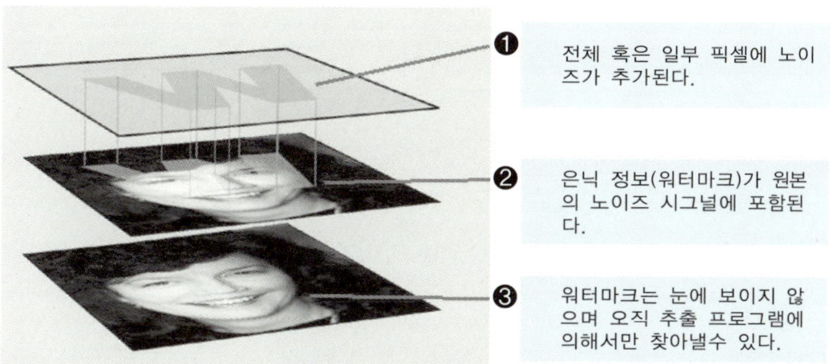

[그림 5-43] 디지털 워터마킹

이 되더라도 원 제작자를 알 수 있도록 정보를 드러나지 않게 심어 놓는데 그것이 디지털 워터마크이다.

디지털 워터마크라는 것은 온라인 이미지와 같이 디지털 정보를 이용할 때 발생할 수 있는 저작권, 소유권에 관련되어 특별한 정보를 첨가함으로써 정보의 보호를 유지할 수 있는 것. 디지털 워터마크는 눈에 보이거나 귀에 들리지는 않지만 특정 소프트웨어로 감지할 수 있도록 미디어 속에 삽입된다. 미디어가 원본 여부, 위조 여부를 검사하기 위한 것이라기 보다는 일반적으로 제작자, 소유주, 사용권, 배포자, 출처 등과 같은 정보를 교묘하게 숨겨 놓는다. 이런 정보는, 예를 들어 영상이나 오디오 클립을 AD변환, 저영통과(lowpass) 필터링, 재표본화(resampling), 손실 압축, 회전, 심지어 일부를 잘라내는 등 다양한 조작, 왜곡에도 살아 남는다.

디지털 워터마킹은 디지털 멀티미디어를 불법복제로부터 저작권을 보호하는 방법의 하나이다. 여타의 보호 기술에 비해 불법 복제에 대해 소극적인 방어 수단이지만 다른 저작권 보호 수단이 모두 깨지고 난 다음에도 저작권자가 소유권을 주장할 수 있는 최후의 보루로 사용할 수 있다.

CHAPTER

06 컴퓨터 보안

6.1 컴퓨터 보안의 필요성

6.2 사이버 범죄의 분류

6.3 개인 정보 보호를 위한 고려사항

6.4 정보 윤리

CHAPTER 06 컴퓨터 보안

이 장에서는 최근의 정보 보안 침해 현황을 살펴본 후, 바이러스 혹은 해킹과 같은 보안 위협 요소에 대해 알아본다. 사이버 범죄의 분류를 유형과 종류별로 분류하며 최근의 정보 보안 침해 현황을 살펴본 후, 바이러스 혹은 해킹과 같은 보안 위협 요소에 대해 알아본다. 이러한 보안 위협 요소들을 근거로 개인 PC 및 서버 시스템의 보안과 인터넷을 통한 전송 데이터들을 보호하기 위한 기본적인 방법들을 설명한다.

(출처: 경찰청 사이버테러대응센터)

6.1 컴퓨터 보안의 필요성

》 정보 보안 침해 현황

컴퓨터와 인터넷의 사용이 크게 증가하고 있지만, 이에 따라 다른 사람의 정보를 획득하거나 다른 컴퓨터에 불법 침입하기 위한 의도적인 침해 사례도 크게 증가하고 있다. [그림 6-1]은 경찰청 사이버테러 대응센터의 자료로서 2003년도에 68,445건의 사이버 범죄가 발행했으며 2008년도 기준으로 보면 136,819건으로 크게 증가하고 있다.

이러한 보안 침해로 인해 컴퓨터에 저장되어 있는 정보 파일이 파괴, 훼손, 도난 되어질 수 있으며 개인의 급여, 의료 정보, 주민등록번호, 은행 잔고, 심지어 신용카드의 비밀번호까지 유출될 수 있을 뿐 아니라 네트워크의 마비를 유발시킬 수 있다.

2003년 1월 25일 인터넷 접속 장애를 일으켜 막대한 경제적 손실을 입힌 인터넷 대란 사고의 원인도 "슬래머"라고 하는 바이러스에 의한 것이었다. 그리고 2009년 7월 7일에 발생한 DDos 공격은 해커가 일반 사용자들의 PC에 악성코드를 유포하여 타겟이 되는 특정 사이트(대형 포털이나 국가 관련 사이트, 은행)에 패킷을 계속적으로 보내 과부하를 발생시켰다. DDos는 Distribute Denial Of Service attack의 약자로, 우리말로는 '분산 서비스 거부 공격' 이라고 하며 더 쉽게 말해서 특정 서버로 대량의 접속을 유발해 원활하게 해당 서비스를 유지할 수 없도록 한다. 이런 원인으로 인해 시스템 과부하로 인한 정상 사용자들이 접속을 할 수 없는 상태가 된다. 그러므로 서버 시스템 관리자뿐만 아니라 컴퓨터 사용자 개개인이 컴퓨터 보안의 중요성을 인식하고 보안의 위협 요소와 이를 방지하기 위한 방법들을 숙지하는 것이 필요하다.

사이버범죄 발생•검거 현황

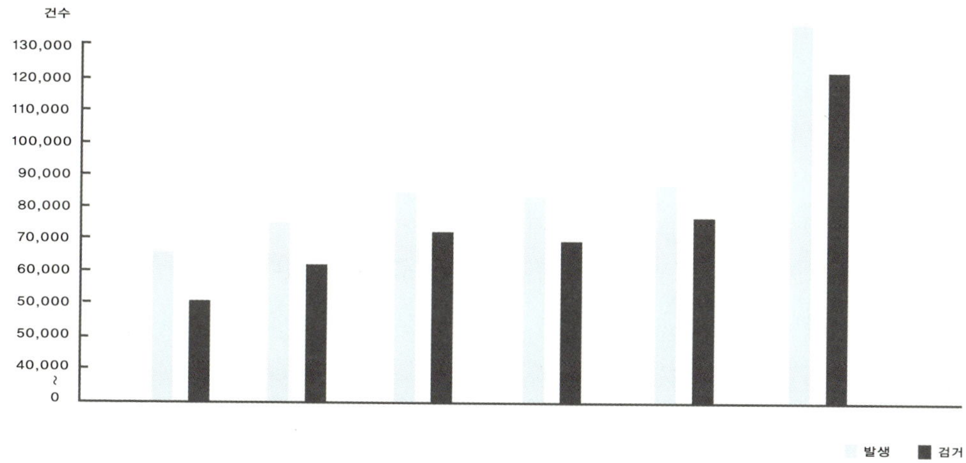

구분 / 연도	총계		사이버테러형 범죄		일반사이버 범죄	
	발생	검거	발생	검거	발생	검거
2003	68,445	51,722	14,241	8,891	54,204	42,831
2004	77,099	63,384	15,390	10,339	61,709	52,391
2005	88,731	72,421	21,389	15,874	67,342	56,547
2006	82,186	70,545	20,186	15,979	62,000	54,566
2007	88,847	78,890	17,671	14,037	71,176	64,853
2008	136,819	122,227	20,077	16,953	116,742	105,274

[그림 6-1] 사이버 범죄의 발생과 검거 현황 (출처: 경찰청 사이버테러대응센터)

6.2 사이버 범죄의 분류

사이버 범죄는 크게 [그림 6-2]와 같이 사이버테러형범죄와 일반사이버범죄로 구분하고 있다. 해킹, 바이러스 유포와 같이 고도의 기술적인 요소가 포함되어 정보통신망 자체에 대한 공격행위를 통해 이루어지는 것은 사이버테러형범죄로 전자상거래 사기, 프로그램 불법

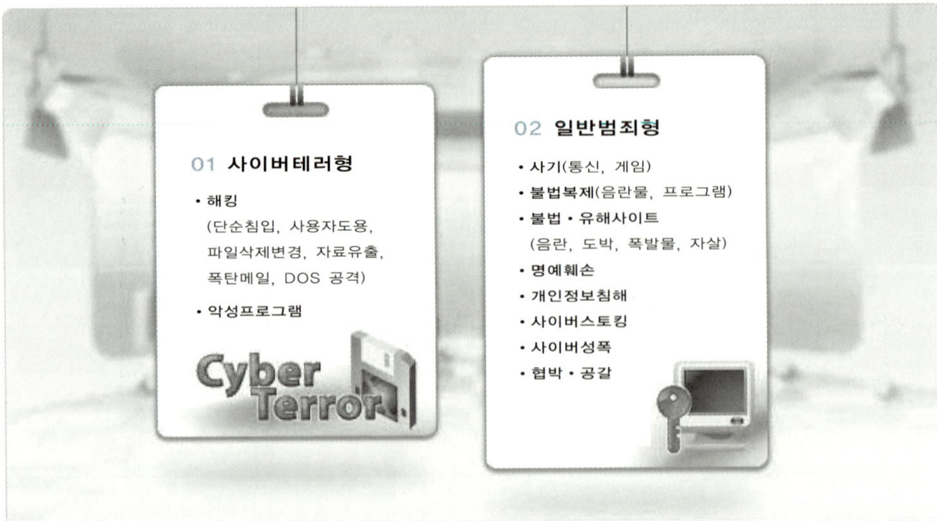

[그림 6-2] 사이버 범죄의 분류 (출처: 경찰청 사이버테러대응센터)

복제, 불법사이트 운영, 개인정보침해 등과 같이 사이버공간이 범죄의 수단으로 사용된 유형은 일반사이버범죄로 구분한다.

6.2.1 바이러스/해킹의 종류와 침입 방법

컴퓨터와 개인정보를 보호하기 위해서, 보안을 위협하는 요소에는 어떤 것이 있고 어떻게 사용되는지를 이해하는 것이 무엇보다도 중요하다. 악의적인 해커들은 시스템 자체 및 네트워크의 취약성(약점)이나 컴퓨터 바이러스, 웜(worm), 트로이 목마(Trojan horse)와 같은 악성 프로그램을 사용하여 컴퓨터의 성능을 저하시키거나 컴퓨터 내의 중요한 정보들을 불법으로 가져가거나 내용을 변경시킨다. 이러한 바이러스 및 해킹의 종류와 침입 방법에 대해 살펴보자.

〉〉 컴퓨터 바이러스의 종류와 침입 방법

컴퓨터 바이러스, 트로이 목마와 같은 악성 프로그램들은 [그림 6-3]과 같이 이메일(E-mail)의 첨부 파일, 호기심을 자극하는 메일, 파일 공유, 공개 자료실의 다운로드 서비스,

P2P를 통한 파일 공유, CD-ROM, 플로피 디스켓 등을 통하여 감염될 수 있다.

컴퓨터 바이러스는 사용자 몰래 바이러스 기능이 첨가된 악성 프로그램을 여러 가지 방법으로 전달한 후, 자신과 동일한 기능을 수행하거나 변형된 기능을 수행하도록 복제하는 기능을 가진 악성 프로그램을 의미하며, 하드디스크에 저장된 데이터를 삭제하거나 무단 유출하는 등 다양한 부작용을 일으킨다.

컴퓨터 바이러스에는 예루살렘(Jerusalem), Monkey, Win95/CIH, Ebola, XM/Laroux 등 수많은 종류의 바이러스가 있으며, 그 중 대표적인 예로는 2003년1월 25일 인터넷 접속 장애를 일으켜 막대한 경제적 손실을 입혀 인터넷 대란 사고의 원인이 되었던 "슬래머"라고 하는 웜 바이러스가 있다. 슬래머 웜 바이러스는 윈도우 서버의 취약점을 이용하여 몇 십 분만에 전세계적으로 7만 5000여 개의 시스템을 감염시켰으며, 네트워크 자체의 트래픽을 증가시켜 인터넷 접속 장애를 일으키도록 하는 방법이다. 슬래머 웜 바이러스의 공격을 받은 서버는 [그림 6-4]와 같이 "sqlserver" 프로세스의 CPU 사용률이 거의100% 사용되어 감염된 시스템은 쉽게 다운된다.

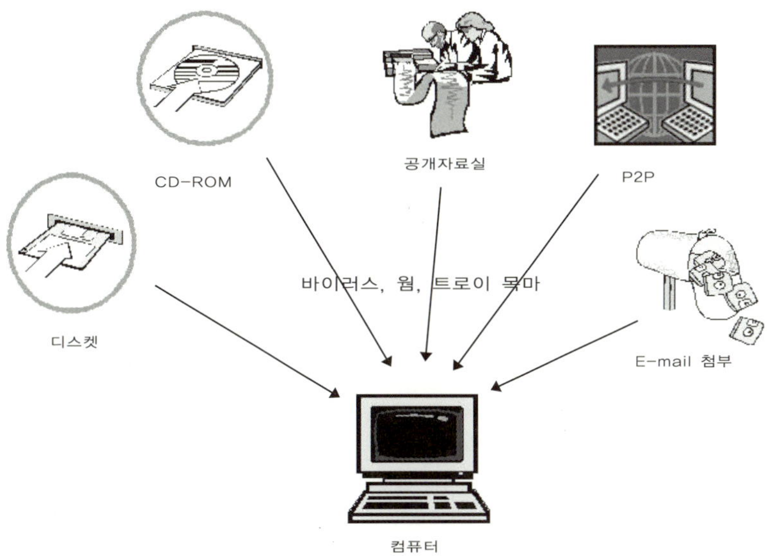

[그림 6-3] 악성 프로그램 감염 경로

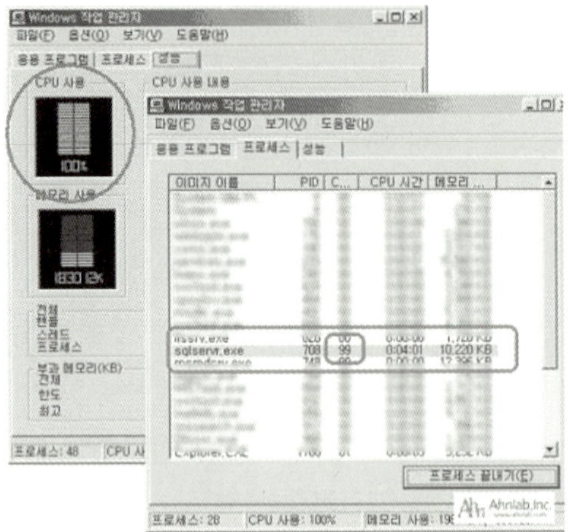

[그림 6-4] 슬래머 웜 바이러스 (출처: 안철수연구소)

트로이 목마 프로그램은 바이러스와 달리 자기 복제 능력은 없으며 유틸리티 프로그램 내에 악의적인 기능을 숨겨서 배포하거나 그 자체를 유틸리티 프로그램으로 위장하여 배포한다. 트로이 목마가 시스템에 설치되면 사용자의 데이터를 무단 유출하거나 자료를 파괴하는 등의 심각한 피해를 입을 수 있다. 전형적인 트로이 목마는 유용한 유틸리티나 새로운 게임 등과 같은 프로그램으로 가장하여 사용자가 그 프로그램을 실행하도록 속여 컴퓨터를 감염시킨다. 특히 트로이 목마는 실제 사용자가 확인할 수 있는 특별한 증상이 없어 감염 여부를 판단하기가 쉽지 않다.

트로이 목마는 종류에 따라 감염된 시스템을 원격으로 조정할 수 있는 기능, 메신저, 웹사이트, 기타 응용 프로그램에서 사용하는 아이디와 패스워드를 가로채는 기능, 파일이나 데이터를 삭제하는 기능, 다른 시스템을 공격하기 위해 경유지로 사용하는 기능, 백신이나 개인용 방화벽과 같은 시스템 보안 프로그램의 기능을 수행하지 못하도록 하는 기능 등 다양한 기능들을 복합적으로 내재하고 있으며, 주로 해킹을 위한 도구 프로그램으로 사용된다. 컴퓨터 바이러스의 감염 여부는 시스템 및 프로그램의 속도 저하, 컴퓨터 바이러스 백신 실행을 통하거나 시스템 레지스터의 확인, 디스크나 파일의 파괴 증상, 각종 컴퓨터 바이러스별 나타나는 특이 증상 등을 보고 판단해 볼 수 있지만, 각각의 바이러스마다 증상이 다르고 그 피해 정도도 다르기 때문에 감염 여부를 판단하기 쉽지 않다.

다음은 감염 여부를 의심해 볼 수 있는 일반적인 증상들이다. 첫째, 비정상적인 프로그램 실행 에러가 발생할 경우, 둘째, 시스템의 사용 가능 메모리가 줄어들어 여분이 없을 경우, 셋째, 하드디스크에 정상적으로 존재하고 있는 파일 중에서, 본인이 삭제한 일이 없는 실행 파일이나 데이터 파일 등이 삭제되거나 변형되는 경우, 넷째, 실행 및 부팅 속도가 눈에 띄게 떨어질 경우, 다섯째, 시스템이 불특정하게 다운될 경우, 여섯째, 비정상적으로 저장매체가 인식되지 않을 경우, 일곱째로 시스템에 비정상적인 그림, 메시지, 소리 등이 출력될 때 감염 여부를 의심해 볼 수 있다. 그리고 마지막으로 전송하지 않은 전자우편이 자동으로 발송된 경우 웜 바이러스에 감염되었는지 의심해 볼 필요가 있다.

〉〉 해킹의 종류와 침입 방법

해킹이란 일반적으로 개인용 컴퓨터의 사용 권한이나 서버의 시스템 관리자 권한을 불법적으로 획득하는 행위와 이를 악용해 다른 사용자에게 피해를 주는 행위를 말한다. 이러한 해킹은 백도어를 이용하는 방법, 시스템이나 프로그램 자체의 취약성을 이용하는 방법, 네트워크 취약성을 이용하는 방법 등으로 나눌 수 있다.

백도어는 시스템 설계자나 서버 관리자 또는 개인 사용자가 시스템 관리 능력 부족 또는 실수로 남겨진 보안 문제점을 이용하여 응용 프로그램이나 운영체제에 삽입된다. 즉, 백도어는 불법 사용자가 정상적인 사용 절차를 거치지 않고 이미 숨겨 놓은 뒷문(backdoor)을 이용하여 불법적으로 시스템에 접근하는 기능을 의미한다.

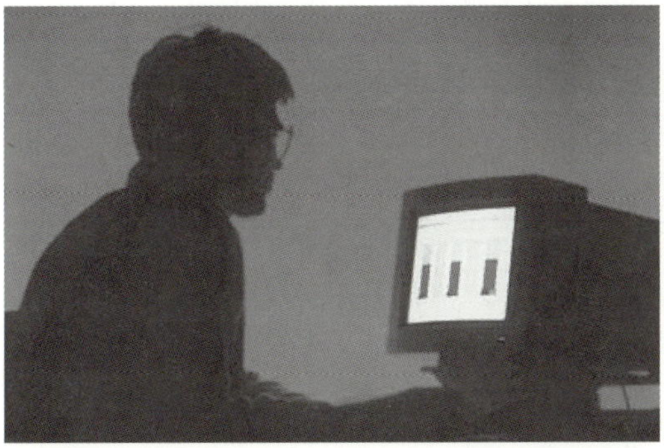

[그림 6-5] 악의적인 사용자의 시스템 침입 (해킹)

백도어를 이용한 이용한 해킹 툴들은 주로 [그림 6-6]와 같이 유용한 프로그램을 가장하여 프로그램에 숨겨져 트로이 목마 형태로 사용자의 컴퓨터에 설치된다. 최근 잘 알려진 해킹 툴로는 백오리피스 2000을 들 수 있는데, 이것도 영문 이름에서 알 수 있듯이 구멍 뚫린 뒷문이라는 의미를 가지고 있다. 백오리피스 2000은 트로이 목마와 같은 형태로 감염 대상 컴퓨터에 설치된 다음 원거리에서 대상 컴퓨터를 공격할 수 있는 백도어를 이용하는 강력한 해킹 도구이다.

[그림 6-7]은 백오리피스 2000의 실행화면으로, 감염된 상대방 컴퓨터를 재시동시키는 메뉴를 보여주고 있다. 백오리피스 2000은 이외에도 원격지에서 타인의 PC에 저장된 파일을 삭제하거나 PC 이용자 모르게 프로그램을 실행할 수 있을 뿐만 아니라, 실행 중인 프로그램의 제거 및 정지, 사용자 키보드 입력 자료의 모니터링, 비밀번호 빼내기, 레지스트리 편집 등의 기능도 제공하고 있으므로 주의하여야 한다.

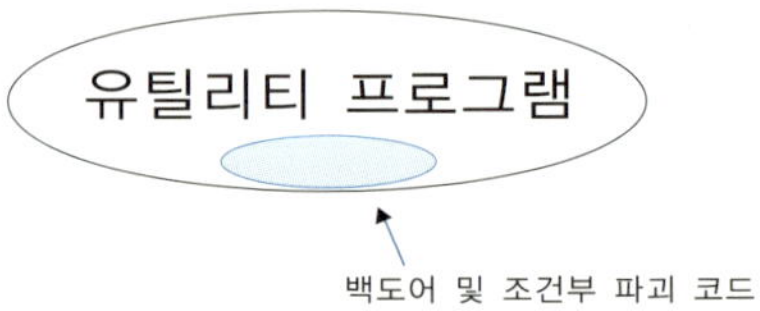

[그림 6-6] 프로그램에 백도어 삽입

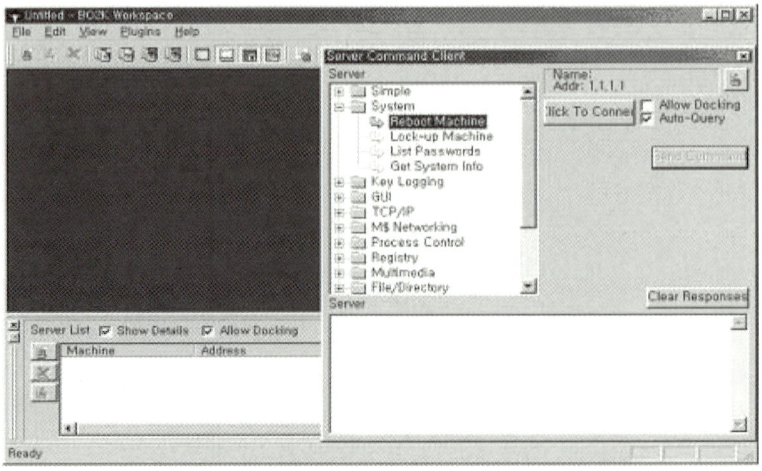

[그림 6-7] 백오리피스 2000

컴퓨터에서 사용되는 운영체제와 응용 프로그램들은 구조뿐만 아니라 프로그램 작성도 매우 복잡하기 때문에 설계나 프로그램 코딩 시 발견하지 못하는 취약점들을 내포할 수밖에 없다. 특히, 리눅스나 유닉스와 같은 운영체제는 소스가 공개된 운영체제로서 많은 보안 취약점들이 분석되어 해킹에 이용되고 있다.

최근 가장 많이 사용되고 있는 해킹 방법은 시스템 내부 구성이나 프로그램 취약성을 이용한 버퍼 오버플로(buffer overflow)라는 공격 기법이 있다. 이는 운영체제나 응용 프로그램들은 자신이 처리하기 위한 데이터를 버퍼라는 임시 기억공간에 저장한 후 처리하게 되는데, 시스템 설계 시 충분하게 잡아 놓은 버퍼 기억공간에 고의적으로 버퍼보다 더 많은 데이터를 한꺼번에 처리하도록 요구하여 운영체제나 응용 프로그램이 이를 통제할 수 없게되어 시스템이 비정상적으로 작동하도록 이용하는 공격 기법이다.

네트워크 취약성을 이용하는 침입 방법으로는 스니핑(Sniffing), 스푸핑(Spooping), DOS(Denial of Service) 공격이 있다. 이러한 공격들은 현재 인터넷의 데이터 전송 통신 규격으로 사용되고 있는 TCP/IP(Transmission Control Protocol/Internet Protocol) 네트워크 프로토콜은 설계 당시 전송되는 데이터에 대해 보안 기능 없이 설계되어 있기 때문에 불법 침입 문제가 항상 존재하고 있다. 스니핑 공격은 네트워크로 전송되는 데이터를 중간의 불법 사용자가 임의로 도청하는 침입 방법이다. [그림 6-8]는 웹사이트에 접속하여 로그인

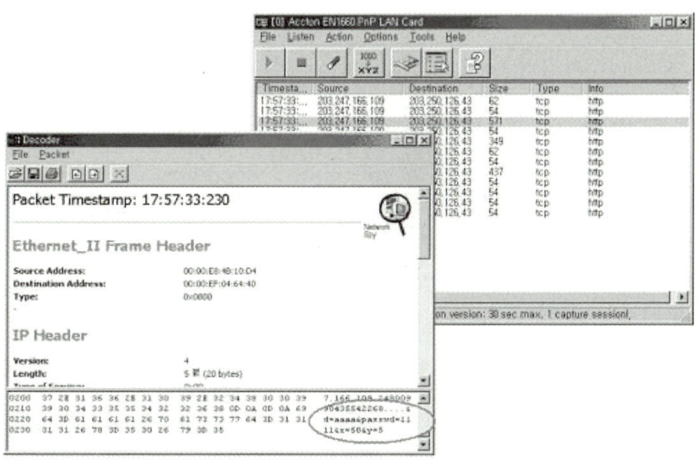

[그림 6-8] 스니핑 공격의 예

아이디(login id)와 패스워드를 입력하여 전송할 때 해킹 프로그램을 이용하여 아이디와 패스워드를 도청하는 예다. 여기서 "id=aaaa &passwd=1111"가 전송되고 있는 것을 확인할 수 있다.

스푸핑 공격은 송신자로부터 전송되는 데이터를 가로채 자신을 정당한 사용자로 가장하거나 자신에게 유리하도록 데이터를 수정하여 수신자에게 전송하는 공격이다. 그리고 DOS 공격은 [그림 6-9]에서 보여주는 것처럼 여러 곳의 시스템에서 한 곳의 시스템을 공격함으로써 프로세서, 디스크, 프린터, 모뎀 등의 시스템 자원을 공격하여 결국 서비스를 중단하게 하거나 정상적인 기능을 못하도록 하는 공격이다.

예를 들어 메일폭탄(Mail Bomb, Mail Storm, Mail Flooding) 공격은 서버 시스템으로 메일을 무한정 보내는 공격으로, 메일을 저장하기 위해 하드디스크의 계속적인 사용과 서버의 전자우편 프로세스를 계속 수행함으로써 과부하가 발생하여 서버 시스템의 속도가 저하되거나 서비스가 중단되도록 하는 공격이다. 이러한 네트워크 취약성을 이용한 해킹은 IPsec, SSL 등과 같은 보안 프로토콜을 이용하여 방지할 수 있다.

해커들은 위와 같은 스니핑 도구들을 이용하여 네트워크 보안 취약성에 따른 전송 데이터의 아이디와 패스워드를 불법으로 획득한 후, 시스템 관리자 권한이나 어떤 사용자의 웹 메일 시스템에 불법 접속한 후 시스템 데이터를 파괴하거나 개인정보를 가져가곤 한다. 또한 백도어를 설치하여 이후의 해킹에 이용하는 방법을 사용한다.

[그림 6-9] DOS 공격 (여러 곳에서 한 곳의 시스템을 공격)

6.2.2 일반형 사이버 범죄

〉〉 전자 상거래 사기

인터넷을 통하여 물건을 사고 파는 과정에서 발생하는 것으로 인터넷의 보급이 확대 됨에 따라 그 규모는 날로 팽창하고 있다.

인터넷 화면을 보면 마우스 클릭만으로 주문에서 결제, 배송까지 확인 할 수 있다는 편리성 때문에 온라인쇼핑몰 이용자들이 급증하는 추세지만, 통상 '先결제'라는 인터넷 거래의 특성을 악용하여 인터넷 쇼핑 사이트를 그럴듯하게 만들어 놓고 유명한 상품을 시중 가격에 비해 싸게 판매하는 것처럼 광고 한 후 고객으로부터 선불금을 받은 뒤 잠적해버리거나, 상대방이 확인하기가 힘들다는 점을 악용하여 물건을 가지고 있지 않거나 팔 생각이 없으면서도 거래를 하기로 한 후 돈만 받고 연락을 끊어버리는 등의 수법을 이용한 사기 사건이 급증하고 있다.

게임사기는 인터넷 게임인구가 늘어나고 게임시장이 점점 확대됨에 따라 게임사이트에서 실제 돈으로 게임머니를 충전해 주거나 사이버 상에서 통용되는 게임머니나 게임아이템 등이 게임매니아 사이에서 실물처럼 거래되고 있는 실정으로, 게임머니나 아이템을 거래하기로 하는 과정에서 사기피해가 발생하고 있다.

〉〉 불법복제

불법복제는 저작권법 및 컴퓨터프로그램보호법상의 창작물에 대한 저작권을 침해하는 행위이다. 인터넷의 발달로 불법복제가 쉬워지면서 과거 불법복제되어 오프라인에서 거래되던 컴퓨터프로그램 · 영화 · 음반CD들이 최근에는 인터넷을 통해 파일 형태로 유포되거나 인터넷을 매개로 판매되는 등, 불법복제물의 유포 및 판매가 사이버범죄의 한 형태로 나타나고 있다. 특히 최근에는 자신의 컴퓨터에 관련 프로그램만 설치하면 동일한 프로그램을 사용하는 다른 사람의 컴퓨터에 보관되어 있는 자료를 공유할 수 있는 P2P(peer to peer) 방식의 인터넷 자료공유 서비스가 확산되면서 자료공유를 원하는 네티즌들 사이에 범죄의식 없이 불법복제된 컴퓨터 프로그램이나 영화 및 음반들이 유포되고 있다.

》 불법, 유해사이트

공공의 안녕, 질서 또는 미풍양속을 해하는 등 반사회적 내용을 담고 있는 사이트로 개설 목적 자체가 법률에 위반되거나 범죄수단으로 사용하는 위법사이트를 포함한다. 접근의 제한이나 이용의 제약이 없는 인터넷을 이용하여 각종 불법행위에 대한 정보교환 등이 이루어지고 있으며 특히 자살사이트나 마약거래를 위한 사이트는 물론이고 최근에는 청부살인이나 폭력을 의뢰하는 심부름센터 사이트까지 생겨나 인터넷으로 정보를 주고받음으로써 오프라인 범죄의 모태가 되기도 한다. 누구나 접근할 수 있는 사이버공간에 이러한 유해정보를 제공하는 것은 청소년이나 기타 일반 네티즌 등에게 범죄의 유혹을 제공함으로써 사회적으로도 큰 물의를 빚게 된다.

》 사이버 명예훼손

인터넷 게시판에 타인의 명예를 훼손하는 글, 사진등을 게시하거나 전자우편을 등을 통해 유포하는 것을 말한다. 불특정 다수인의 무제한 접근이 가능한 인터넷의 특성상 인터넷 게시판 등에 해당 내용이 일단 게재되면 시간이나 공간의 제한 없이 단시간내에 급속도로 유포될 수 있기 때문에 그로 인한 피해가 심각하다. 이러한 이유로 정보통신망이용촉진및정보보호등에관한법률에서는 사이버 명예훼손죄를 일반 명예훼손죄보다 더 무겁게 처벌하도록 규정하고 있다.

》 개인정보침해

쇼핑, 오락, 교육, 행정, 금융업무 등 생활 전반이 온라인을 통해 이루어짐에 따라 온라인에서 개인의 성명, 주민등록번호, 주소 및 전화번호 등과 같은 개인정보의 중요성이 커지고 있다. 개인정보침해 범죄의 심각성은 단순히 개인정보가 유출된 것으로 끝나는 것이 아니라 유출된 개인정보가 다른 범죄에 사용될 수 있는 것에 있으며 이러한 개인정보는 범죄의 표적이 되고 있다. 개인정보는 재화로서의 가치를 갖고 유통되기도 하기 때문에 법에서는 정보통신서비스 제공자가 이용자의 동의 없이 개인정보를 수집하는 경우나 개인정보를 취급하거나 취급하였던 자가 개인정보를 타인에게 누설하거나 제공하는 경우 등과 같은 조직적인 개인정보침해행위도 규제하고 있다.

〉〉 피싱(Phishing)

피싱사고는 인터넷을 통해 국내외 유명기관을 사칭하여 개인정보나 금융정보를 수집한 뒤 이를 악용하여 금전적인 이익을 노리는 신종 사기의 일종이다.

▶ 사례1. 악성코드를 이용해 게임아이디와 비밀번호 유출

○○게임 사이트 게시판에 아이템 거래 글을 게시하고, 거래대금을 받으려면 당사자 확인이 필요하다고 속여, 미리 준비해둔 B은행 위장 사이트로 접속하도록 했다. 실명 확인 프로그램이라며 악성코드를 다운로드 받아 설치하도록 한 뒤 원격에서 조종하는 수법으로 77명의 게임 아이디와 비밀번호를 유출하는 사고가 발생하였다.

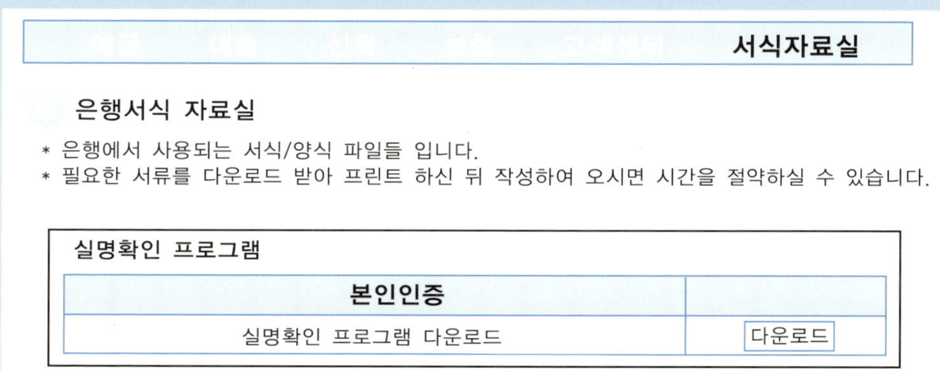

[그림 6-10] 피싱사례 1 (출처: 보호나라)

▶ 사례2. 대출을 미끼로 한 금융사기

국내 유명 포털사이트 게시판에 신용과 관계없이 '예금잔액 1000만원 이상 있는 고객에게는 1억까지 대출가능' 게시물을 올려놓고, 연락해 오는 사람들에게 신용확인을 해야 한다고 속여 위장사이트로 접속하도록 하였고, 피해자들은 자기가 거래하는 A은행 홈페이지와 비슷한 화면이 나오자 별다른 의심 없이 개인정보를 입력했다.

보안카드 번호가 틀린 경우 은행직원을 사칭해 전화로 확인하는 수법으로 12명의 계좌에서 1억2천여만원을 인출한 사고가 발생하였다.

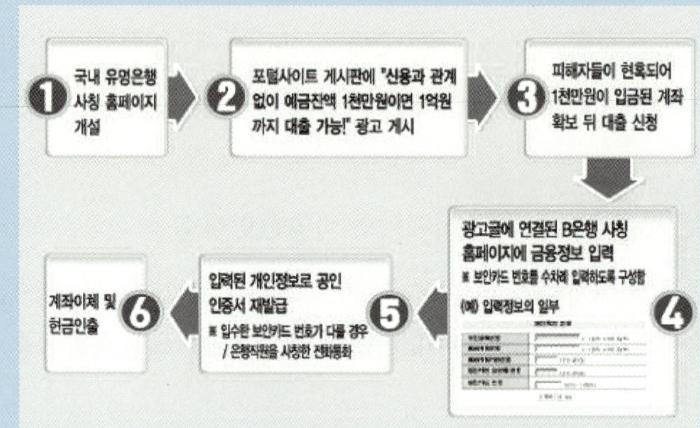

[그림 6-11] 피싱사례2 (출처: 보호나라)

▶ 사례3. 이벤트를 가장한 게임 아디디/비밀번호 유출

국내 유명 온라인게임인 C게임사 홈페이지를 모방한 사이트를 개설하여 '무료 게임 아이템 제공 이벤트' 중인 것처럼 공지하고 게임 아이디와 비밀번호를 입력하도록 하는 수법으로, 약 2개월 동안 1,700여명의 개인정보를 빼내는 사고가 발생하였다.

특히 로그인을 시도하면 오류가 발생한 것처럼 메시지를 표시하여 접속장애로 생각하도록 구성해 의심을 피해 온 것으로 밝혀졌다.

[그림 6-12] 피싱사례3 (출처: 보호나라)

▶ 사례4. 로또 당첨을 미끼로 한 사기

해외 로또업체를 사칭하여 '최고 1억4000만달러 복권에 당첨될 수 있는 기회'를 준다는 메일이나 국제우편을 발송하였고, 회원등급이 높을수록 당첨확률이 높다고 현혹하여 많은 가입비를 송부하도록 하는 사고가 발생하였다.. 한국 피해자들의 피해액이 5만~10만 달러에 이를 것으로 예상된다고 한다.

또 다른 예로, "축하합니다! 귀하가 100만 파운드 상금의 주인공으로 당첨되었습니다."라는 제목으로, 전 세계 5천만명의 인터넷 메일 주소를 대상으로 컴퓨터 추첨을 실시한 결과, 당신이 거액의 상금에 당첨되었으니 인적사항을 알려주고 수수료를 지불하면 상금을 보내주겠다는 내용으로 사기행각을 벌인 사고도 발생하였다.

▶ 사례5. 포털사이트 로그인 페이지를 위장한 개인정보 수집

국내 대형 포털사이트의 로그인 페이지를 위장한 사이트를 개설하고 "당신의 계정이 도용되었으니 확인하라"는 내용으로 메일을 발송하여 로그인정보를 입수하였다.

메일내용에 현혹되어 메일에 연결되어 있는 주소창을 그대로 클릭한 피해자들은 위장된 페이지에 로그인 정보를 입력하였고, 공격자는 수십만명의 개인정보를 수집하여 돈을 받고 판매하였던 것으로 밝혀졌다.

6.3 개인 정보 보호를 위한 고려사항

개인 정보 보호를 위해서는 먼저 자신의 정보 보호 수준을 파악하고 부족한 점을 인지하는 것이 중요하다. [그림 6-13]는 한국정보보호진흥원의 해킹바이러스지원센터에서 미국 MIT Information Security Program 등을 참조하여 재작성한 정보 보호 수준을 점검해 볼 수 있는 목록으로, 자신의 정보보호 수준이 어느 정도 되는지, 부족한 점이 무엇인지를 확인할 수 있으며, 부족한 부분에 대해서 보완할 수 있다. 이 설문에 따르면 "예"의 개수가 14개 이상이면 정보의식이 철저한 사용자이며, "예"의 개수가 7개 미만이면 정보의식이 위험한 사용자로 분류하고 있다.

[표 6-1] 정보 보호 수준 점검표 (출처: 정보보호진흥원)

질 문	예	아니오
□ 부팅 시 패스워드와 화면 보호기의 패스워드가 설정되어 있는가?		
□ 특수문자(*, #, 〉 등)와 알파벳, 숫자가 조합된 긴 패스워드를 사용하고 있는가?		
□ 컴퓨터를 사용하지 않을 때 전원을 끄거나 네트워크에서 분리시키는가?		
□ 네트워크를 공유할 때 읽기/쓰기 권한을 제한하고 패스워드를 사용하는가?		
□ 백신 S/W를 사용하여 주기적으로 바이러스 점검을 실시하는가?		
□ 주기적으로 백신 S/W를 업데이트 하는가?		
□ PC의 해킹 공격을 차단하기 위하여 해킹 방지 프로그램을 사용하고 있는가?		
□ 내 PC의 취약점을 점검한 적이 있는가?		
□ 인터넷에서 파일이나 프로그램을 다운로드 받을 때 다운 받는 사이트의 신뢰성을 고려하는가?		
□ 다운로드 받은 파일과 프로그램의 바이러스 감염 여부를 백신으로 확인하는가?		
□ 출처가 분명하고 용도가 분명한 전자메일만 읽어보는가?		
□ 전자메일의 첨부파일 중 출처와 용도가 분명하지 않은 파일은 삭제하는가?		
□ 나의 아이디와 패스워드를 아는 사람이 없다고 보는가?		
□ 회원으로 가입하는 사이트의 보안정책을 확인한 후 가입하는가?		
□ 회원으로 가입된 사이트의 패스워드를 주기적으로 바꾸는가?		
□ 중요한 데이터를 저장할 때 암호화하여 저장하는가?		
□ 중요한 데이터에 대한 정기적인 백업 작업을 실시하는가?		
□ 정식으로 구입한 정품 소프트웨어를 사용하는가?		
개 수	개	개

6.3.1 생활 속 예방 수칙

〉〉 이메일 이용시 주의점

1. 출처가 불분명한 이메일이나 첨부파일은 열지 말고 삭제한다.
2. 첨부파일 열람 및 저장 전에는 반드시 백신으로 검사한다.
3. 메일을 통해 개인정보제공을 요구하는 하는 서비스의 경우 가급적 이용을 자제한다.

   ※ 만약 이용할 경우 반드시 해당 업체 홈페이지에 직접 접속하여 꼼꼼히 확인한 후 이용한다.
4. 날마다 메일을 체크하고 중요하지 않은 메일은 즉시 지운다.
5. 이메일프로그램 또는 이메일제공서비스의 다양한 차단기능을 살펴보고 활용한다.
6. 인터넷 게시판 등에 이메일 주소를 남길 때 신중히 한다.
7. 인터넷 서비스 가입시 광고메일 수신 여부를 반드시 확인한다.

〉〉 온라인 금융거래 주의점

1. 은행, 신용카드 등 금융기관 사이트는 즐겨찾기를 이용하거나, 주소를 정확하게 입력하고 이용한다.
2. 금융기관 등에서는 전화나 메일로 개인정보를 확인하는 경우는 없으므로 정보를 요청하는 메일은 일단 의심한다.
3. 공인인증서는 반드시 USB 등 이동식 저장장치에 보관한다.
4. 보안카드는 반드시 본인이 소지하고, 온라인 다른 곳에 기재해 두지 않는다.
5. 온라인 금융거래 이용 후, 이를 알려주는 휴대폰 문자서비스를 이용한다.
6. 시간이 걸리더라도 금융기관에서 제공하는 보안프그램은 반드시 설치한다.

7. 금융기관 이용 비밀번호 등은 기타 다른 사이트의 비밀번호와는 다르게 설정한다.

8. 공공장소 PC는 보안에 취약하므로 온라인 금융거래 이용을 자제한다.

〉〉 가족의 안전한 사이버 생활

1. 컴퓨터를 개방된 공간에 두고 가족들이 공유할 수 있도록 한다.

2. 자녀가 가입한 사이트, 카페 및 자녀의 ID가 무엇인지 알아둔다.

3. 자녀가 사이버상에서 하는 활동에 대해 항상 대화한다.

4. 온라인 게임은 규칙을 정해서 이용하도록 하고, 아이템이나 계정 거래 등에 대해 알아둔다.

5. 부모의 주민번호, 신용카드번호 및 기타 비밀번호를 공개하지 않는다.

6. 자녀에게 다음의 인터넷 수칙을 알려준다.

   ① 인터넷 채팅의 익명성을 알려주고 이름, 주소, 학교 등신상정보를 알려주지 않도록 한다.

   ② 부모의 허락없이 인터넷을 통해 직접 사람을 만나지 않도록 한다.

   ③ 부모의 허락없이 부가적인 요금을 내야하는 정보나 게임등을 이용하지 않도록 한다.

   ④ 인터넷 게시판에 글을 쓸 때는 에티켓을 갖추어야 한다.

   ⑤ 저작자의 허락없이 저작물을 인터넷에 올려 저작권을 침해하지 않도록 한다.

6.3.2 사이버 범죄 유형별 예방 수칙

〉〉 보안 : 해킹, 악성 프로그램

1. 음란물 등 불법컨텐츠 검색을 자제하고, 기타 불법 사이트에 접속하지 않는다.

2. 항상 백신프로그램으로 검사하며, 백신프로그램은 항상 최신판으로 업데이트한다.

3. 다양한 감염경로를 막기 위해 백신과 방화벽을 동시에 사용한다.

4. 불법소프트웨어를 깔거나 복사하지 않으며, 정품 소프트웨어 사용을 생활화한다.
5. 무료 프로그램의 경우에도 신뢰할 수 있는 사이트에서 다운받도록 한다.
6. 중요한 데이터는 반드시 정기적으로 백업한다.

〉〉 인터넷사기 예방

1. 인터넷거래는 가급적 신용카드를 이용하며, 현금거래를 유도하는 사람은 의심해본다.
2. '특가 할인상품' 등 광고 이메일을 조심한다.
3. 채팅이나 게시판 등에서 쉽게 돈버는 법 등을 제안하는 사람은 일단 의심해 본다.
4. 신뢰할만한 쇼핑몰 등을 이용하고, 기타 쇼핑몰의 경우 홈페이지에서 다음을 자세히 살펴본다.
   ① 상품정보, 보증기간, 배송기간, 반품조건 등 거래조건 확인
   ② 회사신뢰도, 매출실적 등 회사에 대한 정보 확인
   ③ 홈페이지에 약도, 주소, 연락처가 표시되어 있는지 확인
   ④ 고객게시판이 있는지 확인하고, 배송지연, 항의글이 있는지 확인
5. 대형오픈마켓이라고 하더라도 개별 입주자는 신뢰할 수 없으므로, 상대방에 대해 주의한다.
6. 급한 이유가 있다며 싼 가격을 제시하며 직거래를 제안하는 사람은 주의한다.
7. 부득이하게 직거래를 하는 경우, 직접만나서 물품을 받는 것이 가장 좋다.
8. 해당 쇼핑몰이나 판매자를 대상으로 하는 피해자 모임이나 카페가 있는지 확인한다.

〉〉 개인 정보 보호

1. 자신의 아이디와 비밀번호는 다른 사람에게 알려주지 않는다.
2. 인터넷 사이트에의 무분별한 회원가입은 자제한다.
3. 회원가입시 구체적인 개인정보를 요구할 경우 가입여부를 다시 한 번 생각한다.
4. 인터넷 회원가입시 서비스 약관에 제3자에게 정보를 제공할 수 있다는 조항이 있는지 확인한다.
5. 탈퇴가 어렵거나, 탈퇴 절차에 대한 설명이 없는 곳은 가입하지 않는다.
6. 탈퇴 신청을 한 뒤 개인정보를 파기했는지 확인한다.
7. 비밀번호를 주기적으로 변경하고 전화번호나 생일, 연속된 숫자 등을 사용하지 말아야 한다.
8. 함께 사용하는 PC는 아이디, 비밀번호 등 개인정보 입력시 자동완성 기능을 사용하지 않는다.

〉〉 사전 예방 방법에는 어떤 것이 있는가? (그림 6-14 정보보호 실천 5대 수칙)

1. 컴퓨터의 보안 업데이트가 자동으로 실행 될 수 있도록 설정
2. 백신 프로그램 또는 개인 방화벽 등 보안 프로그램을 설치
3. 컴퓨터 로그인 패스워드는 최소 8자리 이상의 영문과 숫자로 만들고 3개월 마다 변경

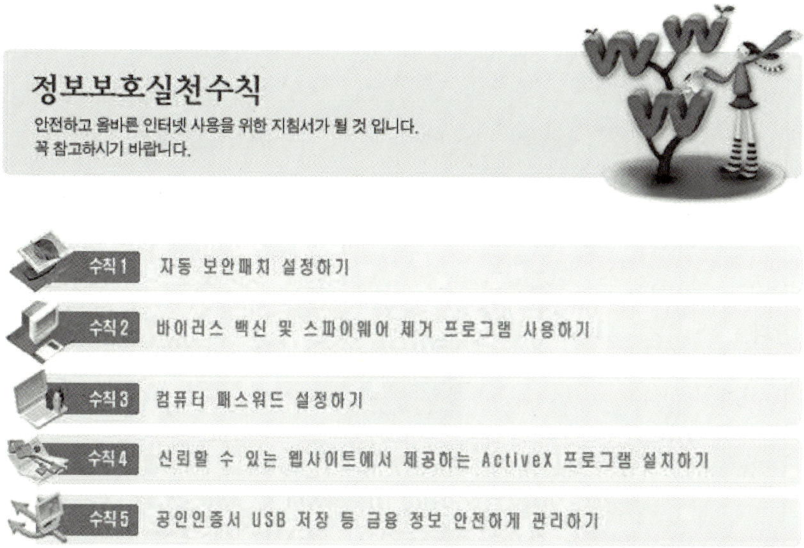

[그림 6-13] 정보보호 실천 5대 수칙 (출처: 경찰청 사이버테러대응센터)

6.4 정보 윤리

현재는 사회의 모든 분야에서 정보화가 급속도로 진행되어 보호하여야 할 가치 있는 정보가 축적되고, 정보 기술에 대한 의존도가 증가함에 따라 정보보호에 관심을 기울이지 않을 수 없는 시점에 있다. 이러한 상황에서 정보 보호를 제대로 하지 못하면 정보화 사회의 의미와 가치까지도 잃어버리게 된다. 그러나 정보 보호를 저해하는 정보 범죄는 날이 갈수록 지능화되고 악성화되고 있으며, 폭력성도 심화되고 있다. 더욱이 정보 범죄에 비윤리적이고 비도덕적인 행태까지 가미되어 심각성을 가중시키고 있다. 따라서 정보 보호 못지않게 법과 제도의 정비 및 정보 윤리의 인식이 중요하다. 즉, 정보기술의 개발과 사용이 합법적이어야 하고, 윤리 도덕적이어야 하며, 국가 사회의 공익에도 부합되어야 한다는 윤리관이 확립되어야 한다. [그림 6-15]는 방송통신심의위원회의 홈페이지로, 방송통신심의위원회에서는 청소년 유해정보 담당 및 불건전 인터넷 사용을 감시하는 역할을 한다.

[그림 6-14] 방송통신심의위원회 홈페이지

마지막으로 방송통신심의위원회에서 제정한 정보통신 윤리 강령을 소개한다. 컴퓨터와 인터넷을 사용하여 정보를 공유할 때는 먼저 정보 윤리를 생각하고, 반드시 지적재산권이나 개인의 사생활을 보호해 주어야 하며 서로의 인권을 존중하고 법질서와 미풍양속을 해치지 않도록 주의하여야 한다.

〉〉 정보통신 윤리 강령

정보시대가 다가오고 있다. 정보통신 기술의 발달로 시간과 공간의 장벽이 무너지고 세계가 하나되는 시대를 맞고 있다. 우리 모두는 정보시대의 주인이 되어 유익한 정보를 서로 나누고 인류의 행복과 높은 이상이 실현되는 사회를 만들어야 할 책임이 있다.

모든 정보는 정확하고 성실하게 활용되어야 하며 인간의 존엄성을 지키고 삶의 품위를 높이는 데 이용되어야 한다. 개인의 창의력과 조직의 능률을 향상시키며 나라의 발전과 민족문화의 창조적 계승을 도모하고 세계가 더불어 번영하는 데 이바지하도록 정보 문화를 가꾸어 나가야 한다.

우리는 정보의 제공과 활용에 있어 서로의 인권을 존중하고 나라의 법질서를 준수하며 국민 정서에 맞는 미풍양속을 바로 세우는 시민의식 형성에 앞장선다. 바른 언어를 사용하고 공중도덕을 지킴으로써 정보 질서를 확립하고 국가의 기밀이나 개인의 사생활과 지적재산권은 보호하되 유용한 정보는 함께 나누는 마음가짐이 새로운 가치관으로 뿌리내리도록 노력한다. 아울러 모든 개인과 지역에 정보의 공개와 활용의 혜택이 골고루 돌아가도록 힘씀으로써 밝고 정의로운 복지사회를 이룩하는 데 최선을 다한다. 우리는 정보시대를 살아가는 민주시민으로서 건전한 윤리가 정보사회의 기반을 이루어야 한다는 데 뜻을 모으고 이 뜻이 실현되도록 성실하게 노력할 것을 다짐한다. 아울러 우리도 모든 개인과 지역에 정보의 공개와 활용의 혜택이 골고루 돌아가도록 힘씀으로써 밝고 정의로운 복지사회를 이룩하는 데 최선을 다한다. 우리는 정보시대를 살아가는 민주시민으로 건전한 윤리가 정보사회의 기반을 이루어야 한다는 데 뜻을 모으고, 이 뜻이 실현되도록 성실하게 노력할 것을 다짐한다.

인용 및 참고 문헌

(1) B.A.Miller and C.Bisdikian, Bluetooth Revealed, Prentice Hall, 2001

(2) J.D.Parsons, The Mobile Radio Propagation Channel, Pentech Press, 1992

(3) MaranGraphics, Teach Yourself Networking Visually, IDG Books World wide, 1997

(4) Stephen McGloughlin, Multimedia, Prentice Hail, 2001

(5) W.Stallings, Data and Computer Communications, 5th Edition, Prentice Hall

(6) ISO/IEC 14496-2 Coding of audio-visual objects - Part2: Visual, 20110°01

(7) ISO/IEC 14496-10 and ITU-T Rec. H.264, Advanced Video Coding, 2003

(8) ISO/IEC 10918-1 / ITU-T Recommendation T.81, Digital Compression and coding of continuous-tone still images, 1992(JPEG)

(9) ISO/IEC 11172, Information Technology - coding of moving picture and associated audio for digital storage media at up to about 1.5 Mbit/s, 1993(MPEG-1)

(10) ISO/IEC 13818 Information Technology : generic coding of moving pictures and associated audio information, 1995(MPEG-2)

(11) Stephen Northcutt, Judy Novak 저(조대일, 송규철, 노병규 역), "네트워크침입탐지와 해킹분석 핸드북", 인포북, 2001

(12) 교육인적자원부, 통신 시스템, 대한교과서주식회사, 2003

(13) 김석태 외 3인, 컴퓨터와 인터넷활용, 영한출판사, 2002

(14) 이만영 외 5명, "전자상거래 보안기술", 생능출판사, 2001

(15) 이윤배, 멀티미디어 이해 및 활용, 홍릉과학출판사, 2000

(16) 정보통신교육원, "공무원 정보보호 일반과정 II", 한국정보통신대학원대학교 부설 정보통신교육원, 2002

(17) 차동완, 개념으로 풀어본 정보통신 세계, 영지문화사, 1998

(18) 한국정보보호센터, "정보보호개론", 교우사, 2000

(19) (주)하우리 http://www.hauri.co.kr

(20) 국제통신연합(ITU) 홈페이지 http://www.itu.int

(21) 안철수연구소 http://www.home.ahnalab.com

(22) 어울림정보기술 http://www.oulim.co.kr

(23) 에이미디어 홈페이지 http://www.airmedia.co.kr

(24) 정보통신부 홈페이지 http://www.mic.go.kr

(25) 정보통신윤리위원회 홈페이지 http://www.icec.or.kr

(26) 한국정보보호진흥원 CERTCC-KR http://www.certcc.or.kr

(27) http://www.hlds.co.kr/

(28) http://www.samsungodd.com/

(29) www.dolby.com

(30) www.dts.com

(31) MPEG-4 Industry Forum, http://www.m4if.org

(32) Internet Streaming Media Alliance, http://www.isma.org

(33) http://www.digitalwatermarkingalliance.org/

한글 찾아보기

ㅎ

영문 찾아보기

유비쿼터스시대의 정보통신

초판인쇄	2009년 9월 1일
초판발행	2009년 9월 5일

저　　자	김석태, 윤종락, 정신일, 정연호
발 행 인	송기수
발 행 처	도서출판 GS 인터비전
편 집 처	선우문화사
인 쇄 처	선우문화사
편 집 자	이상미
표　　지	정의도
등록번호	제2008-27호
I S B N	978-89-93668-29-2(92560)

주　소	서울시 중랑구 묵동 신도브래뉴1차 102동 1301호
전　화	02-976-7898, 0707-720-7898
팩　스	02-6468-7898
E-mail	gsinter7@chol.com

정가 **16,000원**